[비행]: 날아서 가다

세상을 바꾼 10가지 그 STORY

이 책을

나의 어머니와

아내 이명희, 그리고

딸 도경에게 드립니다

[비행]: 날아서 가다

세상을 바꾼 10가지 그 STORY

지 은 이 | 문용주

초판1쇄 발행 | 2023년 12월 29일

펴 낸 이 | 이종근
펴 낸 곳 | 경성대학교 출판부
출판등록 | 1985년 1월 28일 제331-1985-000001호
주　　소 | 부산광역시 남구 수영로 309(대연동)
전　　화 | (051) 663-4195
팩　　스 | (051) 663-4199
홈페이지 | press.ks.ac.kr

* 잘못된 책은 구입하신 서점에서 바꾸어 드립니다.

ISBN 978-89-7314-333-7 (03550)

값 17,000원

[비행]:
날아서 가다

세상을 바꾼 10가지 그 ***STORY***

문용주 지음

경성대학교출판부

| 들어가는 글

새가 날개치며 날아가는 모양을 본 딴 飛(비)자는 새의 날개 한 쌍과 몸통을 함께 그린 상형문자다. '[비행]: 날아서 가다'를 짓기 위해 자료를 모으고 분류하고 써가면서 이 '飛'자가 함의하고 있는 비행사(史)적 의미를 이해하려고 줄곧 천착했다. 하지만 그 노력은 부질없었다. 이미 우리 인류의 선인들은 '飛'자가 상형화가 되기 전부터 새들을 동경하고 흉내 내기를 일삼아 왔기 때문이다. 나는 다만 그때 그들의 생각을 엿듣기만 하면 되는 것이었다.

다빈치에게 질문을 하였고 몽골피에와 릴리엔탈 형제들에게도 말을 건넸다. 윌버와 오빌은 무뚝뚝했지만 부지런한 실험맨 이었다. 하지만 애당초 일론 머스크까지 약 500년의 이야기를 한 권의 책으로 묶는다는 것은 난삽하고 쉽지 않은 일이었다. 다만 실례를 무릅쓰고 비행의 역사적 울림이 있는 10개의 이벤트를 선별해서 여기에 소개하게 되었다. 손 날개짓으로 하늘만 쳐다보던 인류는 중력을 거스르는 방법을 끝내 터득하게 되었고 각각의 변곡점을 지나면서 이제는 우주까지 날아가게 되었다.

손에 식은땀을 쥐었던 첫 비행을 생생하게 기억하고 있다. 활주로에서 무서운 속도로 달리던 육중한 비행기가 공중으로 들려 올려질 때 몸에 힘을 너무 주느라 양팔과 다리에 멍이 들었다. 그때 그 삼차원의 공간에서 경험하였던 공포감과 기괴함은 사라졌고 유체역학의 과학이 그 자리를 대신하고 있다.

비행은 이제 물과 공기와 같은 존재가 되었다. 너무 흔하고 당연해서 잊혀버릴 수도 있는 것들. 그렇다고 그 존재를 우리가 부정할 수 없듯이 [비행]은 과거, 현재, 그리고 미래의 시제를 바꿔가며 항상 우리 곁에 있어왔다. 부족하지만 '세상을 바꾼 10가지 그 STORY'를 통해서 여러분의 비행이 좀 더 풍요로워졌으면 하는 바람이다.

2023년 12월 14일

저자 문 용 주

| 추천사

항공의 역사, 하늘을 향한 인류의 무한한 도전

항공의 역사를 재조명하는 이 책은 인류의 무한한 꿈과 도전정신을 담아냈다.

레오나르도 다빈치의 날개를 펼친 체체리산의 전설로부터 찰스 린드버그의 대서양 횡단, 콩코드의 초음속 비행까지 항공의 역사를 깊이 있고 흥미롭게 조명하였다. 이 책은 단순히 역사적 사실을 나열한 것이 아니라, 그 시대의 사람들이 어떤 과학적 원리와 기술을 이해하고 적용했는지, 그리고 "벌거벗은 세계사"처럼 그것이 어떻게 현재의 항공 기술에 영향을 미쳤는지 까지도 세밀하게 묘사하고 있다.

이 책은 항공의 역사뿐만 아니라 인류의 끊임없는 탐구와 도전정신을 보내주는 소중한 자료를 담고 있다. 어린 시절, 우리는 모두 하늘을 보며 꿈을 꾸어왔다. 이 책은 우리 모두에게 하늘을 날아 더 넓은 세상을 볼 용기와 상상력을 불어넣어 줄 것이다.

이 책을 통해 여러분은 인류의 비행역사에 대한 깊은 이해와 함께 무한한 가능성을 향한 우리의 미래에 대한 희망과 기대감을 갖게 될 것으로 생각한다.

데이비드 하

전 노스웨스트항공 한국 대표이사

현 Ecli (이클리) 대표

| 추천사

아는 인물 몰랐던 이야기,
학생들과 일반인들에게 일독을 권함

이 책은 항공의 기본이 되는 비행의 원리로부터 탄소배출로 인한 지구환경의 문제에 이르기까지 세세하고 유익한 정보를 제공하고 있어 항공관련 학과에 입문하는 학생들이나 일반인에게도 일독을 권하고 싶다.

레오나르도 다빈치로부터 일론 머스크까지, 우리가 익히 알고 있던 인물들의 노력과 업적을 새로운 시선에서 설명하고 있어 흥미롭게 읽을 수 있었다. 이는 저자가 오랫동안 항공업계에 근무하면서 몸소 체험하고 경험했던 부분들이라 더욱 자신감있게 소개할 수 있었으리라 생각된다.

하늘을 날고자 했던 인간의 기본적인 욕구를 넘어 더욱 안전하고 빠르게 이동하고자 하는 또 다른 욕구를 충족시키기 위하여 인류는 한순간도 멈춘 적이 없었다. 그리하여 진화된 초음속 여객기, 민간인의 우주여행, 무인 조종 항공기의 등장도 머지않은 것 같다.

아울러 항공기가 배출하는 온실가스로 인한 전 지구적인 환경문제를 해결하기 위하여 전기 항공기, 태양광 항공기 등 신개념의 친환경 항공기들의 출현을 기대해 본다.

김태식

전 아메리카항공사 인천공항지점장

| 추천사

비행에 대한 예의…
비행 전에 읽어보고 싶은 책

여행전문가로서 세계의 여러 나라를 여행하고 비행하며 주유하였다. 하지만 이동에 필수적인 항공기에 오를 때마다 항상 비행의 원리나 역사에 대해서 궁금증을 가지고 있었다. 비행에 대한 최소한의 예의라고나 할까.

마침 이 책을 접하고 많은 궁금한 점들이 해소되었다. 비행역사의 과거와 현재, 그리고 미래를 조명한 이야기를 읽어나가면서 어렴풋이나마 항공역사 흐름의 빼대를 맞출 수 있었다.

미래의 항공기에서는 더욱 혁신적인 기술을 기대할 수 있을 것이다. 우주여행도 이미 현실이 되었다. 현재는 달과 화성을 탐사하는 수준이지만 뉴스페이스의 새로운 전기를 맞아 새로운 도약이 이루어질 것으로 생각한다.

이 책에서는 30여 년간 여행과 항공업에 종사했던 저자의 경험과 집약된 노력이 담겨있다. 여행을 좋아하는 당신이라면, 그리고 비행을 앞둔 당신이라면 곁에 두길 추천한다.

안광춘

여행전문가

에베레스트여행사 대표

| 차례

6 찰스 린드버그_대서양을 건너다 • 221

칠흑같이 어두울 것으로 생각했던 르부르제공항은 수많은 사람들이 가져온 등불로 환하게 밝혀졌고 린드버그는 5월 21일 밤 9시 22분에 성공적으로 도착하였다.

7 팬암_하늘 위의 제국 • 247

트립이 말했다. "만들어 주면 사겠소"
이에 앨런이 대답하였다: "사주면 만들어 주겠소."

8 콩코드_소리를 제압하라 • 285

지구의 곡면은 우주여행의 신비로움을 선사했고 바닷가재, 그리고 캐비어와 곁들인 와인은 성공한 사람들의 여유로움을 빛나게 했다.

9 태양을 사랑한 사람_맥크레디 • 323

바람도 불지 않아 비행에 적합하였고 지금까지 연습해 온 대로 1분에 75회 정도로 페달을 돌리면 무난하게 도착할 것 같았다.

1 레오나르도 다빈치 _체체리 산의 전설

레오나르도 다빈치(Leonardo da Vinci)하면 떠오르는 것은 무엇일까?

대표적으로 최후의 만찬, 수태고지, 그리고 모나리자(Mona Lisa)를 그린 위대한 화가로서의 인물일 것이다.

하지만 그가 남긴 그림은 불과 20점에 불과한 것을 알면 좀 의아해할 것이다. 화가로서의 그의 천재적인 재능을 생각하면 너무 적은 작품을 남긴 것 같은데 그렇다면 그는 왜 더 많은 작품을 남기지 않았을까.

레오나르도를 연구하는 학자들에 의하면 그는 늘 완벽을 추구하였기 때문에 그다지 생산적이지 못했다는 주장이 있다.

그림을 그릴 때는 그리다 지우기를 반복하며 수년을 보내기 일쑤였고 그러다가 미완성으로 남는 작품이 많았다고 한다. 가장 많이 알려진 모나리자의 그림도 1503년경 작품을 의뢰받아 1517년에 완성했는데 그 중에 입가의 미소를 위해서만도 수년을 보냈다고 하니 그의 완벽에 대한 강한 집착을 엿볼 수 있다. 그럼에도 이 작품은 여전히 미완이라는 의심을 받고 있지 않은가.

그는 인류의 역사를 바꾼 10명의 천재 중에 가장 창의적인 인물 1위로 선정된 적이 있었다.[1] 그가 섭렵한 분야는 회화분야를 넘어서 조각가, 건축가, 지질학자, 음악가, 해부학자, 과학자, 문학가, 천문학자, 식물학자, 역사가, 수학자, 의사 그리고 발명가 등 열거하기에 숨이 찰 정도다. "다재 다능하다" 라는 말은 그를 표현하기에는 턱없이 부족해서, 차라리 "모든 일을 할 수 있는 사람[2]"으로 부르는 것이 더 정확할 것이다.

거기에다가 그는 인간의 비행을 체계적이고 과학적으로 연구한 최초의 인간일 것이다. 날아다니는 새를 보며 신화속의 이카로스와 다이달로스를 꿈꾸었던 그의 세상으로 들어가 보자.

레오나르도의 꿈

뛰어난 건축가이며 조각가, 발명가이며 무엇이든지 만들 수 있는 다이달로스(Daedalus)는 새의 깃털을 밀랍으로 이어 붙여 날개를 만들었다. 그리고 이 날개를 달고 아들 이카루스(Icarus)와 용감하게 탈옥 비행을 감행하였다.[3]

그들이 갇혔던 미궁[4]은 애초 아무도 빠져나올 수 없도록 설계되었지만, 아마도 그는 이런 일이 일어나리라 예상하고 솟아날 구멍을

---

1) 2007년 과학전문지 '네이처' 에 따르면 2위 셰익스피어, 3위 괴테, 4위 피라미드 설계자들, 5위 미켈란젤로, 6위 뉴턴.. 10위 아인슈타인 이였다.

2) 라틴어로 Homo universalis 라고하며 모든 일을 할 수 있는 능력이 많은 사람을 말한다.

3) 미궁에 아버지 다이달로스와 함께 갇혔던 이카루스는 새의 깃털과 밀랍으로 만든 날개를 달고 같이 탈출하였다. 이카루스는 너무 높이 날지 마라는 경고를 무시하고 날다가 태양열에 밀납이 녹아 떨어져 죽었다. 흔히들 인간의 날고자하는 욕망을 비유적으로 말할 때 쓴다.

4) 미궁(Labyrinth)는 한번 들어가면 나올 수 없는 복잡한 구조로 이루어진 곳을 이르는데, 다이달로스가 미노스왕의 반인반수의 아들인 미노타우루스를 가두기 위해 지었다.

미리 만들어 놓았을지도 모른다. 새처럼 날아올랐던 아버지와 아들은 중력을 벗어난 자유로움을 마음껏 누렸지만, 아버지의 말을 무시한 이카루스는 안타깝게 바다에 추락해 죽고 말았다.

우리들에게 익히 알려진 이 신화는 인간의 과욕 또는 하늘을 날고자 하는 인간의 부질없는 욕망을 이카루스의 죽음을 통해 전해 주었다.

그리고 그의 욕망은 예술가들 에게는 또 다른 영감을 주었고 다양한 해석으로 우리를 작품의 세계로 안내하였다. 그중에서도 그림 "이카루스의 추락이 있는 풍경"은 주류 세계와는 사뭇 다른 해석으로 사람들의 눈길을 사로잡았다.

피터르 브뤼헐(Pieter Brueghel)[5)]의 이 작품은 추락이라는 비극을 풍자와 유머로 덤덤히 그려내고 있다.

소가 이끄는 대로 묵묵히 쟁기질을 하는 농부가 주인공처럼 배치되어 있고, 양치기는 하늘을 바라보며 한가로이 서 있다. 고깃배인 듯 범선은 유유히 흘러가고 오른쪽 하단의 낚시꾼은 여유롭기 짝이 없는 시간을 보내고 있다.

그 어디에도 물에 곤두박질쳐 허우적대는 이카루스에게 관심을 두는 사람이 없는 평화로운 풍경이다. 바로 그 위에 흩날리는 몇 가닥의 깃털이 약간의 긴박감을 알려주긴 하지만 동요하는 사람은 어디에도 없다.

심지어 그의 아버지인 다이달로스는 보이지도 않는다.

이 그림이 전하고자 하는 것은 무엇일까?

"정작 제일 중요한 것은 네 앞에 펼쳐진 현재의 삶"이니 하늘을 난

---

5) 브뤼헐(1525-1569)는 브라반트 공국(현재의 네덜란드)출신 화가로 농민의 생활을 애정과 유머로 담아내어 농민의 브뤼헐이라 불린다. 대표작은 '건초만들기' '바벨탑' 등이 있다.

다니 뭐니 하는 것은 가당치 않다는 체념을 말하려는 것일까? 아니면 분수에 맞는 자족의 삶을 가르치려는 것일까?

이카루스의 추락이 있는 풍경(브뤼헐 1558)
출처: 위키피디아

하지만 세상이 무어라 하든 다이달로스와 이카루스는 다시 부활하였고 신화 속에서 걸어 나왔다. 신들이 정해준 순응과 자연의 질서를 거부하고 하늘을 당당하게 연구하기 시작하였다.

때는 신이 통치하던 세상에서 인간의 의지로 원하는 세상을 만들어 가는 르네상스 시대를 통과 하고 있었다. 그리고 화가이자 조각가, 건축가, 발명가인 레오나르도 다 빈치는 16세기에 다이달로스와 이카루스의 현인으로 다시 태어났다.

그래서 다시 날개를 만들고 바람의 흐름을 공부하며 언젠가는 새처럼 날 수 있는 그날을 기대하며 쉼 없이 노력하고 있었다.

레오나르도의 생애

레오나르도는 1452년 피렌체에서 가까운 빈치(Vinci)라는 지역에서 태어났다.

변호사인 아버지와 가난한 농부인 어머니 사이에서 혼외자로 태어난 레오나르도는 정상적인 가정의 부모가 아니라 주로 숙부의 손에 키워졌다. 후에 레오나르도가 그림에 소질이 있는 것을 알아본 아버지는 12살 무렵에 그를 피렌체의 한 공방에 데려가면서 도제수업이 시작되었다.

이때 운명적으로 만난사람이 안드레아 베로키오(Andrea del Verrocchio)였다. 베로키오는 메디치 가문의 후원을 받을 만큼 실력을 인정받고 있던 사람이었고 피렌체에서 가장 유명한 공방을 이끌면서 많은 예술가들을 배출하고 있었다.

당시 피렌체는 중세 유럽의 무역과 금융의 중심지였다. 그리고 르네상스의 본고장이어서 다양한 재능을 가진 사람들이 들어와 뒤섞였고 도시 최고의 절정기를 보내고 있었다. 20대의 젊은 레오나르도는 인류의 빛나는 천재 예술가들이 왕성하게 활동하던 피렌체에서 마음껏 기량을 닦았고 끝내 스승 베로키오를 능가하는 명성도 얻게 되었다.

레오나르도가 처음으로 비행 기기에 대해 관심을 가지게 된 것은 피렌체에서 연극 공연을 위한 무대 작업을 하면서 시작된 것으로 보인다.

그는 무대에서 배우가 하늘로 떠오르고 하늘을 나는 듯 공중에 떠있게 하는 온갖 기발한 장치에 매료되었다. 성경 누가복음에는 천사 가브리엘이 다윗의 후손 요셉과 정혼한 동정녀 마리아에게 복음을 전하는 장면이 있다. "보라 네가 잉태하여 아들을 낳으리니 그 이름을 예수라 하라." 즉 수태의 복음을 고지하는 장면이다.

이를 모티브로 한 연극 "수태고지"의 휘황찬란한 특수효과에 19세 소년 레오나르도는 입을 다물지 못했다. 거대한 도르래에 감긴 밧줄이 감기거나 풀리면서 천사들이 하늘에서 내려왔고 대천사 가브리엘은 진짜 하늘을 나는 것처럼 날개를 펄럭이며 날아 다녔다. 또 다른 연극 "그리스도의 승천" 또한 예수와 천사들이 하늘로 올라가는 극적인 장면들이 많았는데 레오나르도는 이러한 무대장치를 보면서 비행에 대한 관심을 가지기 시작했다.

그런 이유에서 피렌체에서 그린 그의 스케치를 보면 실제 비행용이 아니라 대부분 연극용으로 설계한 것이 많음을 알 수 있다. 그래서 그의 연구가 연극의 무대를 넘어 공학적으로 발전하기 시작한 것은 밀라노로 이주한 이후의 일이라고 할 수 있다.

1482년, 그가 30살이 되던 해 밀라노로 향하였다.

이제 한 단계 더 높은 창작활동을 하기 위해서는 안정적으로 경제적 지원을 해줄 후원자가 필요했기 때문이다.

당시 밀라노는 군인출신으로 권력의 정상에 올라선 스포르차(Sforza) 귀족가문의 지배하에 있었는데, 그들은 그들이 잡은 권력에 정당성을 부여하기 위해서 예술가에 대한 후원을 아끼지 않고 있었다.

우리에게 익히 알려진 '최후의 만찬'은 바로 이 가문을 위해서 그려진 것이다. 레오나르도는 그림뿐만 아니라 군사기술자, 건축가로서 또는 다양한 분야에 활동하면서 능력을 발휘하였다. 그런데 프랑스 왕국의 루이12세가 밀라노로 진격하면서 제2차 이탈리아전쟁이 일어나게 된다. 전쟁으로 군주를 잃어버린 레오나르도는 베네치아에 잠시 머물렀다가 1500년에 다시 피렌체로 다시 내려가게 된다.

1501년 '성 모자와 성 안나'의 제단화가 그려지고 1503년에는 '모나리자'의 초상화 작업이 처음으로 시작되었다. 그리고 수많은 스케치와 관찰기록이 생산되었는데 당시에는 없었던 비행기나 헬리콥터의 상상 그리고 동물이나 사람의 해부도가 집중적으로 그려졌다. 나중에 언급할 그의 메모장 "새들의 비행에 관한 코덱스"는 피렌체에 두 번째 거주하게 되는 이때 작성되었다.

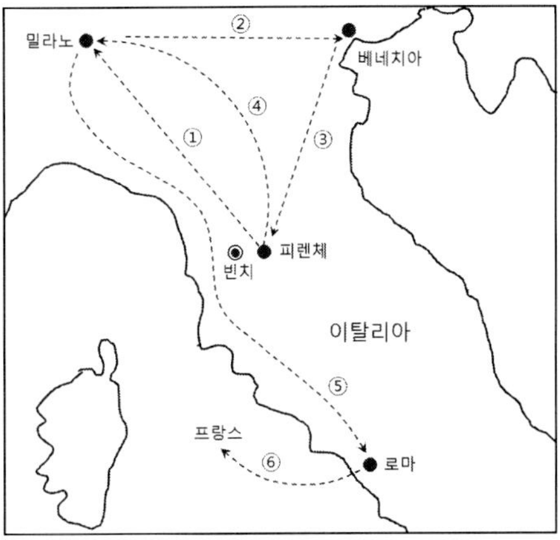

레오나르도의 생애 행로

1506년에서 1513년까지 루이12세의 요청으로 밀라노에서 궁정화가가 되어 활동하였다. 그 이후 교황이 이끄는 군대가 밀라노를 공격하면서 제3차 이탈리아 전쟁이 벌어지는데 이 전쟁으로 프랑스는 물러가게 되고 레오나르도는 로마로 내려와 주로 교황청 작업을 하게 된다.

하지만 레오나르도는 여전히 자신을 지원해 줄 후원자가 필요했는데 이번에는 이탈리아가 아니라 프랑스가 그의 재능을 알아보고 환영의 손짓을 해왔다.

프랑수아 1세는 그의 선왕 루이 12세를 통해서 이미 이 천재에 대해서 알고 있었고 밀라노에서 레오나르도가 그린 '최후의 만찬'도 이미 본적이 있었다.

국왕은 1516년 레오나르도를 그가 거주하고 있는 앙부아즈 성(Chateau Royal D'amboise)으로 초대하였다. 그리고 가까이에 있는 대저택

클로 뤼세 성(Chateau du clos Luce)을 마련해주고 아버지를 모시듯 극진하게 대우했다. 당시 프랑수아 1세의 나이가 20살이었고 레오나르도가 63세였으니 무리도 아니었다.

레오나르도 생의 마지막 3년을 보낸 그곳에서 엔지니어, 건축가, 예술가로서의 짧지만 많은 작품을 창작해냈다. 그리고 13년 전부터 그려오던 '모나리자'를 손보면서 말년을 보냈다. 하지만 이미 기력이 쇠하고 있었고 1519년 끝내 자신의 저택에서 67세를 일기로 숨을 거뒀다.

천재의 필기장, 코덱스

말년에 프랑스로 갈 때 그는 그의 제자인 프란세스코 멜지(Francesco Melzi)와 동행하였다. 임종을 앞두고 작성한 그의 유언장에는 자신이 소장하고 있는 그림과 메모가 적힌 노트 등을 제자인 멜지에게 상속한다는 내용을 적었다.

그렇게 물려받은 그림들은 하릴없이 권력자들에게 팔려나갔고 메모장들도 관리가 제대로 되지 않아 유럽전역으로 흩어졌다. 그중 '모나리자'는 프랑수아 1세를 통해 왕실의 소장품이 되었는데 이후 여러 왕실의 손을 거쳐 현재 프랑스의 루브르 박물관(Musee du Louvre)에 보관되어 있는 이유다.

레오나르도는 지독한 메모광이었다.

주머니에 들어갈 만한 공책을 항상 들고 다니면서 순간적으로 떠오르는 아이디어나 생각들을 기록해 나갔다. 이렇게 남긴 그의 메모는 분야를 가리지 않았고 분량은 무려 3만 페이지가 넘는 것으로 추측된다. 하지만 그의 기록들은 이곳저곳으로 흩어지고 훼손되었고 행방마저 묘연해졌다.

레오나르도가 사망한 지 100년이 지났다. 그리고 그때 다행스럽게 이탈리아의 조각가 레오니(Pompeo Leoni)가 이 기록물의 행방을 좇기 시작하였다.

하지만 안타깝게 극히 일부분만이 확인되었을 뿐이었다.

그는 소재가 파악된 기록물을 주제별로 나누어서 분류하기에 이르렀다. 소유권 문제로 한 곳에 다 모을 수는 없었지만, 최소한 어디에 누가 어떤 기록물을 소장하고 있는지는 파악이 된 셈이다.

오늘날 우리는 레오나르도가 직접 써서 남긴 메모장을 '코덱스(Codex)[6]'라고 부른다. 보기에도 현란한 그의 메모는 전문가들도 한눈에 이해하기 어려운데 거기에는 그럴만한 이유가 있다. 그것은 그가 글을 쓸때 왼손을 사용하여 오른쪽에서 왼쪽 방향으로 글을 써나갔고 그나마 그것도 뒤집어서 필기를 하였기 때문이다.

왜 그가 소위 거울형 글쓰기(mirror writing)라는 한 눈에 알아보기 힘든 방식을 사용하였는지 직접 말을 남기지 않았지만 많은 추측들이 있었다.

예를 들면 사람들이 그의 아이디어를 쉽게 훔쳐갈 것이 두려워서라든지, 종종 과학적 사실을 두고 발생하는 교황청과의 충돌을 없애기 위해서라든지 혹은 필기할 때 손에 잉크가 묻는 것을 방지하기 위해서라는 것 등이다.

이해할 만한 것은 그는 지적 재산권의 보호에 극도로 예민하였다고 한다. "당신의 아이디어를 다른 사람에게 말하지 마라" 라고 하며

---

6) 인쇄되지 않고 손으로 쓰여진 옛날 책을 라틴어로 코덱스(codex)라고 한다.

스스로 말한 대목에서 그의 강박감을 확인할 수 있다.

어찌되었든 그의 비밀스러운 코덱스들은 항상 그의 곁에 있었고 틈만 나면 메모하는 것을 잊지 않았다. 하지만 그의 사후에는 그 실체 조차 모호하여 19세기 말이 되어서야 비로소 그 존재가 알려지게 된 것이다.

심지어 빌 게이츠가 매입했던 코덱스 레스터는 1980년에 처음으로 세상에 알려 졌다고 하니 비밀스럽게 적어간 그의 메모장에 신비감마저 도는 것 같다.

이처럼 메모에 "진심"이었던 그의 남겨진 스케치와 글들을 접하게 되면 당시 그의 높은 지적수준과 정신세계를 생생하게 느낄 수 있다.

그의 메모장에는 새들의 비행이나 공기의 흐름 그리고 비행기계에 대한 이야기와 스케치로 빈틈없이 채워져 있었다. 향후 그 뒤를 따를 또 다른 이카루스와 다이달로스의 후예들에게는 훌륭한 자양분과 거름이 되었음은 두말할 나위가 없다.

이렇게 해서 확인된 코덱스는 10권 정도였다.

모두 다양한 이유와 경로로 여러 나라의 공공기관이나 개인이 소장하고 있다.

예를 들면 아룬델 코덱스(Codex Arundel)라고 분류된 문서는 17세기 때 영국의 아룬델 백작2세가 스페인으로 부터 사들인 것이다.

이 코덱스에는 레오나르도가 1480년부터 1518년 사이에 직접 글을 쓰고 그린 건축과 측량, 기하학, 기계공학 등에 관한 내용이 담겨져 있다.

얼마 전 어느 한 연구팀은 지구 중력을 수학적으로 연구했다는 근거를 이 코덱스에서 발견했다고 주장했다.[7] 그들에 따르면 천문학자 갈릴레오 갈릴레이가 피사의 사탑에서 했던 중력실험 보다 100년이 빠르고 뉴턴의 중력법칙 보다 200년이 앞선 것이다. 이 천재의 메모장은 현재 영국 박물관에 소장되어 있는데 웹사이트에서 그 내용을 볼 수 있도록 공개하고 있다.

No	코엑스 이름	코덱스 이름(영문)	소장 장소
1	코덱스 아룬델	Codex Arundel	British Library
2	코덱스 애쉬번햄	Codex Ashburnham	Institu de France
3	코덱스 아틀란티쿠스	Codex Atlanticus	Biblioteca Ambrosiana, Milan
4	코덱스 포스터	Codex Forster	Victoria and Albert Museum, London
5	코덱스 트리불치아누스	Codex Trivulzianus	Sforza Castle, Milan
6	코덱스 레스터	Codex Leicester	Bill Gates
7	새들의 비행에 관한 코덱스	Codex on the Flight of Birds	Royal Linrary of Turin

레오나르도가 남긴 대표적 코덱스

그리고 코덱스 레스터(Codex Leicester)는 1994년 마이크로소프트(Microsoft)사의 빌 게이츠(Bill Gates)가 뉴욕의 크리스티 경매장에서 약 3천만달러[8])에 사들이면서 세간의 이목이 집중되기도 하였다.

세상에서 가장 비싼 노트로 회자된 이 문서는 72페이지로 되어 있는데 주로 물의 흐름(움직임)과 관련된 그의 생각이 담겨있다. 그 외에 화석, 달의 광도, 달과 지구와 태양의 관계 등 천문학에 대한 메모가 빼곡히 적혀있다.

IT회사답게 지금은 문서를 디지털화해서 누구든지 온라인에서 번역된 내용을 볼 수 있게 서비스하고 있다.

---

7) 2023년 미국 캘리포니아공과대학(CIT) 연구팀은 아룬델 코덱스 143쪽에 항아리에서 구슬이 떨어지는 상황을 묘사한 그림과 삼각형 도형을 주목했다. 항아리에서 낙하하는 구슬이 시간이 지날수록 더 빨리 떨어지는 "중력가속도"를 실험하는 장면인데 레오나르도가 계산한 중력상수의 오차는 오늘날 측정값의 10%이내에 불과하다고 설명하였다.

8) 2023년 기준 인플레이션을 감안하면 약 740억원에 해당된다.

하늘을 날아다니는 비행기계에 대한 그의 통찰을 엿볼 수 있는 메모도 여럿 있다. 그 중에서도 특히 "새들의 비행에 관한 코덱스(Codex on the Flight of Birds)"에는 중력과 공기의 저항, 기류와 비행의 역학 등을 철저하게 관찰하여 18페이지에 꼼꼼히 기록하였다. 그리고 불어오는 바람의 방향에 따라 어떻게 새들이 날아다니는 지를 생동감 있게 스케치로 남겨놓아 당시 그의 생각과 고민을 엿볼 수 있는 매우 소중한 자료가 되고 있다.

새들의 비행에 관한 코덱스

새들의 비행에 관한 심도깊은 연구가 집약된 "새들의 비행에 관한 코덱스"는 여러 손을 거치면서 현재 이탈리아 토리노(Turin)의 왕립도서관에 보관되어 있다.

한때 나폴레옹의 승전기념물로 파리로 옮겨졌다가 19세기 중반에 일부의 페이지는 뜯겨나가 영국의 런던에서 거래가 되기도 했다. 그리고 이후에 러시아의 역사학자의 손에 들어가 시베리아 지역에서 한동안 잠자고 있었다.

원래의 장소인 이탈리아에 돌려주기로 결심한 이 사학자는 마침내 마가리타 여왕(Queen Margherita)에게 선물로 전해졌고 그 이후 1893년 바로 이곳 토리노 도서관에 자리를 잡게 되었다.

이 장소가 특별히 의미 있는 이유는 바로 이곳에 그의 대표적인 자신의 자화상이 전시되어 있기 때문이기도 하다. 지극히 일부에 해당되기는 하지만 그가 손수 쓴 메모장이 자신이 그린 자화상의 곁으로 돌아온 것이다.

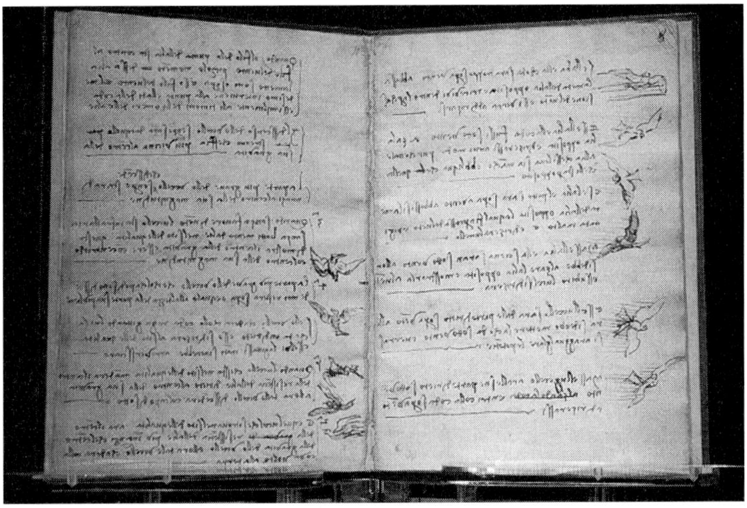

"새들의 비행에 관한 코덱스" 한 페이지(토리노 왕립도서관)
출처: 위키피디아

1505년과 1506년 사이에 쓰여진 이 코덱스에는 특히 그가 관심이 많았던 인간의 기계비행의 가능성에 대한 글들이 주를 이루고 있다.

그는 다양한 새 종들이 비행하는 모습을 관찰하면서 날개의 구조와 모양에 집중했다. 큰 새와 작은 새, 높이 나는 새와 낮게 날아다니는 새들의 날개 모양이나 굴곡의 정도를 비교했다. 공기의 저항을 줄이기 위해 자연적으로 최적화된 이들 날개의 움직임은 최고의 교과서였고 동시에 배워야 할 대상이었다.

해부학에도 정통했던 레오나르도는 복잡한 비행원리를 이해하기 위해 날갯짓을 할 때 어떤 근육을 어떻게 사용하는지도 이 코덱스에 소개를 하였다.

그리고 새들이 날아 다니면서도 안정적이고 좌우로 평형을 잃지 않는 모습을 보며 신기해 했는데 그 비밀을 꼬리날개에서 찾았다.

즉, 꼬리를 높이 치켜들거나 내리고, 좌 또는 우로 기울게 해서 소위 안정성과 조종성의 역할을 하는 것이었다. 그는 사람이 운전하는 기계비행에도 이 장치가 달리기를 희망하였다. 그의 바램대로 된 것인지 미래의 항공기의 꼬리에는 수평날개와 수직날개가 있어 이 기능을 하고 있다.

이 메모장에는 새들이 몸을 구부리고 비틀고 중력의 중심을 이동시키며 자유자재로 비행하는 작은 새들이 스케치되어 있는데 기류를 표시하기 위해 실선으로 그려넣은 것이 매우 인상적이다.

눈에 보이지 않는 공기의 흐름, 이를 테면 앞에서 불어오는 바람과 뒤에서 불어오는 바람, 좌우와 상하로 부는 바람을 선과 소용돌이로 표시한 것인데 이 또한 화가의 창의성이 아닐 까 생각한다.

포도주를 담는 가죽 부대에 물을 담아 겹겹이 쌓아놓고 혹시나 사람이 비행을 하다가 추락 했을 때를 대비하는 그림도 있다. 인류 최초의 에어백(워터백이라 불러야 할까)인 셈이다.

별것을 다 생각했던 사람 레오나르도는 이런 글도 메모장의 한 모퉁이에 남겼다. "더운 여름에는 저 산봉우리에 있는 눈을 가져다 놓고 축제기간 동안 위에서 떨어지게 하면 될 것" 이라고. 과학적 깊이를 알 수 없는 말 이지만 그의 메모장에서 발견한 인간미라고 해두자.

2011년에는 레오나르도에게 매우 의미 있는 사건이 있었다.

미국 항공우주국(NASA)은 화성 과학실험실 계획의 일부로 무인 탐사선 큐리오시티(Curiosity)[9] 로버를 화성에 보내기 위해 준비하고 있었다.

이 소식을 접한 이탈리아는 500년 전 인간도 새처럼 날 수 있다는

---

9) 큐리오시티 로버는 2011년 11월 26일 화성 과학 실험실 선체에 실려 발사되었고, 2012년 8월 6일에 화성의 아이올리스 평원에 착륙하였다. 큐리오시티 로버의 목표는 화성의 기후와 지질조사를 포함하여 물의 역할에 대한 조사와 미래에 인간의 탐험에 대비한 행성의 생명체 연구이다.

영감과 확신을 준 레오나르도를 화성으로 같이 보내고 싶어 했다.

NASA는 이 의견을 받아들였다. 탐사선의 갑판에 레오나르도의 초상화와 '새들의 비행에 관한 코덱스'를 마이크로칩 형태로 아로 새겨 보내기로 한 것이다.

그의 끝없는 호기심과 기계비행에 대한 미래지향적인 그의 통찰력을 생각해 보면 그는 그 탐사선에 오를 자격은 차고 넘친다고 할 수 있겠다. 우연인지 탐사선의 이름도 "호기심(큐리오시티)" 이었으니 더욱 더 그렇지 않을까?

2012년 8월, 큐리오시티를 실은 로켓은 지구를 떠난 지 8개월 만에 화성에 착륙하였다. 그리고 레오나르도는 화성에 도착한 최초의 사람이 되었다.

그런데 최근 우주비행이 빈번해 지면서 초현대적인 외형을 가진 전차의 디자인도 다시 조명을 받았다. 1487년 밀라노 시절 때 스포르차 가문을 위해 만든 탱크의 일종인데 거북이의 몸통에서 아이디어를 얻고 원추 형태로 디자인 했다.

내부에서는 4명의 장정이 크랭크로 바퀴를 돌려 이동을 하고 바깥의 원을 돌아가며 홈을 파서 대포도 32대나 거치할 수 있게 했다. 하지만 10톤에 달하는 거대한 전차의 기동성을 기대하기는 어려워 보인다.

레오나르도의 전차 스케치
출처: NASA

디자인으로만 존재할 뿐 실제 만들어 지지 않았던 이 탱크는 외계인의 비행물체를 닮기도 했고 현대의 우주 탐사선을 닮은 것 같기도 해서 새삼 그의 시대를 앞선 혜안에 감탄할 뿐이다.

공기의 흐름을 분석하다

공기의 흐름을 이해하기 위해 그는 유체의 흐름에 대한 관찰을 집중적으로 하였다.

레오나르도가 흐르는 유체의 관찰에 매달린 이유는 공기는 물처럼 움직임의 변화를 육안으로 식별할 수 없지만 물은 명확하게 볼 수 있고 분석이 가능했기 때문이었다. 그리고 그는 물과 공기 사이에는 분명하게 유사한 점이 있다고 생각하고 이렇게 썼다. " 물의 원리에 관한 이해는 하늘에 관한 지식으로 연결되는 사다리 역할을 할 것이다." 라고.

사실 그의 가정은 정확하였다.

오늘날의 유체역학에서는 유체나 기체는 밀도나 점도, 그리고 몇 가지의 상수로 보정이 되면 단일한 물성으로 취급을 하고 있기 때문이다.

그는 물이 흘러가는 수로를 관찰하면서 놀라운 사실을 발견하였다.

즉, 같은 수량의 물이 넓은 수로를 통과할 때보다 좁은 수로를 통과할 때에 더 빨리 통과한 다는 확인하게 된 것이다. 그리고 넓은 수로와 좁은 수로에 각각 작용하는 압력에 대해서 생각하게 되었다.

지금은 누구나 상식적인 내용으로 이해할 만한 현상이었다. 하지만 그것은 뛰어난 선견지명이었다. 200년 뒤 베르누이(Daniel Bernoulli)[10]

10) 베르누이 방정식(Bernoulli's equation)은 이상적인 유체(기체, 액체 등)가 규칙적으로 흐를경우 유체의 속도와 압력, 위치에너지 사이의 관계를 설명한 공식이다. 베르누이가 1738년 그의 저서 "유체역학(Hydrodynamica)에서 발표하였다.

가 그의 수학적 방정식으로 속도와 압력의 관계를 증명해 냈는데, 바로 그것을 암시하는 것이었다.

베르누이가 제시한 방정식에 의하면, 기체나 액체가 흐를 때에 압력과 속력의 관계가 일정하게 유지된다는 것이었다.

즉 아래의 그림과 같이 유체가 왼쪽에서 오른쪽으로 흐른다고 했을때, 넓은 관을 통과할 때에는 유체의 속도가 느린 반면, 좁은 관을 통과할 때는 빨라지게 된다. 이때 통과하는 수량(빗금 친 부분)은 왼쪽이나 오른쪽이나 동일하다는 것이다.

다만 넓은 쪽에 작용하는 압력은 올라가고 좁은 쪽의 압력은 내려가면서 양쪽에는 일정(동일)한 압력과 속도의 관계가 유지 된다는 것이다.

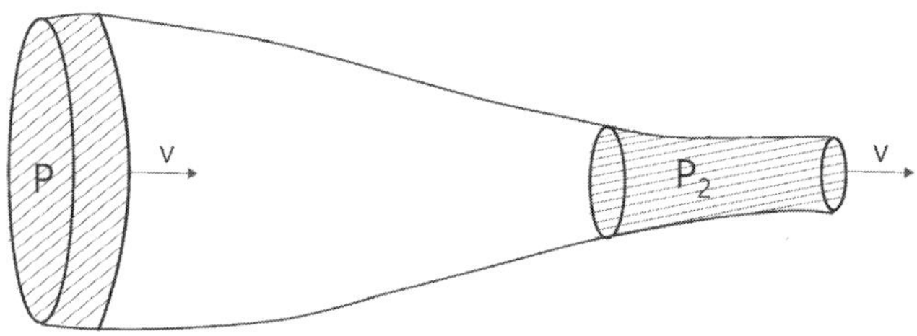

P : 압력 ρ : 밀도 v : 속력

$$P + \frac{1}{2}\rho v^2 = P_2 + \frac{1}{2}\rho v^2$$

베르누이의 방정식 설명(1738년)

레오나르도는 수로에서 찾은 유체의 속도와 압력을 새의 날개로 가져갔다.

이러한 유체의 속도와 압력의 관계에 대한 레오나르도의 통찰은 새 날개의 구조적인 모양을 설명하면서 새가 어떻게 날갯짓 없이 날아갈 수 있는지에 대한 해답을 제시하게 된 것이다.

날갯짓 없이 날아가기

레오나르도는 공중에 떠있는 물체는 4가지의 힘이 서로 상호작용하고 있다고 이해하고 있었다.

즉 지구의 중심으로 끌어 당겨지고 있는 중력과 그 반대의 방향으로 떠오르는 양력, 앞으로 나아가려는 추력, 그리고 공기의 저항으로 인해 발생하는 항력이 그것이다. 따라서 그가 구상하고 있는 비행기계가 공중에서 날아가기 위해서는 중력보다 더 큰 양력, 그리고 항력을 이길 수 있는 추력이 있으면 가능하다고 생각하고 있었다.[11)]이러한 힘들을 이해하기 위해서 레오나르도는 크고 작은 다양한 새들의 비행을 관찰하고 해부학적인 관점에서도 접근하였다.

날아가는 새의 날개의 주변에 발생하는 물리적인 힘에 대해서 그는 아주 자신감 있게 표현 하였는데 현대의 공기역학적인 관점에서는 약간의 차이는 있을 수 있지만 매우 근접한 개념을 가지고 있었다.

"새들의 운동에 관한 코덱스"에 그는 이렇게 썼다.

> 새가 날갯짓을 하며 날아오를 때는 어깨를 치켜들고 날개의 끝이 몸통 방향으로 하여 내려친다. 그러면 날개와 가슴사이에 있는 공기가 압축되고 그 공기의 압력으로 몸이 들려지게 된다.

그리고 이러한 글도 눈에 띈다.

> 새가 날아 갈 때에 그 몸의 주변에는 어떠한 공기의 질적인 변화가 있는가? 날아가는 새의 윗부분의 공기는 일반적인 공기와 비교해서 엷다. 그러나 그 반대로 아랫부분은 상대적으로 두텁다. 그리고 뒷부분의 공기는

---

11) 레오나르도의 이러한 개념은 1809년 케일리(George Cayley)의 '공중비행에 대하여'라는 논문에서 더욱 더 구체화되고 공학적으로 실현되었다.

윗부분 보다 더 엷다. 그래서 새가 날아가는 방향으로의 움직임 속도가 지상을 향한 것보다 빠르다.

여기에서 레오나르도가 말하는 '공기'가 '엷다' 와 '두텁다'라는 말은 무슨 의미일까.

그가 하고 싶은 말은 "공기가 엷은 날개의 위쪽은 압력이 낮고", "공기가 두터운 날개의 아래쪽은 압력이 높다" 였을 것이다.

이를 다시 해석한다면, 날개의 위와 아래에는 압력차이가 발생하는데, 압력이 높은 날개의 아래쪽에서 압력이 낮은 위쪽으로 평형을 이루기 위해 힘이 전달된다는 뜻일 것이다. 그리고 이 힘이 새를 위로 들어 올리는 양력이라는 것이다.

그리고 이에 더하여 꼬리부분에서 발생하는 소용돌이현상[12]을 공기역학적으로 완벽하게 설명하고 있는 것이다.

1505년 레오나르도는 피렌체로 돌아와 5년간 머물렀다.

피렌체는 레오나르도가 비행하는 새들을 관찰하기 위해 많은 시간을 보낸 곳인데 이 시기에 '새들의 비행에 관한 코덱스'가 기록되었다.

그는 주로 피에솔레(Fiesole)지역에 체체리 산(Monte Ceceri)의 언덕에서 산책을 즐기며 새들의 비행을 바라보곤 했다.

백조가 많이 날아들어 체체리 산으로 불린 이곳은 맹금류와 같은 큰 새들도 많이 서식하고 있었다. 그에게는 이보다 더 새들의 비행을 관찰하기에 좋은 장소는 없었다. 그는 열상승기류[13]를 타고 날아

12) 소용돌이(Vortex)현상은 유체의 흐름 일부가 본류와 반대되는 방향으로 교란되는 현상을 말한다. 비행기의 날개 끝의 앞부분에서는 공기가 직선으로 유입되지만 끝 뒷부분에서 공기가 심하게 교란되어 소용돌이 치는 현상이 발생한다.

가는 새들의 모습에 경외감을 느꼈다.

큰 맹금류들은 열상승기류를 무임승차 하듯이 슬쩍 올라타서 선회하며 하늘높이 올라갔다. 그리고 어느 한 지점에서는 날갯짓도 없이 날개를 펴고만 있어도 원하는 방향으로 날아가는 모습을 유심히 바라보았다.

레오나르도는 이들의 탁월한 비행능력을 연구하면서 비대칭적인 날개의 모양을 주목하였다. 즉, 새날개의 단면을 보면 윗면은 언덕처럼 완만하게 솟았다가 서서히 꺼지는 반면 아랫면은 평평하게 되어있는 모습을 보았던 것이다.

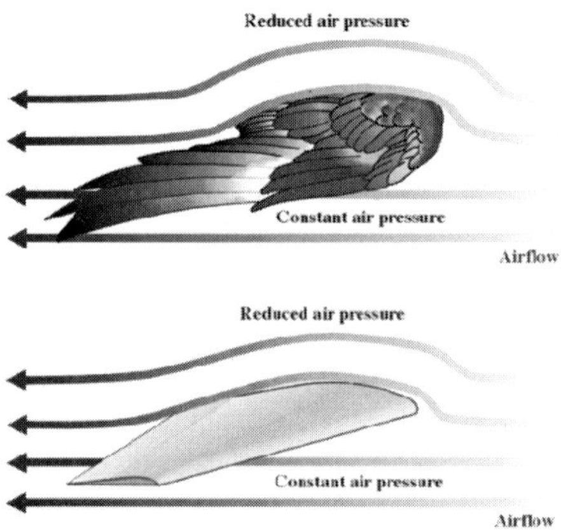

새의 날개와 에어포일에 작용하는 양력의 설명
출처: Physics of Flight: Birds

해부학을 통해서 익히 알고 있던 특이한 이 날개구조가 비행의 비밀을 밝히는 단서가 되었던 것이다. 매우 중요한 이 발견은 새들의

13) 열상승기류는 지표면이 태양의 복사열에 의해서 가열되어 그 부분의 공기가 팽창되어 가벼워짐으로서 상승하는 기류이다. 이 기류를 맹금류같은 대형조류들이 이용하곤 하는데 이를 열상승기류에 의한 활공(Thermal soaring)이라고 한다.

비행을 이해하는데 결정적인 역할을 하였다.

현대의 항공기 날개단면은 새의 날개의 것을 그대로 원용하고 있다. 항공기의 날개단면을 에어포일(Airfoil)이라고 하는데 새의 날개단면과 에어포일에서 양력이 발생하는 원리를 살펴보면 다음과 같다.

새의 날개단면 또는 이를 닮은 항공기의 에어포일을 두고 유체가 오른쪽에서 왼쪽으로 흐른다고 가정해 보자.

이때, 유체가 흘러서 가든지 혹은 새 또는 비행기가 그 방향으로 날아 가든지 발생하는 효과는 동일하다는 것은 레오나르도가 이미 밝힌 바가 있었다.

유체는 날개의 앞부분인 전단부에서 위쪽과 아래쪽으로 분리되어 흐르게 된다. 이때 위쪽으로 흐르는 유체는 긴 곡선을 따라 빠르게 흘러가는 반면 아래쪽은 상대적으로 느리게 흘러가는 것을 발견할 수 있다.

앞서 유체가 흐르는 관을 통해서 설명한 베르누이의 방정식과 같이, 속도와 압력은 일정(동일)하게 유지된다고 하였다.

따라서 유체의 속도가 빠른 윗면의 주변은 압력이 내려가고 상대적으로 속도가 느린 아랫면은 압력이 올라가게 된다. 그리고 물리적으로 평형을 이루려는 상호작용으로 인해 아래쪽의 힘이 위쪽방향으로 이동하면서 상승하려는 양력이 발생하는 것이다.[14)]

열상승기류를 타고 올라간 맹금류는 높은 고도에서 부는 강한 기류를 찾았을 것이다. 그리고 자신의 날개에서 자연적으로 발생하는 양력을 이용해서 긴 시간의 비행을 날갯짓 없이 할 수 있었을 것이다.

---

14) 양력의 발생원인은 뉴턴의 작용과 반작용의 원리를 이용해서 설명하기도 한다. 그림과 같이 진행하는 방향으로 날개가 약간 들려있는(받음각)경우에 아래쪽으로 통과하는 유체가 아래면의 에어포일을 쳐올리는 반작용의 영향으로 양력이 발생한다는 이론이다.

한 연구에 따르면 맹금류인 콘도르는 비행시간의 겨우 1% 만을 날개를 치는 데 사용한다고 보고하였다. 비행 추적 장치를 달아서 조사를 해보니 그들은 대부분의 시간을 날갯짓을 하지 않는 대신 바람을 비행에 적극적으로 활용하는 것으로 확인된 것이다.

낮 동안 지면이 달궈져 생긴 상승기류를 타고 고공으로 올라간 뒤에는 '활공'하는 것으로 확인되었는데, 이로써 5시간 동안 날갯짓 없이 172Km를 날아가는 콘도르의 비행 비밀이 밝혀진 것이다.[15)]

500년 후 다시 보는 미완성

경첩이 달린 날개

이것은 사람의 힘을 이용한 날개로 얼마나 무거운 짐을 들어 올릴 수 있는지를 실험하는 기기이다. 그가 좋아했던 박쥐날개를 본 따서 날개를 만들고 경첩에 연결해서 긴 막대로 힘을 줄 수 있도록 레버를 만들었다. 그림에서는 보이지 않지만 날개의 아래쪽에는 들어 올리려는 나무판자가 허공에 매달려 있다.

사람이 레버를 이용해서 날개가 위로 올라가면 이론상 아래 부분의 공기의 밀도가 순간적으로 낮아지면서 아래에 있는 나무판자가 들려 올려지게 되는 것이다. 레오나르도는 이 기기로 성인의 몸무게에 해당하는 68kg의 나무판자를 들어 올릴 수 있는지를 시험하려고 하였다. 그리고 이 결과를 위해서는 날개의 가로 세로의 크기가 각각 12m가 되어야 한다고 구체적으로 명시하였다.

---

15) 2020년 영국 스완지 대학과 아르헨티나 연구진은 남아메리카 파타고니아에 서식하는 어린 안데스 콘도르 8마리에 소형 비행추적장치를 달아 날갯짓 하나 하나와 비행고도, 위치 등을 기록했다.

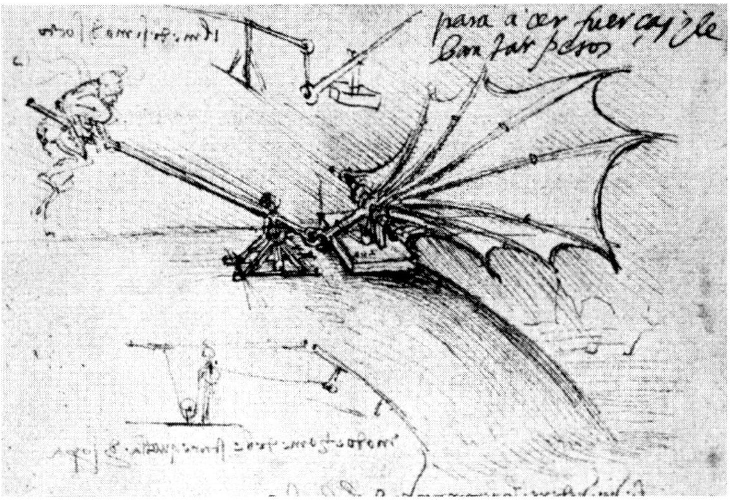

경첩이 달린 날개
출처: 다빈치의 코덱스 중

레오나르도는 새의 무게(중량)의 제곱근이 새의 날개 길이와 동일하다고 생각하고 있었다. 그래서 이 기기의 전체무게가 136kg이니 이의 제곱근 값인 12m가 날개의 크기가 된다는 것이었다.

하지만 여기에 더해서 중요한 것은 레버에 가해지는 힘, 또는 날개의 속도였을 것이다. 안타깝게도 이에 대한 구체적인 언급이 없어 이 날개 또한 스케치로서만 존재 했을 가능성이 높다.

그러나 디자인적 측면에서는 조형성과 기능성이 뛰어나다고 평가받고 있는데 현대의 바이오닉 디자인(Bionic Design)[16]과 개념이 통한다고 할 수 있다.

16) 바이오닉 디자인(Bionic Design)이란 생물의 운동 메커니즘을 모방하여 신소재를 만들어 보려는 설계방식을 말한다. 즉 자연분석을 통해서 생물의 특성과 성격을 제품의 디자인적 요소로 활용하는 것이다.

잠자리의 날개를 닮은 비행기기

낮은 곳을 날아다니는 잠자리도 그의 눈을 피해가지 못했다.

지금은 많이 사라져 곤충도감에서나 볼법한 크고 화려한 잠자리의 투명한 날개며 외형적인 조형미에 레오나르도는 매혹되었다. 그는 관찰한 내용을 스케치와 함께 이렇게 글을 남겼다. 즉 "명주잠자리는 네 날개로 나는데, 앞쌍이 올라갈 때 뒤 쌍은 내려간다. 그러나 각 쌍은 기본적으로 최대의 몸무게를 떠 있게하는 충분한 힘이 있어야 한다."라고. 그리고 날개에 두 줄로 연결선을 그어서 하나가 올라가면 다른 하나가 내려간다 라고 표시하였던 것이다.

대단한 관찰력이 아닐 수 없다.

잠자리는 1초에 40번 정도 날개 짓을 하는데, 인류가 그 후 4세기 후에나 슬로우 모션 촬영을 통해서 알게 될 사실을 어떻게 정확하게 읽어 낼 수 있었을까. 최근의 한 연구에서는[17] 초인적인 능력에 가까운 그의 동체시력[18]이 이런 관찰을 가능하게 했다고 발표하기도 했다. 잠자리의 비행방식에 흥미를 느낀 레오나르도는 그런 방식으로 작동하는 비행 기기를 스케치로 남겼다.

비행 기기에는 앞쪽으로 한 조가 뒤쪽에 또 다른 한 조의 날개가

---

17) 2020년 스위스 바젤 대학의 데이비드 탈러(David S Thaler) 연구팀은 레오나르도의 동체시력을 연구하면서 그가 눈을 한 번 깜빡하는 사이에 최대 100장의 이미지를 볼 수 있는 능력이 있어야 위에서 언급한 잠자리의 날개 운동 방식을 분간할 수 있다고 발표하였다(일반인은 20-40장 정도). 그리고 그의 명작 '모나리자'의 신비한 미소에 대해서는 이제 막 미소를 지으려는 찰라의 단계를 그의 초능적인 동체시력으로 포착한 것이라고 하였다.

18) 동체시력(dynamic visual acuity)은 움직이는 물체를 정확하고 빠르게 인지하는 능력을 말하며 정지된 것을 보는 정지시력(standing visual acuity)과 대비된다. 스포츠 선수들의 동체시력은 일반인들 보다 뛰어나다고 할 수 있는데 예를 들어 매우 빠른 속도의 공을 봐야 하는 야구선수 등이 그러하다.

배치되어 있는데 모양은 마치 잠자리의 날개처럼 생겼다. 날개는 한 쌍이 올라가면 다른 쪽은 내려가면서 교대로 움직이게 되어있다. 웅크린 자세로 서있는 탑승자는 발판을 이용해서 두개의 페달을 밟고 손으로는 기어와 도르래 장치를 회전시킨다. 머리와 목, 어깨도 놀리지 않는데 피스톤 장치를 누르고 케이블을 당기는 등 신체의 모든 부분을 동원해서 날개의 상하운동에 투입되는 모습이다.

그런데 커다란 그릇에 담겨있는 이 비행 기기가 과연 날 수 있었을까.

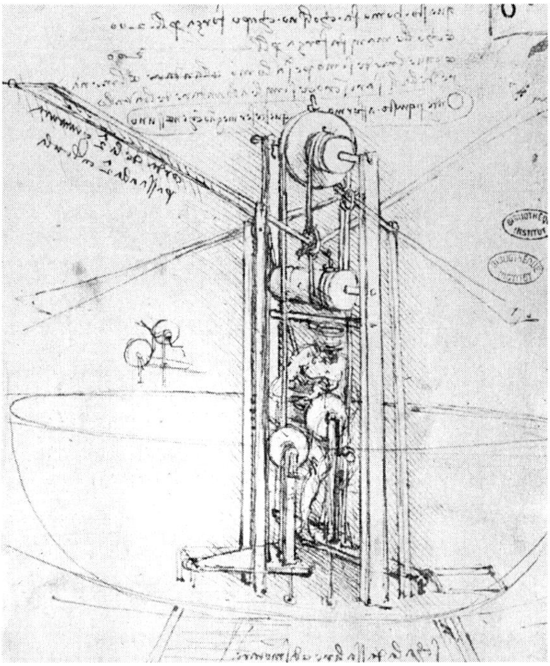

잠자리의 날개를 닮은 비행기기
출처: 다빈치의 코덱스 중

그럴리가 없었다. 하지만 새는 수학적 법칙에 따라 작동하는 기구에 불과하며 인간은 그런 기구를 만들 수 있다는 생각은 오랫동안 떠나지 않았다. 오니솝터인 우첼로와 마찬가지로 이 기기도 새와 비교해 취약한 인간의 가슴근육을 극복하기 위해 온몸을 사용한 것이라 볼 수 있다.

극한 환경에서 기기를 하늘로 띄우기 위해 안간힘을 쓰고 있는 탑승자의 모습에서 레오나르도의 얼굴이 자꾸 오버랩되는 것은 왜일까.

헬리콥터의 원조 공중나사

그의 메모장 속에서 번득이는 아이디어들의 일부는 완성된 작품 속에 스며들어 빛을 발하고 있는 것도 있지만 대부분은 실현되지 못한 미완의 상태로 남아있다.

달리 이야기하면 그의 메모장인 코덱스는 미완성 텍스트의 모음인 셈이다. 미완성은 창조적 천재를 특징한다는 당시의 시류를 따른다면 그는 이 미완성으로 비로소 완성된 인류최고의 천재라고 할 수 있다.

그의 작품 중 현대의 헬리콥터에 스며들어가 세계최초의 비행기 디자인이라는 평가를 받고 있는 것이 있는데 바로 공중나사(Aerial Screw)라는 것이다.

공중나사는 그가 피렌체에서 밀라노로 옮겨가 스포르차 귀족가문의 군사 기술자로 일하던 1480년 후반에 구상된 작품인데 조형미가 아주 뛰어난 작품이다.

나사의 원리를 이용한 이 공중비행기는 원형으로 된 중앙의 플랫폼에 4명의 승무원이 회전날개에 연결된 수직기둥의 바를 잡고 달리면서 양력을 발생시키는 구조다.

직경 5미터 정도의 제법 큰 회전날개의 재료는 린넨으로 하고 풀을 먹여 견고하게 만들 것을 제안하고 있다. 그리고 이 회전날개를 충분하게 빠르게 회전시키면 공기의 반작용으로 기기를 부양시킬 수 있다고 설명하고 있다.

하지만 회전날개가 돌아갈때 공중나사의 몸체는 그 반대방향으로 회전하는 문제가 발생하는데[19] 이에 대한 방안이나 언급이 보이지 않는 점은 아쉬운 부분이다.

사실 사람의 힘으로만 공중나사를 부양시킨다는 것은 불가능하지만 현대의 헬리콥터는 이 공중나사에 여러가지 면에서 빚을 지고 있다 할 것이다.

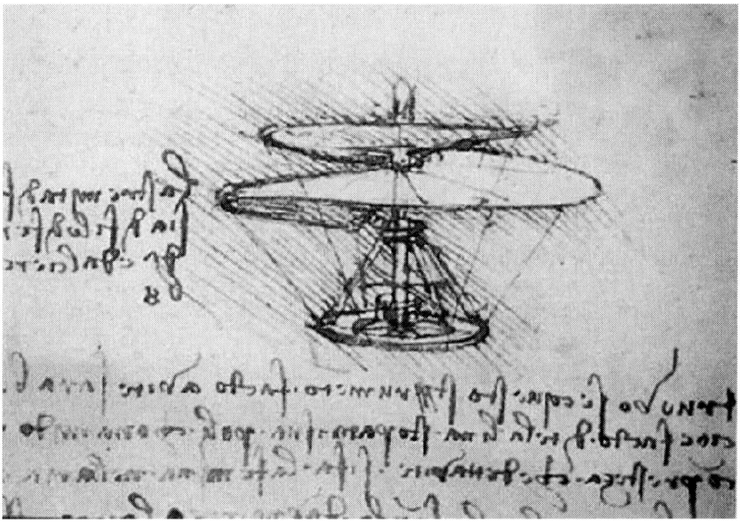

레오나르도의 공중나사(Aerial Screw)의 스케치

출처: 다빈치의 코덱스 중

---

19) 회전날개가 돌아가면 작용과 반작용의 법칙에 의해 회전 반대 방향으로 몸체가 돌아가게 되는데 헬리콥터의 경우에는 꼬리부분에 이 회전력을 상쇄하기 위한 작은 프로펠러(테일로터)를 달아 균형을 잡아준다.

사람을 보호하는 낙하산

레오나르도의 낙하산 아이디어 스케치
출처: 다빈치의 코덱스 중

코덱스 아틀란티쿠스에는 피라미드처럼 생긴 낙하산의 스케치가 있고 그 옆에는 이렇게 적혀있다. "만약 어떤 사람이 가로, 세로, 높이가 각각 12야드(약 9.3m)인 코팅된 천을 가지고 있다면 어떠한 높은 곳에서 떨어지더라도 다치지 않고 내려올 수 있다." 라고.

오늘날 둥그런 형태의 낙하산과는 달리 독특한 삼각뿔 모양을 하고 있는데 밑변은 나무로 프레임을 짜고 아래로 줄을 내려 사람이 매달릴 수 있도록 하였다.

1470년에 기록된 것으로 보이는 이 스케치는 종탑이나 높은 건물에 화재가 발생했을 때 탈출용으로 만들어 진 것으로 보인다. 하지만 실제로 만들어 썼는지에 대한 기록은 보이지 않아 스케치로만 존재할 가능성 높다.

하지만 이에 대한 증명이라도 하려는 듯이 2000년 영국의 스카이다이버인 니콜라스(Adrian Nicholas)라는 사람이 도전에 나섰다.

당시 30대 후반이었던 그는 전 세계 30여 개국에서 8,000번 이상의 스카이 다이빙 경력이 있는 사람이었다.

남아프리카의 광활한 초원지대에서 높이 10,000 피트(약 3천미터)까지 열기구를 타고 올라간 그는 레오나르도의 낙하산을 타고 하강했다.

그는 현대에 구할 수 있는 가볍고 강한 재질을 사용하지 않고 500년 전 레오나르도가 사용하려고 했을 법한 자재를 구해서 스케치에 존재하는 그대로를 재현해 냈다. 그러다 보니 무게가 187파운드(약 85Kg)까지 나가는 중량이 되었다.

주변에서는 레오나르도 낙하산의 디자인에 의구심을 가지고 그의 무모한 도전을 극구 만류하였다.

하지만 그들의 걱정과 우려에도 불구하고 역사상 처음으로 하늘에서 펼쳐진 레오나르도의 낙하산은 안전하게 내려갔다.

다만, 자체의 무게가 너무 무거워 땅에 착지할 때 사고의 위험이 있었다. 안전을 위해서 높이 2,000피트 에서는 현대식 낙하산으로 교체해서 내려온 것을 제외한다면 완벽하게 레오나르도의 낙하산을 재현한 것이다.

니콜라스는 위대한 발명가 레오나르도의 낙하산을 타고 내려오면서 오히려 현대의 것보다 더 편안한 느낌을 받았다고 시승 후 소감을 이야기하기도 하였다.

거대한 새 우첼로

일생동안 하늘을 날 수 있는 동물의 능력에 매료되었던 레오나르도는 조류와 박쥐의 해부를 하면서 많은 영감을 받았다. 그리고 기술을 통해서 이들의 능력을 모방할 수 있다고 굳게 믿었다.

끈질긴 관찰로 '새는 수학의 법칙으로 작동하는 기계와 같다'라고 생각하고 새들이 날 수 있다면 인간도 날 수 있다고 판단한 것이다.

새처럼 아래위로 날갯짓을 하면서 양력을 발생 시키는 오니솝터(Ornithopter)[20]를 도안한 레오나르도는 '거대한 새'라는 뜻을 가진 우첼로(Uccello)라는 이름을 붙여줬다. 가늘고 강한 소나무로 뼈대를 만들

20) 오니솝터(Ornithopter)는 그리스어의 새를 뜻하는 ornithos와 날개를 뜻하는 pteron이 합쳐진 단어로 새가 날개를 퍼덕이는 것처럼 움직이며 날아가는 항공기를 뜻한다.

고 부드러운 천으로 날개를 만들어서 덮었다. 조종사는 일자로 길게 엎드려 머리와 목 주위에 링을 걸듯이 걸고 몸을 고정시켰다. 그리고 양쪽의 날개는 밧줄과 도르래를 연결해서 작동하는데 조종사가 한쪽 다리를 걸쇠에 걸어서 힘껏 내리면 양쪽날개가 내려가고, 교대로 다른 한쪽 다리를 내리면 날개가 올라오는 구조이다.

이렇게 자전거의 페달을 밟는 것처럼 계속 움직이면 새처럼 날갯짓을 할 수 있고 이 동작으로 약 200kg의 힘을 발생시킬 수 있다고 생각하였다.

하지만 이 방법으로 충분한 힘을 발생시킬 수 없다고 생각한 레오나르도는 앞부분에는 손을 돌려서 추가로 힘을 만드는 크랭크 장치를 추가했고 꼬리에는 선회 운전이 가능하게 방향키도 달았다.

그렇게 해서 손과 발을 모두 움직이면서 날아가는 날틀을 고안하게 된 것인데 결과적으로 조종사의 움직임은 더욱 커지고 기능화 되면서 좀 더 정교한 비행을 할 수 있게끔 디자인 하였다.

이 새로운 디자인은 새처럼 날개를 달고 양팔의 힘으로만 나는 것은 가능하지 않다는 인식 후 나온 것이다. 그래서 손과 발을 이용하여 힘을 생산하고 이를 효과적으로 양 날개에 전달할 수 있게 한 것이었다. 날개는 박쥐의 날개 막을 모방하였는데 관절이 있어 접고 펼치기도 용이하고 균형을 잡는데도 유리하였다.

우첼로가 피에솔레의 체체리 산에서 실제로 비행을 하였다는 전설같은 이야기가 전해지긴 하지만 사료는 턱없이 부족하다.

하지만 어떠랴. 소설로 쓰여진 이야기와 현실은 뒤섞여 사실인 듯 전설인 듯 경계는 허물어지고 모호해졌다. 그리고 사람들은 비석을 세워 기념하고 기리니 어찌 아니다 라고 우길 수 있을까.

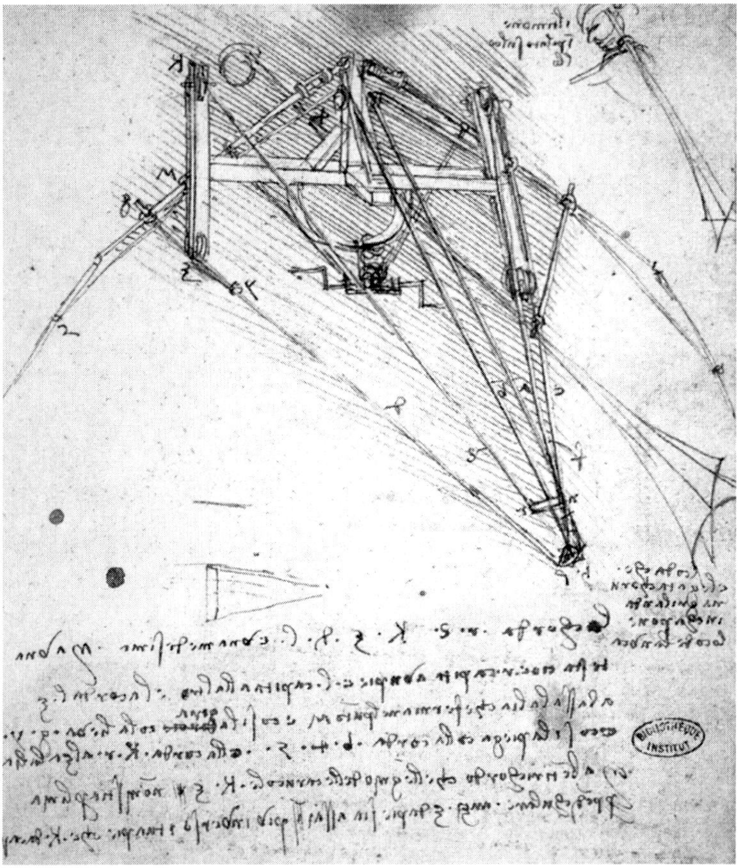

레오나르도의 오니솝터(우첼로) 스케치
출처: 다빈치의 코덱스 중

레오나르도에게 피에솔라의 체체리 산은 새들과 함께 노닐 수 있는 영원한 놀이터였고 안식처였다. 그는 "새들의 비행에 관한 코덱스"의 마지막 페이지에 자신의 포부를 밝힌 것인지 예언하듯 그의 심정을 써내려 갔다.

커다란 새는 체체리 산의 꼭대기에서 첫 비상을 할 것이다.
온 우주를 놀라움으로 가득 채우고, 세상의 모든 글들은 그의 이름을 칭송하며 그가 태어난 둥지에 영원한 영광을 돌릴지니.

안타까운 일이지만 결국 커다란 새는 날지 못했다.

레오나르도가 꿈꾸었던 새처럼 날개짓 하는 비행은 다른 양상으로 발전했다. 날개는 움직이지 않게 고정되었고 대신 프로펠러가 몸통을 띄웠다.

500년 전 레오나르도의 성찰은 옳았다.

그는 "정지해 있는 공기 속에서 물체가 움직였을 때나, 정지해 있는 물체에 공기가 움직였을 때나 발생하는 압력의 크기는 동일하다."[21]라고 이야기 한 적이 있었다. 비행기는 바람을 기다리지 않았고 엔진의 힘으로 공기 속으로 날아갔다. 그리고 공기 속에서 만들어 낸 커다란 압력의 차이로 공중으로 뜰 수 있는 힘을 만들었다. 그리고 비로소 비행기는 하늘 높이 날아 갈 수 있었다.

---

21) 코덱스 아틀란티쿠스에서 인용

2 몽골피에 형제 _팽창의 힘으로

신전은 허물어지고 있었다.

종교개혁이 일어났고 코페르니쿠스(Nicolaus Copernicus)는 지구는 우주의 중심이 아니라고 주장하였다. 뉴턴(Isaac Newton)은 수치와 공식으로 만물의 현상을 설명할 수 있다고 하는 세상이었다. 최초의 열기구 발명가로 알려진 몽골피에 형제(Montgolfier brothers)는 이처럼 지금까지의 관념에 도전하는 실험정신이 충만했던 시대에 살았던 인물들 이었다.

그리 긴 역사는 아니지만 캐나다의 퀘벡(Quebec)주에서는 해마다 가을이면 형형색색의 열기구가 푸른하늘을 배경으로 일대장관을 이룬다. 이른바 '몽골피에 국제 열기구 축제[1]'라고 불리는 이 행사에는 전 세계의 열기구 애호가 수십만 명이 참가하는 세계적인 행사가 되었다.

오늘날 현대인에게 열기구는 잠시 속도의 경쟁에서 벗어나 '느림

---

1) 정식명칭은 Festival de montgolfieres de Saint-Jean-sur-Richelieu이다. 1989년부터 시작된 국제열기구페스티벌이며 매년 가을 열흘정도 개최되며 세미나를 비롯한 다양한 축제가 열린다.

의 미학'을 만끽할 수 있는 여유로운 레저의 한 형태로 남아있을 뿐이다. 하지만 당시 아무도 가보지 않았던 그 곳, 하늘을 엿보려했던 탐험가들의 목숨을 건 도전은 어떠하였을까? 250년 전으로 돌아가 보자.

조셉과 에티엔

르네상스시대를 거치면서 많은 발명가들이 하늘을 날아다니는 기계를 만들기 위한 노력을 기울였다. 다빈치도 현대의 헬리콥터의 원형에 속하는 공중나사를 그의 메모장에 스케치로 남겼지만 실제로 시험해 볼 엄두를 내지 못했다.

우선적으로 해결해야 할 문제는 공중으로 뜰 수 있는 적절한 힘을 어떻게 만들 수 있는가 였는데 새와 달리 인간의 근육은 너무 나약해서 비행을 하기에 적합하지 않았다. 그렇다면 어떻게 하면 공중으로 뜰 수 있을까?

사실 그에 대한 답은 오래 전 부터 존재해 왔다.

중국 삼국지의 시대에 제갈공명과 그의 군사들은 적군인 사마의의 군대에 겹겹이 포위되어 있었다. 공명은 자신의 모자와 비슷하게 만든 등을 만들어 띄워보내 지원군을 요청하였다. 소원을 빌어 보내는 공명등의 유래인데 기원전 3-4세기의 일이었다. 종이로 만든 모자 등 아래에 촛불을 지피면 뜨거워진 내부의 공기가 바깥보다 가벼워져 공중으로 뜨는 원리를 이용한 것이다.

브라질에서 태어난 포르투갈인 성직자 구스망(Bartolomeu Gusmao)은 1709년 리스본에서 비행선(사실은 작은 열기구)의 시연을 하였다. 그보다 조금 앞선 1592년, 조선에서는 왜군에 의해 고립된 진주성의 병사와 백성들이 성밖에 두고 온 가족들에게 그들의 생사를 알리기 위해 등불을 날렸다는 기록도 전해진다.

하지만 사람이 탈 수 있을 정도로 큰 규모의 풍선이 나타날 때 까지는 좀 더 기다려야 했다.

몽골피에형제의 이름 뒤에 숨은 그들의 이름은 조셉(Joseph-Michel)과 에티엔(Jacques-Etienne)이다. 조셉과 에티엔는 몽골피에(The Montgolfier)집안의 16남매 중 각각 12번째 그리고 15번째 아들로 태어났다. 다섯 살 터울로 형인 조셉은 실패를 두려워 하지 않는 전형적인 발명가 기질이 있었고 에티엔는 돌다리도 두들겨가며 심사숙고하는 사업가의 성격이 강하였다고 한다.

형인 조셉 몽골피에(왼쪽)와 에티엔 몽골피에
출처: 위키피디아

형제의 부모는 프랑스 리옹의 남부지역인 아노네(Annonay)에서 대를 이어 물려받은 제지업을 운영하고 있었다. 요즘으로 치면 정보를 저장하는 반도체 칩과 같은 첨단산업에 비유할 수 있을지도 모르겠다.

제지사업은 왕실에도 납품하면서 조셉과 에티엔는 비교적 생계의 걱정 없이 연구 활동에 매진할 수 있었던 것으로 보인다.

조셉은 파리로 갔다.

지난 17세기 과학혁명[2]으로 이룬 눈부신 발견을 도처에서 접할 수 있었다. 영국의 화학자 프리스틀리(Joseph Priestley)가 공기로 부터 산소를 분리해 냈다는 사실을 알게 되었고, 세상에서 가장 가벼운 기체인 수소를 캐번디시(Henry Cavendish)가 발견한 사실에 흥분하였다.

형보다 조금 보수적인 성격을 가진 에티엔는 건축업에 관심이 많아 파리에서 선진 교육을 받았다. 그러나 서른이 되었을 때는 뜻하지 않게 아버지의 가업을 잇게 되어 아노네로 다시 내려왔고 그 후 10년 동안 제지업의 혁신적인 기술도입에 능력을 발휘하였다. 이 후 에티엔는 조셉의 든든한 조력자로서 열기구의 개발에 도움을 주게 된다.

기체 팽창의 원리를 깨우치다

몽골피에 형제가 어떤 계기로 열기구에 관심을 가지게 되었는지는 확실치 않다. 어느날 난로위에 걸려있는 어머니의 옷가지가 난로의 열기로 하늘거리는 것을 보고 착안을 하였다는 다소 그럴듯한 이야기도 있지만 허구일 가능성이 매우 높다.[3] 초기 그들의 실험에 대한 기록이나 채택한 이론 등에 대한 근거자료가 많지 않아 신빙성이 낮다는 이야기이다.

---

2) 유럽에서 근대과학이 태동하여 형성되기까지의 일련의 과정을 일컫는다. 대체로 코페르니쿠스가 '천구의 회전에 관하여'를 출간한 1543년부터 뉴턴이 '프린키피아'를 출판한 1687년까지에 해당한다.

3) Balloons and Airships by Anthony Burton

사실 열기구의 원리는 간단하다.

풍선 내의 공기가 데워지면 공기분자들의 활동이 활발해지고 분자들 사이의 거리가 멀어지면서 부피가 팽창하게 된다. 그러면 풍선은 상대적으로 높은 밀도의 외부 공기에 놓이게 되는데 이때 풍선이 부력의 힘으로 뜨는 것이다.

이러한 사실은 몽골피에 형제와 같은 시대를 살았던 프랑스의 물리학자인 샤를(Jacques Charles)에 의해서 좀 더 명확하게 설명되었다.

즉, 주변 압력이 일정하다고 가정할 때 기체의 온도가 높아지면 기체의 부피가 증가하고 온도가 낮아지면 감소하는데, 이때 기체의 팽창은 기체의 종류와 관계없이 일정한 비율로 일어난다는 것을 발견한 것이다.

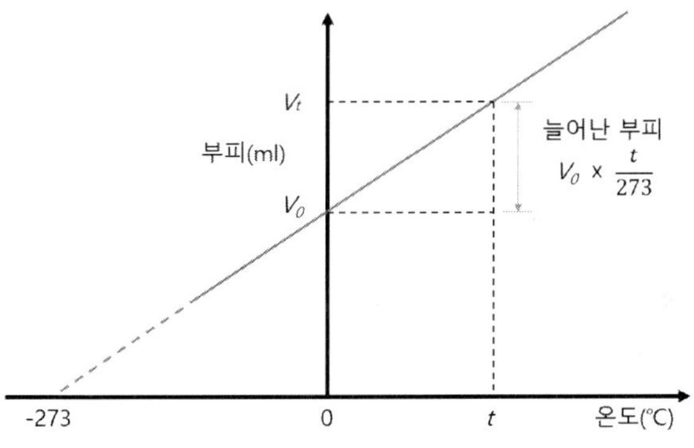

샤를의 법칙 도식

그의 이름을 딴 샤를의 법칙[4]에 의하면, 기체의 온도가 1℃ 오를 때 마다 0℃일 때의 부피보다 1/273씩 팽창하며 그 반대로 1℃씩 내려가면 1/273씩 수축하게 된다. 고체나 액체는 물질의 종류에 따라

4) 샤를의 법칙(Charles's Law)은 1780년대에 그의 미발표 논문에서 처음 발견되어 그의 이름을 따서 지어졌다.

늘어나는 정도가 다르기 때문에 물질 특유의 열팽창계수라는 것이 있다. 하지만 기체는 어느 종류이든 관계없이 팽창하는 정도가 일정하다는 것이다.

따라서 위의 그림과 같이 0℃일 때의 기체부피가 V_0 그리고 t℃일 때의 부피가 Vt 라고 할 때 온도의 변화에 따른 부피는 다음과 같이 정리할 수 있다.

$$V_t = V_0 + V_0 \times \frac{t}{273} = V_0 \left(1 + \frac{t}{273} \right)$$

조셉은 위와 같은 내용을 지식적으로 알고 있었는지 아니면 단순히 그런 현상을 경험적으로 알고 있었는지 알 수 없지만 분명한 것은 온도와 기체의 팽창 원리를 이해하고 있었을 것이다.

다만 불을 땔 때 사용하는 땔감의 종류에 따라서 효과가 다르게 나타난다고 믿었다. 예를 들면 양털과 젖은 짚을 섞어서 사용하기도 하였다. 근거 없는 비과학적인 생각이었지만 젖은 짚을 사용한 것은 꽤 설득력이 있어 보인다. 왜냐하면 마른 짚을 사용하였다면 검불의 불티로 기구에 불이 옮겨 붙을 수도 있었기 때문이다. 나중에는 오래된 신발이나 상한 고기까지 섞어서 사용하였다고 하니 험난한 길을 파헤치고 가는 그들의 고군분투가 느껴진다.

유레카의 순간

조셉은 얇은 나무판으로 가로 세로 높이가 1 x 1 x 1.3m 정도인 상자모양의 함을 만들었다. 그리고 열기가 빠져 나가지 못하게 윗부분과 양옆을 비단 재질의 천(타프타)으로 덮었다. 그리고 개방된 상자의 아래쪽에 종이로 불을 붙였다. 이미 우리가 알고 있듯이 상자는 바로 공중으로 거뜬히 떠올랐고 천정에 가서 부딪쳤다.

유레카의 순간이었다.

조셉은 바로 동생에게 편지를 썼다. "타프타와 밧줄을 가지고 급히 오기 바란다. 세상에서 가장 놀라운 장면을 보여주마."

재회한 두 형제는 비슷한 모양으로 장치의 규격을 3배나 더 크게 만들었는데, 공기의 용량을 따지면 27배나 커지게 된 것이다. 그리고 양모와 짚을 가져와서 불을 지피자 걷잡을 수 없이 빠른 속도로 솟구쳐 올랐다. 그렇게 하늘 높이 올라간 장치는 약 2km 가까이 날아가 땅에 떨어졌다. 1782년 12월 최초의 시험비행이었다.

자신감을 가진 두 형제는 수차례의 시행착오를 겪으면서 경험을 축적해 나갔다. 기구의 크기는 점점 커지면서 원형의 모양으로 바뀌었고 그 직경은 무려 33m 까지 늘어났다. 재료는 천과 두꺼운 종이를 번갈아 가면서 이어 붙였다.

불을 붙여 기구안의 공기를 데울 때는 행여 불이 옮겨 붙을까 하여 바짝 신경이 곤두섰다. 그리고 드디어 기구 안에 공기가 가득 채워져 원의 모습을 찾아갈 때에는 7-8명의 장정이 힘을 줘야 할 만큼 밧줄이 팽팽해졌다.

구호에 맞춰 밧줄을 동시에 놓았을 때 기구는 쏜살 같이 하늘로 솟아올랐다. 주변에서 이 광경을 보고 있던 구경꾼들은 벌린 입을 다물지 못할 정도로 충격 이었을 것이다.

하늘을 가릴 듯한 거대한 몸집을 한 기구는 점점 작아졌고 약 1,800m까지 올라가면서 바람을 따라 날아갔다.

하지만 실망스러운 점도 있었다.

덩치에 비해서 체공시간은 고작 10분에 불과했고 날아간 거리는

3km도 되지 않았다. 이 기구는 동생 에티엔이 주도적으로 만들었는데, 아무래도 기구를 천과 종이로 이어 붙여 만들 때 공기가 새지 않도록 이음매 없이 더 조밀하게 만들 필요가 있음을 느꼈다.

어쨌거나 몽골피에 형제의 놀라운 실험 이야기는 마을로 퍼져나갔고 급기야는 파리까지 소문이 올라갔다.

수소가스와 샤를

하지만 파리에 있는 과학자들과 식자들의 반응은 싸늘하였다.

지방에서 제지공장을 운영하는 무명인에 대한 멸시와 기득권층의 경계심리가 작동한 것 이었을까?

그들이 주장했던 과학적 논지는 이랬다. "이 정도 크기의 기구는 공기를 데워서 올릴 수 없다. 유일한 방법은 가장 가벼운 기체인 수소를 이용하는 것이다." 신세계의 지식으로 무장된 그들의 주장은 틀린 말은 아니었다. 수소는 당시에 아주 "뜨는" 기체였다.

1766년 캐번디시가 금속과 산을 반응시킬 때 어떠한 인화성 기체가 발생하는 것을 발견하였다. 그리고 1783년 일련의 과학자들이 이 가스의 존재를 재확인하고 수소(Hydrogen)[5]라고 명명하였다. 세상에서 가장 가볍고 인화성이 있는 신박한 기체가 발견된 것이다.

그런데 이 수소가스를 이용해서 기구를 띄우겠다는 이가 나타났는데 바로 샤를이었다.

그렇다. 앞서 기체의 온도와 부피 등의 관계를 설명하면서 소개한

---

5) 헨리 캐번디시의 수소발견 이 후 1783년 앙투안 라부아지에가 피에르시몽 라플라스와 함께 수소가 연소되면 물이 생긴다는 캐빈디시의 발견을 재현한 뒤 원소에 수소라는 이름을 붙였다. 수소를 뜻하는 Hydrogen은 라틴어의 Hydro(물)로 접미사 -gen(만들다)이 합쳐져 물을 만든다는 뜻이다.

프랑스의 대학자 중의 한 명인 그 사람이었다. 그는 프랑스 과학아카데미의 회원이자 교수로서 명망이 높은 물리학자며 발명가였으며 기구에 대해서도 대단히 관심이 많았다.

자크 샤를(Jacques Charles)
출처: 위키피디아

그가 제안한 기구의 기낭은 비단으로 된 천으로 만들었지만 겉은 용액으로 된 고무를 바르는 것이었다. 이렇게 해서 내부의 수소가스가 새지 않도록 하였는데 몽골피에 형제가 애를 먹고 있는 바로 그 부분을 샤를은 이미 해결했던 것이다.

샤를이 계획하고 있던 수소가스 기구는 프랑스 과학자들과 사회지도층의 지지를 폭넓게 받고 있었다. 당연히 실험을 위한 자금 마련도 손쉽게 해결되었다.

일반 대중들의 모금활동도 이루어 졌다. 모금을 유도하기 위해 요즘 시세로 50만원[6]을 기부하면 그의 실험 장면을 가까이서 볼 수 있는 입장권을 주기도 하였다. 상당히 높은 금액이었지만 큰 기구가 하늘로 올라가는 신기로운 현상은 어디에서도 볼 수 없는 구경거리였다.

하지만 아직 한 가지 해결해야 할 문제가 남아 있었다.

수소가스가 새는 것은 고무용액을 발라서 해결할 수 있었지만 수소를 어떻게 만들고 또 풍선 안으로 집어넣을까 였다. 사실 샤를의

---

6) 당시 입장권이 최소 1 크라운(crown)이었다고 한다. 당시의 근로자의 한 달 급여가 4 크라운(1 livre) 정도 였다고 한다. 따라서 대략 200만원/4=50만원으로 추정함.

풍선은 지름 4m 남짓으로 몽골피에 형제의 것과 비교하면 꼬마풍선이었다. 그래도 이 풍선에 충분한 가스를 만들려면 200kg이 넘는 황산과 450kg 정도의 철이 필요했다.

샤를은 그의 작업장에서 조심스럽게 황산과 철을 섞어가며 수소가스를 만드는 작업에 들어갔다. 발생한 수소가스는 큰 원통에 포집했다. 그리고 연결된 관을 통해서 풍선으로 이동시켰다.

작업도중에 새는 가스도 많았지만 시행착오를 겪으면서 수정해 나갔다. 알려진 바와 같이 산과 철이 반응할 때 수소와 함께 다량의 열도 같이 발생하는데 혹시 풍선에 불이 붙지 않도록 물로 식혀가면서 작업을 하다 보니 시간이 예상보다 더 많이 걸렸다. 이 모든 작업과정에 꼬박 하루가 걸렸는데 그날은 너무 늦어서 다음날 풍선을 띄우기로 결정하였다.

하지만 아침에 돌아와 보니 실망스럽게도 풍선의 가스가 거의 다 빠져있었다. 가스가 새는 곳을 찾아 수선하고 다시 똑 같은 작업을 반복했다. 수 일간 이렇게 하며 겨우 풍선에 수소가스를 가득 채울 수 있었고 그 다음 날 아침 일찍 그의 작업장 가까이 있는 앞마당에서 시험 준비를 하였다.

풍선은 밧줄을 연결하여 지상에 단단히 고정시켰다. 그리고 공중으로 올려 보냈다.

그의 계산으로는 풍선이 16kg 정도의 무게를 들어 올릴 수 있으리라 판단했는데 실상은 10Kg 미만 이었고 시간이 경과되어 오후 쯤 되니 부양력은 더 떨어졌다. 어딘가 가스가 새고 있다는 증거였다.

절반의 성공이었지만 만족해했다.

묶여있던 밧줄을 풀자 풍선은 자유롭게 하늘 위로 날아갔다. 인근에 있던 파리 시민들은 이 모습을 보고 환호를 지르며 실험 현장인 샤를의 앞마당 까지 떠어왔고 주변은 순식간에 아수라장이 되었다. 위험한 약품과 기구들이 널려있어 사람들이 다칠 수도 있는 장소였지만 다행히도 무사하였다. 1783년 8월 25일의 모습이었다.

이제 공식적으로 그리고 실수 없이 띄워 올려야 할 때가 왔다.

샤를의 첫 무인 수소풍선

샤를은 오늘 띄워 올린 시험장소가 마음에 들지 않았다.

많은 사람들이 한꺼번에 몰리면 자칫 큰 사고가 날 수 있었기 때문이다. 좀 더 넓은 새로운 장소를 물색했는데 파리 시내의 마르스 광장(Champ de Mars)이 눈에 들어왔다. 당시에는 없었지만 에펠타워(Eiffel Tower)가까이 있는 넓은 공원은 많은 인파가 몰려도 걱정이 없어 이 행사를 하기에는 제격이었다.

하지만 풍선을 그 곳 까지 몰래 옮기는 것도 쉬운 일은 아니었다. 그의 수소 풍선은 언제나 대중들의 관심사여서 소위 인파관리를 제대로 하지 못하면 풍선을 날려 보내지도 못하고 낭패를 당할 수도 있었다. 극도로 민감해진 샤를은 행사 며칠 전에 새벽 일찍 사람들의 눈을 피해 현장으로 풍선을 수송하였다.

당시 풍선의 이동은 수송작전을 방불케 했다.

횃불이 앞서 길을 밝히고 가면 보병과 기병대가 그 풍선이 실린 마차 주위를 삼엄하게 호위하며 갔다고 한다. 마침 주변을 지나다 놀라운 장면을 목격한 마부들은 마차를 정차하고 그 행렬이 지나가기를 숙연하게 기다렸다고도 한다.

D-Day는 1783년 8월 28일 이었다.

풍선은 수소가스로 꽉 채워졌다.

행사장은 입장권을 가진 사람만 들어갈 수 있었고 그렇지 못한 사람은 마르스 광장이 보이는 어디라도 올라갔다. 언제 풍선이 올라갈지 사람들이 웅성거리고 있을 때 축포가 큰 소리를 내며 발사되었고 이내 커다란 풍선은 하늘로 올라갔다. 풍선은 높이 1,000m까지 올라가며 파리 시내의 북쪽 하늘로 날아갔는데 그 뒤를 말을 탄 사람들이 쫓아가는 진풍경이 연출되었다.

45분 정도 날아간 풍선은 21km 떨어진 고네스(Gonesse)라는 마을에 내려 앉았다. 만족스러운 결과였고 이제는 본격적으로 사람이 타고 날아가는 풍선을 만들 차례였다.

샤를의 풍선을 공격하는 고네스 마을 사람들
출처: 위키피디아

한편, 졸지에 하늘에서 떨어지는 풍선을 발견한 고네스 마을 주민들은 혼비백산하였다. 사람을 해치는 악령이라 생각하고 너도 나도 날카로운 농기구를 들고 나와서 찌르는 바람에 풍선은 완전히 망가지고 말았다.

초기의 풍선 실험을 할 때 이런 일들이 심심찮게 일어났는데 어떤 마을에서는 마귀를 쫓는 다며 사제가 퇴마 행위를 하며 마을 사람들을 안심시키는 일도 있었다.

일부 시민들의 불안과 동요를 재우기 위해 정부는 적극 나섰다. 왜냐하면 앞으로 이것보다 더 큰 규모의 실험이 자주 있을 예정이기 때문이었다. 여러분들이 보는 것은 어떤 기현상이 아니라 공기보다 가벼운 기체를 이용한 기구의 실험이니 공포에 떨 필요가 없고 시민 여러분 들에게는 어떠한 해도 입히지 않을 것이라는 점을 강조하면서 말이다.

베르사유 광장

이제 더 큰 규모의 시험도 가능하다는 정부의 허락을 받고 두 진영, 즉 수소가스를 이용하는 샤를과 공기를 이용한 몽골피에의 대결이 본격화 되었다.

그러던 중에 몽골피에 형제에게 커다란 행운이 먼저 찾아왔다.

베르사유 궁전 앞에서 시연을 해 달라는 주문을 받은 것이었다.

프랑스 과학아카데미의 건의를 루이16세가 받아들이면서 성사가 된 것인데 수많은 사람들 앞에서 그들의 작품을 선보일 수 있는 절호의 기회가 온 것이다.

몽골피에 형제는 기구의 대대적인 개량에 들어갔다. 우선 풍선의 크기를 대폭 키웠는데 가로의 직경이 13m 그리고 세로의 높이는 23m나 되었다. 기존의 원형에서 길쭉한 장방형으로 모습이 바뀐 것이다.

벽지 제조회사인 레베용(Jean-Baptiste Reveillon)과도 힘을 합쳤다. 당시 벽지는 호화로운 저택을 장식하는 창의적이고 경제적인 방법으로

부르주아지 사이에서는 아주 인기가 있는 아이템이었다. 두 형제는 양쪽에 벽종이를 대고 가운데 마의 한 종류인 린넨(linen)을 넣어서 풍선을 한 층 더 보강하였다.

최고의 권력자인 루이16세와 귀족들 그리고 많은 사람들이 지켜볼 것을 생각하며 준비에 철저를 기하였다. 그리고 어느 정도 준비가 되었을 때 아카데미의 인사들과 몇몇 사람들을 초청하여 마지막 리허설을 레베용의 정원에서 하기로 하였다. 풍선은 너무 커서 조각을 내 들여와서 다시 기웠다.

리허설을 위해 정원의 한 가운데에 커다란 단상을 세웠다. 그리고 그 중앙에 난 구멍에 풍선의 목을 갖다 댔다. 아래에서는 양털과 지푸라기 등이 타고 있었고 그 열기와 연기는 풍선으로 빨려 들어가기 시작했다. 그리고 20여 명의 일꾼들은 풍선이 잘 부푸는지 확인하느라 단상주위를 분주하게 뛰어 다녔다.

모든 것이 순조롭게 돌아갔다. 불과 열흘 전 쯤 샤를의 행사장에 갔던 사람들은 이렇게 큰 풍선이 빠른 시간 내 부풀어 오르는 것을 보고 놀라는 표정이었다. 게다가 수소가스를 만드는 공정은 얼마나 더뎠던가.

풍선은 10분 만에 완전히 부풀어 올랐고 바닥에 묶어논 밧줄은 팽팽해 졌다. 성공이었다. 하지만 돌연 세찬 바람과 함께 비가 쏟아지기 시작했다. 놀란 사람들은 밧줄을 잡고 풍선을 내리려고 안간힘을 썼지만 역부족이었다. 풍선은 속절없이 비에 젖어 흐물거렸고 세차게 부는 바람은 한 순간에 기구를 내려 앉혔다.

영국의 글레이셔(James Glaisher)가 기상관측을 위해 열기구를 타고 1만m 상공의 성층권에 돌입한 것이 1862년이었다. 그러니까 한 세기가 더 지나야 내일의 날씨를 가늠할 수 있는 시절이었으니 누구를 탓할 것인가.

몽골피에 형제는 고민에 빠졌다.

겨우 일주일 앞으로 다가온 시연행사를 수치스럽지만 취소할 것인가, 아니면 그 사이에 새로운 기구를 만들어서 그대로 강행할 것인가?

고통스러운 양자택일의 선택 앞에 몽골피에 형제는 후자를 선택하였다.

용기가 필요한 결정이었다. 우선 풍선을 제작하는데 형태에 작은 변화를 주었다. 이 전의 것은 길쭉한 형태였는데 이번에는 초기의 모습과 비슷한 타원의 모양으로 만들기로 했다. 가로 직경은 전작과 비슷한 12m로 하고 높이는 크게 줄여서 17m로 만들었다. 하지만 크기를 줄였다 해도 아파트 건물의 7-8층 쯤 되는 규모이니 그 압도적인 크기를 미루어 짐작할 수 있다.

다행히 작업은 순조로웠고 밤낮으로 만들기 시작한 풍선은 나흘만에 완성되어 점검까지 완전히 마칠 수 있었다.

행사 예정일은 9월 19일(1783년)이었다.

국왕 앞에서 보이는 행사인 만큼 풍선은 빛나는 푸른색과 금으로 치장해 마치 거대한 보석처럼 빛나고 있었다. 모든 준비는 끝났다.

곧 루이왕과 왕비 앙투아네트(Marie Antoinette)가 대신들과 함께 모습을 드러냈다. 때는 18세기 말 이었고 인간의 이성을 무엇보다 존중하고 계몽사상이 찬란하게 꽃피고 있었다. 하지만 극심한 재정고갈로 무엇보다 배를 곪는 신민들을 달랠 대형 이벤트가 필요했을까?

국왕과 왕비는 좀 더 자세히 풍선을 보기위해 가까운 곳으로 다가와서 구경하였다. 몽골피에 형제는 이번 비행에 사람도 같이 탑승하기를 원하였으나 국왕은 무모하고 위험한 일이라며 반대의사를 분명히 했다.

대신 그 영광을 양과 오리, 그리고 닭에게 주라고 하였다. 그러니까 인간에 앞서 사상 첫 비행을 한 생물체는 이 동물이 된 셈이다. 사상 처음으로 우주로 날아서 간 생물체 또한 라이카(Laika)라는 개였으니 우리는 이래저래 동물들에게 신세를 지고 있는 셈이다.

풍선아래에 달린 바구니에 동물 세 마리를 싣고 밧줄에 매달았다. 그리고 기초적인 측정 장비들도 같이 실었다.

성공을 기원하는 대포의 축포가 한발, 두발 터졌고 세 번째의 대포 소리와 함께 거대한 풍선은 미끄러지듯이 하늘로 올라갔다. 수만 명의 관중들은 난생 처음 보는 신기한 장면에 고개를 쳐들고 우레와 같은 박수와 함성을 질러댔다. 어떤 사람들은 흥분을 참지 못하고 풍선을 쫓아 달려가기도 했다.

하늘 높이 460m 정도 올라간 풍선은 8분 정도 날아가다가 베르사유에서 3km 정도 떨어진 곳의 숲에 떨어졌다.

베르사유 궁전 앞에서 시연된 몽골피에 형제의 풍선(1783년 9월 19일)
출처: wellcome collection

조셉과 에티엔의 기대에는 조금 못 미쳤지만 상관없었다. 바구니는 심하게 망가졌지만 동물들은 멀쩡했기 때문이다. 살아남은 양과 오리, 그리고 닭은 하늘의 영웅이라 칭송받았다. 그리고 국왕의 지시로 궁전 내의 특별한 장소에 우리를 만들어 대접받는 영광도 안았다.

그날의 역사적인 장면은 많은 젊은 과학자들에게 영감을 주었다.

특히 누구보다 빨리 숲에 도착해 흥분해하며 현장을 둘러보고 있었던 사람이 있었다. 29살의 화학자이며 물리학자인 로지에(Jean-Francois Pilatre de Rozier)였다. 사람들은 그를 "두려움을 모르는 로지에"라고 불렀다.

최초의 에어로너츠, 열기구 조종사

몽골피에는 동물을 싣는 데는 성공했지만 하늘 위 높은 곳은 아무것도 알려지지 않은 미지의 세상이었다. 그렇다고 양, 오리, 닭에게 그 곳은 어땠냐고 물어 볼 수도 없는 노릇이고, 다만 아직 건강하게 살아 있으니 그런 줄 알 뿐이었다.

당시 대기에 대한 지식은 전무하였다.

공기가 어떤 성분으로 구성되어 있는지 그리고 그 성분의 특성에 대한 기본적인 지식은 겨우 알아가고 있는 중이었다. 하지만 날씨의 패턴이라든지 고도에서 대기가 어떻게 변화하는지에 대한 이해는 극히 제한적이었다.

그리고 기압계, 온도계, 그리고 기상관측기구 등과 같은 도구와 기술은 19세기 말이 되어서야 이루어지니 앞으로 100년이나 더 기다려야 했다.

하지만 미지의 공간으로 사람을 올리려는 몽골피에 형제의 노력은 계속 되었다. 다만 그렇게 하기 위해서는 군주의 허락을 받아야 했다.

그러나 국왕을 자문하고 있는 전문가들은 극구 반대를 하고 나섰다. 사람을 높은 고도에 보내는 것은 사형선고를 내리는 것과 같다는 것이 이유였다.

곤란한 입장에 빠진 루이왕은 묘책을 내놨다. 수감 돼 있는 범죄자 2명을 지원하게 해서 피험자로 쓰자는 이야기였다. 만약 살아남으면(그럴 가능성은 거의 없겠지만) 사면하는 조건으로…

이 소식을 접한 로지에는 펄쩍 뛰었다.

시종일관 몽골피에 형제의 행사장을 쫓아다니며 뜨거운 관심을 보여 온 로지에는 이해하지 못할 이런 결정에 경악하였다. 이 엄청난 기회를 허무하게 빼앗기기 싫었다.

영민한 청년 로지에는 18세의 젊은 나이에 파리에 올라와서 화학과 물리학을 공부했다. 능력을 인정받은 그는 아카데미에서 교육자로 활동하면서 운좋게 국왕의 형인 프로방스 백작의 눈에 띄었고 그 이 후 왕실의 지원을 받으며 연구 활동을 해 나갈 수 있었다.

왕실에 연줄을 댄 그는 급기야 왕비 앙투아네트의 절친 폴리냑 공작부인을 통해서 그의 강력한 의사를 루이왕에게 전달했다. 마침 왕실 근위대의 보병장교인 달랑드(Francois Laurent d' Arlandes)도 동행하기를 간청하니 받아들일 수밖에 없었다.

몽골피에 형제의 어깨가 갑자기 무거워 졌다.

동물을 싣고 날아가는 것은 성공했지만 사람을 싣고 날아가는 것은 완전히 다른 차원의 이야기였다. 더군다나 탑승자는 왕실의 사랑을 받고 있는 사람들이 아닌가.

이번에도 벽지회사 레베용과 협업을 하기로 하였다. 처음으로 하늘을 날아가는 기회를 얻은 로지에는 적극적으로 풍선의 제작에 참여했고 달랑드도 기대에 한껏 부풀어 있었다. 풍선의 외피를 싸는 천은 전작보다 더 튼튼하고 무겁게 만들었고 규격은 높이가 15m 가로의 직경은 23m로 더 커졌다.

풍선의 목 부분에 연철로 된 바스켓을 둥그렇게 달아내어 불을 때는 화로로 삼았고 그 둘레에 탑승자가 위치해서 땔감을 넣을 수 있는 공간을 배치했다.

기구의 이름은 회사의 이름을 따서 레베용으로 하였다.

외부는 짙은 푸른색 바탕에 왕실의 문양과 기호를 화려하게 새겨넣었고, 태양과 루이왕의 초상 그리고 붉은색 휘장은 황금빛 독수리와 어우러져 마치 고급스러운 작품을 연상시켰다.

우선 실전에 투입되기 전에 기구를 밧줄에 매달아 놓고 시험을 해보기로 했다. 화로에 불을 지피자 풍선이 부풀어 오르며 거대한 몸집을 드러내기 시작했다. 이때 로지에 혼자 바스켓에 올라타고 있었는데 무게 중심이 맞지 않아 한 쪽으로 기울어지기 시작했다. 급히 무게 중심을 잡기 위해 반대쪽에 무거운 것을 얹어서 겨우 균형을 잡을 수 있었다.

로지에와 달랑드는 밧줄에 단단히 매인 풍선을

첫 유인 자유비행에 성공한 몽골피에 풍선(1783년 11월 21일)
출처: onverticality

번갈아 타면서 높이 약 100m까지를 오르락내리락하였다. 사고가 날 뻔도 했지만 며칠 동안을 화력을 이용해 승강속도나 높낮이를 조정하는 방법 등도 익혔다.

로지에와 달랑드가 기구를 타고 처음으로 자유롭게 비행한 것은 1783년 11월 21일이었다. 원래는 그 전날에 계획을 하고 있었으나 폭풍우로 하루가 지연된 것이다.7) 이번에는 사람이 타고 날아갈 거라는 소문을 듣고 찾아온 구경꾼들은 며칠 전 부터 진을 치고 있었다. 어제는 돌풍이 불어서 풍선의 천이 째지기도 했는데 오늘 오전부터는 하늘이 보이면서 날씨가 개이기 시작했다.

로지에와 달랑드는 풍선의 바스켓에 올라타서 균형을 유지하기 위해 서로 반대편에 섰다. 이미 풍선은 부풀어 올랐고 공중으로 서서히 올라가기 시작했다.

인간이 열기구를 타고 처음으로 비행을 하는 순간이었다.

11월 21일 오후 1시 54분, 사상 최초의 에어로너츠(Aeronauts; 열기구 조종사)가 된 로지에와 달랑드는 땅 아래에서 환호하는 사람들에게 두팔로 크게 손을 흔들며 감격해했다. 출발지인 불로뉴 숲을 떠오르자 발아래 센강(La Seine)이 바로 펼쳐졌고 풍선은 바람을 타고 파리 시내 쪽으로 날아갔다.

두 사람은 900m 정도의 고도에서 바라보는 신기한 광경에 넋을 잃을 지경이었다.

달랑드는 정신을 차리고 화로에 땔감을 계속 주입하면서 날아가는 높이를 유지하였다. 그런데 어느 한 순간 풍선의 바깥을 싸고 있

---

7) 18세기 말 유럽은 추위와 습한 날씨가 지배하고 있었는데 몽골피에 형제의 시연 기록을 보면 기상악화로 빈번하게 연기된 것을 확인할 수 있다. 추위와 함께 변덕스럽고 불순한 기상은 프랑스 농민들에게는 재앙이었고 이것이 프랑스 대혁명을 앞당겼다는 주장도 있다.

는 천에 불꽃이 튀었는지 조그만 구멍이 나 연기가 피어나고 있었다. 긴급한 상황은 아니었지만 안전하게 착륙할 장소를 서둘러 찾았다. 그들은 파리의 동남쪽으로 날아가 도시성벽 바깥의 풍차사이에 착륙하였다. 출발지로 부터 약 9Km 떨어진 곳이었다.

그들의 성공적인 25분간의 비행은 평소 냉소적인 입장을 취해오던 언론들의 불신을 깨끗이 잠재웠다. 그날의 보도를 보면 다음과 같다.

그들의 담대함이 이 여행을 성공시켰다. 이 시대의 가장 독보적인 발견 중의 하나인 이 기계는 온전히 불의 힘으로서 움직였다(더 모닝포스트, 런던), 그들의 용감한 행동은 찬사를 받았으며 그 업적은 프랑스의 큰 자랑이 될 것이다(더 타임스, 런던), 이 실험은 예상 밖의 성공이었으며 이 새로운 과학 분야에 중요한 발견이 뒤따를 것이다(펜실베니아 패킷, 미국).

수소가스의 복수

한편 샤를은 수소가스가 공기보다 훨씬 우수하다는 생각에 변함이 없었다. 그리고 이를 증명하기 위해 앞서 시연한 무인비행에 이어 사람을 태우고 날아가는 비행을 준비하고 있었다. 풍선의 직경은 8m 정도였는데 세로로 길게 재단된 실크를 이어 붙여 만들었다. 실크는 물론 저번처럼 고무를 입혀서 공기가 빠져 나가지 못하게 꼼꼼하게 처리했다. 결과적으로 풍선의 겉모양은 오렌지의 껍질을 깠을 때 보이는 동그란 원 모양을 하고 있었다.

전작과 비교해서 특별하게 변경된 것은 풍선의 아래쪽 밸브를 개폐식에서 개방형으로 바꿨는데, 기구가 대기압이 약한 고도에 진입하여 가스가 팽창할 때 여분의 가스가 자동으로 빠져나가게 장치하였다. 그리고 풍선의 위쪽에 있는 밸브를 선으로 연결해서 이를 당기면 밸브가 열리게 하여 간단한 조종으로 기구가 부드럽게 하강할 수 있도록 하였다.

풍선 중앙의 구를 따라서 나무로 된 둥근 띠를 두르고 거기에 밧줄을 달아내 모양을 한껏 낸 바스켓을 매달았다. 풍선은 빨강과 노랑의 선명한 색의 천을 번갈아가며 배치해 화려하게 꾸몄는데 전체적으로 우아하고 아름다운 곡선미가 도드라지게 만들었다. 18세기를 풍미했던 화려하고 장식적인 로코코(Rococo)양식[8]이 풍선위에 그대로 재현된 것이다.

이번에 처음으로 공중비행을 하게 되는 샤를과 같이 풍선을 탈 사람은 니콜라스 로버트(Nicolas-Louis Robert)였다. 그는 로버트 형제 중 동생인데 부 조종사의 임무를 맡았다. 로버트 형제들은 샤를이 디자인한 수소풍선을 제작한 엔지니어들 이었고 실크에 고무용액을 발라 가볍고 가스가 새지 않는 풍선을 개발하는 등 샤를의 연구에 많은 기여를 해왔다.

출발장소는 튈르리 궁전(Palace des Tuileries) 앞 광장 이었다. 루이14세가 베르사유 궁전이 완공되어 이곳을 떠난 후에는 거의 사용되지 않다가 프랑스 혁명(1789년)이 일어나자 당시의 군주인 루이16세 일가가 가택연금이 된 비운의 장소이기도 하였다. 현재는 궁전은 불타 없어졌고 시민들의 휴식공간으로 남아있는 곳이다.

---

8) 18세기 유럽의 예술양식으로 프랑스에서는 루이15세가 통치할 무렵에 유행하여 '루이15세 양식' 이라고도 한다. 화려하고 유려한 곡선으로 이루어진 프랑스 사회의 귀족계급이 추구한 인테리어 양식을 말한다.

튈르리 궁전 앞에서 떠오르는 샤를의 수소풍선(1783년 12월 1일)
출처: 위키피디아

몽골피에 형제와 샤를이 비슷한 시기에 번갈아 가며 쏘아올린 풍선은 이미 온 국민을 홍분의 도가니에 빠뜨리고 있었다. 이날 샤를의 풍선을 보기위해 운집한 사람의 숫자가 무려 40만 명이 넘었다는 통계는 이 사실을 충분히 뒷받침 하고도 남았다. 당시 유럽에서 런던 다음으로 가장 큰 도시였던 파리의 인구가 약 60만 명 정도였는데, 위 숫자가 다소 과장되었다 하더라도 파리 시민 2명 중 1명이 참관했다고 해도 무방할 것이다.

그리고 여전히 수백 명의 열성적인 지지자들은 샤를의 풍선제작을 위한 지원금 50만원 정도를 찬조하고 좀 더 가까운 곳에서 볼 수 있는 지정석을 얻기도 하였다. 그 자리에는 미국의 외교관으로 와 있던 프랭클린(Benjamin Franklin)도 있었고 조셉 몽골피에의 모습도 보였다.

바스켓에는 균형을 잡기위한 모래주머니가 실렸고 수소가스가 가득 찬 풍선은 금방이라도 솟아오를 듯이 흔들리고 있었다.

샤를과 로버트는 하늘 높은 곳에서 어떠한 일들이 기다리고 있을지 알 수 없어 가능한 많은 것들을 챙겼다. 두꺼운 옷과 담요는 물론이고 온도계와 고도계 그리고 비상시 체온을 유지해 줄 와인 등이었다.

출발을 위해 샤를과 로버트는 바스켓에 올라 모래주머니를 밖으로 던져내 떠오를 준비를 했다. 그리고 잠시 후 출발을 알리는 대포가 발사되었다. 묶여있던 밧줄이 풀리자 풍선은 하늘로 솟구쳐 올랐다. 궁전에서 지켜보고 있을 왕과 열광적으로 환호하는 광장의 관중을 향해 두 사람은 손을 흔들어 답례하면서 위로 올라갔다.

12월 1일(1783년) 오후 1시 45분 이었다.

몽골피에 형제보다 정확하게 열흘 뒤의 상승이었지만 그들의 인기는 이처럼 뜨거웠다. 아니 사실은 누구의 풍선이 중요한 것은 아니었고 풍선 그 자체가 가져온 사회적 신드롬이 불고 있지 않았을까 싶다.

달리 이야기하면 그 만큼 하늘을 날고 싶은 대중의 욕망이 컸다는 방증이었다. 그리고 광장에서 타인들과 그 풍선에 자신을 이입시켜 대리만족을 얻는 주술적인 행사라고 하면 너무 과한 표현일까.

당연히 수소가스가 든 풍선은 데운 공기가 들어간 풍선 보다 더 빠른 속도로 상승했는데 이것도 관중들에게는 큰 비곳거리였다.

풍선은 순조로운 바람을 타고 파리의 북쪽으로 올라갔는데 왼쪽에 센강을 바라보며 생드니(St. Denis)에 도달하고 있었다. 300m 정도의 높이로 날아가는 그들을 보며 지상의 사람들은 격려의 박수를 보냈고 샤를과 로버트는 국기를 흔들며 "국왕폐하 만세"라고 외쳤다.

파리 교외로 들어선 그들은 착륙을 위해서 넓은 공터를 찾고 있었는데 그러던 중 갑자기 풍선은 커다란 나무가 있는 쪽으로 날아가고 있었다. 충돌의 위기였는데 샤를은 재빨리 모래주머니를 밖으로 던져서 위로 상승했고 다행히 나무 위를 넘어서 안전하고 완벽하게 착륙했다.

출발지인 튈르리 궁전에서 약36Km 떨어진 곳이었다. 2시간 5분 정도 비행을 한 것이니 시속 18Km의 속도로 날아 온 셈이었다. 파리에서 말을 타고 추격해온 인사들과 마을사람들은 샤를과 로버트를 껴안고 축하의 인사를 건넸다.

하지만 오래 머무를 시간도 없이 샤를은 다시 바로 바스켓에 올라탔다. 아직 수소가스가 좀 남아있었고 이번에는 홀로 비행을 하기로 한 것이다.

무게가 그만큼 가벼워진 풍선은 더 빠른 속도로 더 높이 올라갔는데 고도계로 높이를 확인해 보니 3,000m 상공이었다. 마침 해가 지고 있어서 온도는 더 떨어져 한기가 돌았다. 더군다나 분명히 기압도 떨어져 견디기 힘들었을 것이다.

대략 1,000m씩 올라갈 때마다 0.1기압씩 떨어지므로 3,000m에서는 0.7기압이 기다리고 있었을 것이고 아울러 희박한 산소는 난생 처음 경험하는 위협이었을 것이다. 한쪽 귀에 통증을 느끼기 시작한 샤를은 지상으로 내려가기로 했다. 풍선위에 있는 밸브를 열어 서서히 하강하기 시작한 그는 안전하게 지상에 착륙하였다.

완벽하고 만족스러운 비행이었다.

그리고 샤를은 확신했다. 뜨거운 공기보다 수소가스를 이용하는 것이 훨씬 더 실효성이 있을 것이라고.

연도	제작자	내용	기록
1782년 12월	몽골피에 형제	최초의 무인 시험비행	약 2Km 정도 비행
1783년 06월	몽골피에 형제	첫 공개 무인 비행 실험	약 1Km 상공에서 10분간 체공
09월	몽골피에 형제	베르사유 궁전 앞에서 동물탑재 비행	약 3.2Km를 460미터 상공으로 8분간 비행
10월	몽골피에 형제	유인 계류비행 실험	밧줄의 높이인 24미터 상공에 올라가서 계류
11월	몽골피에 형제	첫 유인 자유비행 성공	약 9Km거리를 900미터 상공으로 25분간 비행
12월	쟈크 샤를	수소가스를 이용한 첫 유인 자유비행 성공	약 36Km거리를 2시간 정도 비행
1784년 09월	빈센초 루나르디	영국의 첫 유인 자유비행 성공	약 38Km 정도 비행

풍선을 이용한 주요 비행 일람표

풍선 광풍(Balloon Mania)

몽골피에 형제와 샤를의 성공적인 비행소식은 바다건너 영국으로 건너갔다. 기구에 대해서 비교적 회의적인 영국이었지만 용감한 도전자들의 도전은 꺾지 못 하였다. 영국인 타일러(James Tytler)가 1784년 8월에 열기구를 타고 비행 함으로써 그 선두에 섰다.

하지만 타일러의 비행은 비행거리도 짧고 대중의 관심도 크게 받지 못하고 있었다. 그런데 바로 그 다음 달인 9월, 루나르디(Vincenzo Lunardi)가 수소가스를 이용해서 도전에 나섰다. 마치 경쟁국인 프랑스를 의식해서일까. 군주를 비롯해서 20여만 명의 사람들이 구름처럼 런던의 현장에 몰려들었다.

그리고 수소가 든 풍선을 타고 약 38Km를 날아가며 비행에 성공한 루나르디는 단박에 유명인사가 되었다. 그의 명성은 여성의 패션에도 영향을 미칠 정도로 파급력은 대단한 것 이었다. 풍성한 라인으로 시선을 끄는 모자를 디자인해서 그의 이름을 따라 루나르디 보닛(Lunardi bonnet)이라고 부르는가 하면 치마도 풍선처럼 부풀려서 멋을 내는 것이 유행하였다.

소위 "풍선 광풍(Balloon Mania)"이 프랑스와 영국에서 불기 시작하였다.

그리고 특이하게도 이 광풍은 비단 과학 분야 뿐만 아니라 생활 속 구석구석으로 파고들었다. 시와 같은 문학작품에 풍선은 새로운 종류의 메타포(은유)를 제공하며 그 시대의 흐름을 실감나게 표현하기도 했다.

1780년대의 풍선 광풍을 묘사한 그림
출처: Inflationary Models_Balloons in Fashion

여러 종류의 기념품들이 쏟아져 나왔고, 차 주전자와 찻잔, 컵, 시계, 팔찌, 담뱃대, 머리띠, 넥타이 핀, 의자, 가구 등 헤아릴 수 없이 많은 생활용품 들이 풍선을 모티브로 해서 만들어 졌다. 심지어 화장실에 풍선모양을 한 변기 그림을 장식으로 할 정도였으니 광풍이란 단어가 결코 과장된 표현이 아닐 것이다.

그렇다면 이 광풍의 원인은 어디서 찾을 수 있을까? 영국은 1783년 전쟁을 종료하며 제국의 가장 큰 식민지인 미국의 독립을 인정할 수밖에 없었는데 이 상실감에 대한 보상심리 였을까? 아니면 오래된 전쟁으로 피폐해진 생활고의 관심을 다른 쪽으로 돌리기 위한 위정자들의 계략이었을까?

하지만 18세기 말 당시의 세상을 이해한다면 그 광풍의 원인을 쉽게 찾을 수 있을 것이다. 우선 역사적으로 오랫동안 앙숙관계에 있던 프랑스와 영국이 이번에는 서로 먼저 유인 풍선을 개발하기 위한 경쟁에 들어간 것이 원인 중의 하나일 것이다. 경쟁심리는 국가의 자존심까지 건 싸움으로 발전했고 덩달아 풍선에 대한 관심과 인기는 하늘을 치솟아 올랐던 것이다.

그리고 사람이 풍선을 타고 공중을 떠오르는 모습에 사람들의 상상력은 무한대로 확장되지 않았을까? 지금까지 허락되지 않은 하늘을 향해 상승을 준비하는 그 광장은 과학을 찬양하는 축제의 장소이며 새로운 신기술을 염원하는 집단적 기원의 장소였을 것이다. 그리고 그 뜨거운 광장의 열기는 어렵지 않게 광풍의 자양분이 되었을 것이다.

신문과 저널도 풍선에 관한 최근의 소식과 신기술, 그리고 도전자들의 이야기들을 속속 실으면서 숭배자들의 결집을 도왔다. 이렇듯 풍선 광풍은 새로운 신기술과 자유로운 상상력이 가져온 사회적 현상이었다.

하지만 항상 그렇듯이 광풍은 오래되지 않아 멈췄다. 1783년 몽골피에 형제와 샤를이 파리에서 쏘아올린 풍선 광풍은 프랑스와 영국을 일순간 집어 삼켰고 1786년에 이르자 바람은 풍선에 공기가 빠지듯 사그라들었다.

영불해협을 건넌 블랑샤르와 로지에 풍선

한편 몽골피에 형제가 개발한 열기구를 타고 최초의 에어로너츠가 된 로지에는 수차례의 비행을 거듭하면서 그의 입지를 다져가고 있었다. 그리고 드디어 프랑스에서 영불해협을 건너는 장거리 비행을 계획하게 되었다.

하지만 그가 비행을 실행에 옮기기도 전에 프랑스의 발명가인 블랑샤르(Jean-Pierre Blanchard)가 도해에 성공함으로써 선수를 뺏기게 되었다.

사실 영불해협은 이미 다수의 모험가들이 건너가기 위해 도전하고 있었으나 실패를 거듭하고 있어 모두들 벼르고 있는 코스 중 하나였다. 몽골피에 형제도 두 차례나 도전한 적이 있었으나 출발 때마다 기후가 좋지 않아 포기를 하고 있는 상태였다.

두 나라를 연결하는 가장 가까운 도버와 칼레의 거리는 약 34Km 정도 된다. 지상을 기준 한다면 그리 먼 거리는 아니지만 해상을 날아간다고 생각하면 전혀 다른 이야기가 된다. 오늘날 우리가 생각하는 것처럼 바다 위의 날씨에 대한 정보가 있을리 만무했고 혹시나 비행 중 가스가 누출되는 등의 위험을 고려하면 목숨을 각오해야 하는 도전인 것이다. 그래서 항상 영불해협은 모험가들의 담력과 용기를 보여주는 시금석이 되어온 것이었다.

하지만 블랑샤르는 이러한 비행의 위험 요소보다는 우선 이 도전에 필요한 자금이 더 급했다. 다행히 미국 보스턴 출신의 물리학자인 제프리(John Jeffries)를 만나면서 사업이 진전되었다. 제프리는 과학자이기도 하고 특히 기상학에 관심이 많았는데 블랑샤르가 풍선을 제작하는데 필요한 자금을 쾌척하며 본인도 같이 동승하는 조건을 달았다.

이번 비행은 수소가스를 채운 풍선으로 영국 쪽에서 출발해 프랑스로 갈 예정이었다. 1785년 1월 7일, 두 사람은 아침 일찍 도버(Dover)의 해안가 높은 곳으로 풍선을 옮기고 배 모양으로 멋을 낸 바스켓 안으로 들어갔다.

블랑샤르가 디자인한 풍선은 만일 풍선이 터지거나 가스가 새는 것에 대비하여 추락 시 속도를 늦출 수 있는 낙하산 같은 것도 구비했다(그는 여러 종류의 낙하산을 개발했다).

날씨는 겨울철 이었지만 견딜 만 하였고 운 좋게 북서풍이 찬찬히 불어와 프랑스까지 비행은 순조로울 것으로 생각됐다. 그런데 환송을 받으며 출발한 풍선은 너무 많은 물건을 실은 탓인지 좀처럼 떠오르지 않고 바다 수면위로 점점 떨어지고 있었다. 위기감을 느낀 두 사람은 안에 있는 물건들을 필사적으로 내 던지기 시작했고 심지어 옷까지 벗어 던지고서야 떠오르기 시작했다. 그리고 때마침 수면 위에서 올라오는 따뜻한 기류가 상승을 도와 비행을 계속할 수 있었다.

드디어 블랑샤르와 제프리는 2시간 47분만의 비행 끝에 프랑스 칼레(Calais)에 성공적으로 도착하였다.

후에 제프리는 그의 글에서 "우리는 마치 벌거벗은 나목처럼 해서 도착했고 살아남아 영불해협을 건너는 영예를 얻은 것에 감사한다"고 적었다.

풍선의 비행에 관심이 많았던 루이16세는 처음으로 영불해협을 건넌 두 사람을 치하하고 블랑샤르에게 12,000 리브르(ivres)[9)]의 상금과 연금을 주었다. 그리고 제프리는 당시 비행을 하면서 온도계와

9) 당시 전문직 종사자의 1년 연봉이 200리브르였다고 하니 12,000리브르는 대략 60년 연봉에 해당된다.

고도계, 습도계 등을 가져갔는데, 미국인 최초로 기온과 기압, 그리고 고도에 따른 풍속 데이터를 수집하여 기상을 관측한 사람으로 기록되었다.[10)]

그 후 브랑샤르는 유럽 전역을 돌아다니며 기구 비행 활동을 하다가 미국으로 넘어가 미국 최초(1793년)의 기구 조종사가 되었다. 그가 보여 준 시범비행은 초대 대통령인 조지 워싱턴(George Washington)과 존 아담스(John Adams), 토마스 제퍼슨(Thomas Jefferson) 등 유력인사들이 관람하며 열기구에 대한 높은 관심을 나타냈다.

모험가답게 브랑샤르의 삶도 극적이었다.

다시 유럽으로 돌아온 그는 왕성한 활동을 하면서 가정도 꾸렸으나 결혼한 지 4년 만에 풍선에서 추락하여 의식을 잃었고 그 다음 해인 1809년에 사망하였다. 남겨진 그의 처(Sophie Blanchard) 또한 실력 있는 열기구 조종사였는데 행사장에서 그녀의 수소풍선이 폭발하면서 비극적인 결말을 맞았다. 1819년 그녀의 죽음은 최초의 여성 열기구 운전자가 사망한 사건으로 기록되었다.

한편 로지에는 비록 애석하게 1위는 블랑샤르에게 빼앗겼지만 해협을 건너는 모험은 포기할 수 없었다.

그는 건너야 할 거리를 계산했는데 공기를 데워서 가는 몽골피에의 풍선으로는 한계가 있다고 판단하였다. 그래서 수소가스 풍선과 공기풍선의 장단점을 서로 보완한 "로지에 풍선(Rozier balloon)"을 사용하기로 하였다. 자신이 직접 개발한 이 풍선은 내부에 2개의 풍선을 위치해서 아래쪽에는 데운 공기를 넣고 위쪽에는 수소 가스를 주입하는 방식이었다.

---

10) 미국에서는 제프리의 업적을 기리기 위해 그의 생일인 2월 5일을 "기상인의 날"로 기념하고 있다.

영불해협을 건너는 블랑샤르와 제프리(1785년 1월 7일)
출처: LTA Flight Magazine

투르드 칼레(Tour de Calais)라고 이름을 붙인 로지에는 풍선에 예술적인 그림과 금속도금 등으로 화려하게 치장하였다. 그리고 로지에는 블랑샤르와는 반대로 프랑스에서 영국으로 날아가기로 했다.

1785년 6월 15일, 예정대로 칼레를 출발한 로지에와 그의 동료 로맹(Pierre Romain)은 상공 450m를 천천히 날아가고 있었다. 그런데 갑자기 위쪽 풍선에 들어있는 수소 가스가 폭발하는 사고가 발생하였다. 아마도 금속도금이 벗겨지면서 발생한 정전기가 원인으로 추정되었다.

출발한지 불과 30분 만에 화염에 싸인 기구는 부력을 잃고 지상으로 추락하였고 운전자 2명은 모두 사망하였다. "두려움을 모르는 로지에"는 31세에 그렇게 산화하였다.

우연인지 그는 최초의 열기구 조종사인 동시에 최초의 희생자로 기록에 남았다.

그들이 탄 풍선은 일종의 하이브리드 풍선이라고 할 수 있다. 현재도 이런 종류의 풍선을 그의 이름을 따라 로지에 풍선이라고 부르는데 그의 안타까운 죽음에 위안이 되었으면 할 따름이다.

로지에 풍선은 풍선의 일부만 더운 공기로 채우면 되니 연료가 절감되는 효과가 있다. 그리고 그 나머지는 수소 가스(현재는 안전을 고려하여 헬륨 가스를 이용)로 부력을 유지할 수 있으니 며칠간을 연속적으로 비행하는 장거리용으로 아주 적합한 풍선이라 할 수 있다.

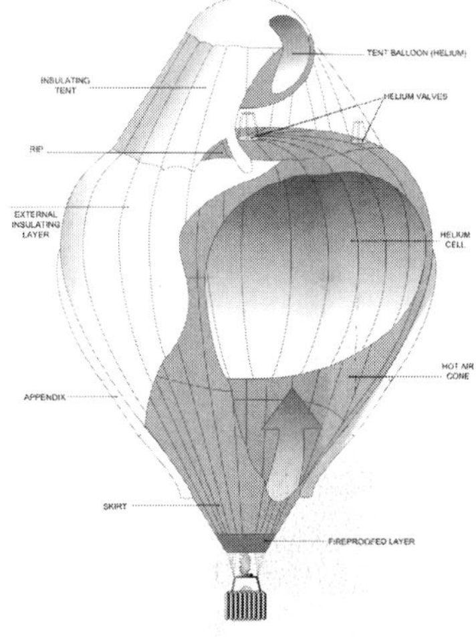

현대의 로지에 풍선 구조
출처: Fedor Konyukhov

더 높이 오른 사람들, 기상학자

영국의 기상학자 글레이셔(James Glaisher)의 실화를 바탕으로 한 에어로너츠(The Aeronauts)[11]라는 영화가 개봉된 바 있다. 그리니치 천문대에서 근무하고 있던 글레이셔의 기후예측에 대한 집요한 활동을 각색한 영화이다. 사실 19세기 까지도 날씨를 예측하는 것은 언감생심 미지의 영역이었다. 과학자들은 몰려다니는 구름과 그 너머의 세상에서 만들어지는 기상의 변화에 대해서 무척 궁금해 하였다.

다행히 몽골피에 형제의 열기구 비행이후 전 세계의 모험가들이 하늘을 오르내리면서 자연에 대한 궁금증들이 하나 둘 해소되고 있

11) 2020년 한국에 개봉되었으며 기상학자 글레이셔의 실화를 바탕으로 만들어 졌다. 다만 실제 열기구 조종사였던 콕스웰은 등장하지 않고 가상의 여성 조종사 어밀리아(펄리시티 존스 분)가 등장한다.

었는데, 19세기 말 기상과학자들도 그 대열에 합세하게 된 것이다.

1862년 장소는 영국의 울버햄프턴(Wolverhampton)[12] 이었다. 기상악화로 며칠간 출발이 계속 지연되다가 드디어 9월 5일 글레이셔가 주도하는 대기관측 풍선인 맘모스(Mammoth)호가 출발하고 있었다.

이름만큼이나 큰 이 가스풍선의 바스켓에는 53세의 노련한 기상학자 글레이셔가 직접 개발한 각 종 측량기구 24점이 탑재되어 있었는데 마치 그의 실험실을 옮겨놓은 듯 하였다. 그리고 같이 동승한 콕스웰(Henry Coxwell)은 수많은 운전경험이 있는 열기구 전문가 였다.

출발한지 10분 뒤 그들은 구름이 있는 층을 통과하였고 이내 발 아래에는 끝없이 펼쳐진 구름바다가 장관을 이루고 있었다. 숭고한 아름다움이 이것일까. 하얀 구름은 언덕과 산맥을 이루고 때로는 커다란 숲을 만들며 이어 졌고 구름위에 비친 점같이 작은 맘모스는 영롱하게 빛을 내고 있었다.

하지만 고도가 점점 높아지면서 30분 뒤 그들이 8km 상공에 도달하였을 때는 기온이 영하 20도로 급 하강하고 있었다.

가지고 간 습도계는 얼음이 내려앉아 무용지물이 되었다.

그리고 엄청난 추위로 글레이셔의 시각은 장애를 입어 온도계의 눈금도 시계바늘도 읽지 못 할 지경이 되었고 산소까지 희박한 공간이라 의식은 점점 희미해져 갔다.

즉각 하강해야 한다는 것을 알아차린 콕스웰은 줄을 당겨 가스밸브를 열고자 했으나 줄이 엉켜있어 말을 듣지 않았다. 필사적으로 머리 위에 있는 링으로 기어 올라가 선을 정리하고 다시 당기려 했

12) 울버햄프턴은 런던의 북서쪽으로 183Km떨어진 공업도시이다. 당시 이곳은 석탄가스의 생산이 많았는데 석탄가스를 이용한 글레이셔의 풍선을 이곳에서 출발시킨 이유 중에 하나이다. 석탄가스는 수소가스보다는 무거워 부력은 상대적으로 적으나 폭발위험이 작은 유리한 점이 있다.

으나 그의 손발도 이미 감각을 잃은 뒤였다. 그는 최후의 수단으로 선을 이로 악물고 서너 차례 당겼고 그제서야 겨우 밸브가 열리면서 풍선은 하강하기 시작했다. 절체절명의 순간에 콕스웰이 맘모스호를 위기에서 구한 것이다.

의식을 잃은 글레이셔(오른쪽)와 가스밸브를 열고 있는 콕스웰
출처: Alamy

의식이 돌아온 글레이셔는 황급히 몸을 추스르고 연필을 잡았다. 그리고 고도와 온도, 습도, 대기압 그리고 가지고 온 여러가지 측량기구로 수치를 기록해 나갔다. 그들이 비행한 높이는 11Km로 추정되며 지금까지 사람이 올라가 가장 높은 곳 이었다.

고도에서 환경의 위험정도를 알기 위해 비둘기도 6마리 데리고 갔는데 그중 1마리만 2시간 45분간의 비행을 용케 견디고 땅으로 다시 내려왔다.

글레이셔는 고도와 기온의 관계라던지, 비가 어떻게 생성되며 우박과 눈 그리고 천둥이 치는 이유 등에 대한 설명을 하면서 이에 대한 깊은 통찰력을 보여주었다.

그 이후에도 글레이셔와 콕스웰은 1866년까지 총 28번의 비행을 감행하면서 구름들을 관측하고 대기의 높이에 따른 공기성분 분석과 자기장 등을 연구하면서 과학적인 기상예측을 위한 초석을 마련하였다.

그의 이름 글레이셔는 달의 한 분화구의 이름으로 기념비처럼 남아 지금도 하늘 위의 달에서 빛나고 있다.

몽골피에 형제 그 이후

몽골피에 형제의 비행이후 풍선은 열기구 풍선과 수소가스 풍선 그리고 공기와 가스를 병용하는 로지에 풍선 등으로 분화되어 유럽 각지와 미국대륙으로 흩어졌다. 그리고 각각의 지역에서 때론 전쟁터로 불려가기도 하고 때론 우주탐험가의 동반자로 그리고 때론 느림의 미학을 맛보려는 현대인을 띄워 날리고 있다. 그리고 추진장치가 달린 비행선으로 완전히 새로운 모습으로 태어나기도 하였다.

영국의 작가 줄리언 반스(Julian Barnes)는 '사랑은 그렇게 끝나지 않는다[13]'에서 기구조종사에 대해서 이렇게 썼다.

---

13) 원제 Levels of Life. 줄리언 반스, 팻 캐바나(작가), 최세희(옮긴이) 다산책방 2014

> 기구 조종사는 마술의 힘을 빌리지 않으면서 신의 공간을 방문하고, 그곳을 제 영토로 삼을 수 있었다. 그 과정에서 그는 자신의 이해를 넘어서는 하나의 평화를 발견했다. 비상은 도덕적인 것이고 영적인 것이었다.

그렇지 않았을까? 그들은 비상을 통해서 자신의 이해를 넘어서는 어떠한 영감을 받았을 것이고 창조적인 일의 계기가 되는 일련의 착상들이 현대 항공기의 개발로 이끌었을 것이다.

몽골피에 종이풍선 발명의 원천이 되었던 제지회사는 지금도 아노니에서 활발하게 운영이 되고 있다. 동생 에티엔이 물려받은 회사는 그의 손자인 캔톤에게 물려졌고 대를 이어 혁신적인 아이디어로 사업을 이끌어 가고 있다고 전해진다.

그리고 회사명인 CANSON에는 할아버지의 풍선이 항상 떠나지 않고 머물러 있었는데 최근 2021년 새롭게 단장한 로고에도 변함없이 그 자리를 지키고 있었다.

CANSON®
MANUFACTURE DEPUIS 1557

제지회사 캐논의 로고
출처: 캐논 웹사이트

3 오토 릴리엔탈 _플라잉 맨

프랑스 파리의 하늘에 처음으로 올라간 몽골피에 형제의 열기구 풍선은 모양과 형태를 달리하며 세계 여러나라로 퍼져나갔다. 영국과 이탈리아로 그리고 대서양을 건너갔고 미국대륙의 모험가들도 뒤질세라 하늘로 다투어 올라갔다. 여성 탐험가[1]가 나오고 비행시간과 거리도 제법 길어져 4시간 동안 260km를 날아가기도 하였다.

아직 사진기가 발명되기 전이라 화가들은 보고 들은 이야기와 상상력으로 환상적인 상승장면을 그려냈다. 풍선이 들어간 그림들은 각 가지 장식품의 소재가 되었고 사회의 모든 분야에 풍선을 모티브로 하는 풍선광풍이 몰아치고 있었다.

하지만 거기까지 였다.

공기를 데우거나 수소가스를 이용해서 상승하고 바람의 방향에 따라 이동할 뿐 여전히 비행의 원리는 알지 못하였다. 새처럼 날개치기를 해서 날아가기에는 인간의 근육은 적합하기 않다는 것을 어

1) 몽골피에 형제의 성공적인 비행이후 약 8개월 뒤인 1784년 6월, 엘리자베스 티블(Elisabeth Tible)은 약 4Km의 거리를 45분간 비행하며 첫 여성 에어로너츠가 되었다.

느 정도 알게 된 것이 성과라면 성과일까.

그러던 중 케일리(George Cayley)라는 사람이 전혀 새로운 주장을 하면서 나타났다.

항공의 아버지 케일리 경

조지 케일리는 1773년 영국의 노스요크셔주의 스카버러에서 태어났다. 1960년대 사이먼과 가펑클의 노래로 유명해진 이 곳은 중세로 부터 유서깊은 역사를 가지고 있는 아름다운 항구도시이기도 하였다.

1804년 케일리는 현대의 비행기의 모양과 흡사한 글라이더 모형을 스케치로 남겼고 1849년에는 처음으로 3겹 날개 글라이더를 제작하였다. 1853년에는 사람이 탈 수 있는 무동력 글라이더를 직접 만들어 좁은 계곡을 넘어 274m를 비행하였는데 사람이 타고 비행한 첫 기록으로 남았다.

케일리가 만든 글라이더의 공통점은 새처럼 날개를 퍼덕이지 않고 고정된 날개를 갖추었다는 점이었다. 이것은 레오나르도 다빈치 그리고 이 후의 수많은 학자와 발명가들의 생각을 일거에 무너뜨리는 대혁신을 의미하였다.

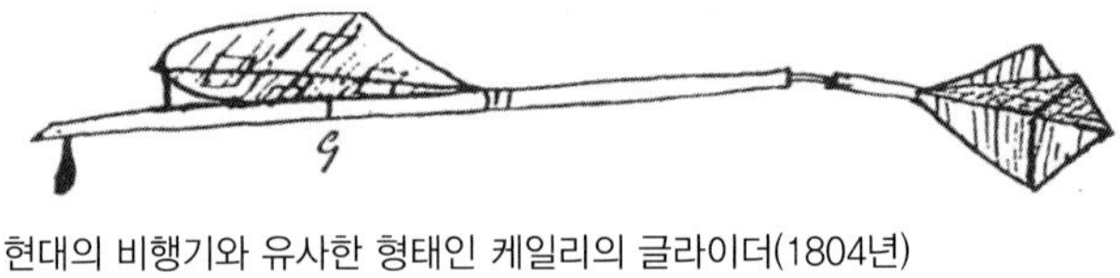

현대의 비행기와 유사한 형태인 케일리의 글라이더(1804년)

그는 비행을 하기 위해서는 양력(Lift), 추력(Thrust), 그리고 제어(Control)라는 3가지의 요소가 있으면 날개짓 없이도 날 수 있다고 주장하였다. 떠오르는 힘인 양력은 고정된 날개에서도 발생시킬 수 있으며 균형을 잡는 제어의 역할은 꼬리날개가, 그리고 앞으로 나아가려는 추력은 어떠한 기계적인 방법을 통해서 가능하다고 보았다.

특히나 날개의 단면 모양이 평평한 것 보다 굽은 모양이 더 많은 양력을 발생한다는 사실의 발견은 항공기의 공기역학 발전에 엄청난 기여를 하게 된다. 즉 날개단면의 중심선이 비대칭적으로 위로 불룩하게 휜 모양(캠버, camber)[2)]이 더 큰 양력을 발생시킨다는 것이었다. 물론 이러한 내용은 15세기에 다빈치가 새들의 날개 모양을 관찰하면서 기술한 적이 있기는 하지만 과학적인 고찰을 통해서 증명했다는 점에서 그 차별성이 있다.

항공 공학자인 케일리는 그의 논문 "공중 비행에 대하여(On Aerial Navigation)"에서 새의 날개방식이 아닌 기계적 방식으로 날 수 있는 방법을 제시한 최초의 사람이었다. 그리고 현대의 항공기들도 채택하고 있듯이 비행기의 안정성을 향상시키기 위해서 상반각(dihedral angle)[3)]의 유용성을 발견하는 등 항공발전에 지대한 공을 세워 항공의 아버지라 불리고 있다.

릴리엔탈 형제

하지만 1804년 케일리가 고안한 현대식 모양의 글라이더가 라이트형제에 의해서 현실화되기 까지는 100년의 시간이 더 필요하였다. 그리고 감사하게도 릴리엔탈형제는 케일리와 라이트형제의 중

---

2) 캠버(camber)의 사전적 의미는 도로, 갑판, 날개등의 가운데가 위로 휜 것을 말한다.
3) 상반각(dihedral angle)은 비행기를 정면에서 보았을 때 날개가 동체에서 날개 끝으로 갈수록 수평선 위로 치올라간 각도를 말한다.

간사이를 충분한 실험의 데이터로 채워 넣었다.

그래서 1903년 라이트 형제의 동력비행 성공은 앞서 소개한 케일리의 혁신적인 공기역학이론과 릴리엔탈 형제가 남긴 실증적인 실험의 결과가 없었다면 한참 더 미뤄졌을 수도 있다. 특히 라이트 형제는 릴리엔탈 형제와 동시대를 살면서 같이 만나지는 못하였지만 그들의 실험에 커다란 영감을 받았음을 토로하곤 하였다.

항공역사의 발전을 조금 거칠게 표현하자면 다음과 같이 표현할 수 도 있다. 즉 신화와 공상으로 만 이야기되던 인간의 비행에 대한 욕망을 과학적으로 접근한 사람이 다빈치였다면, 케일리는 공기역학의 이론과 실험을 통해서 실용화에 대한 초석을 세웠다고 할 수 있다. 그 후 릴리엔탈 형제는 그 이론과 실험의 결과를 가져와서 직접 수 십개의 글라이더를 만들면서 비행을 하며 증명해 보였고 라이트 형제는 그 글라이더에 엔진을 얹어서 동력비행을 완성시켰다.

공중으로 날기 위한 수많은 이론가와 실험가, 그리고 발명가들이 존재하지만 이렇듯 기술과 문명의 발전은 전 시대를 살았던 거인들이 어깨[4]를 서로 내어주며 이루어져 온 것이다.

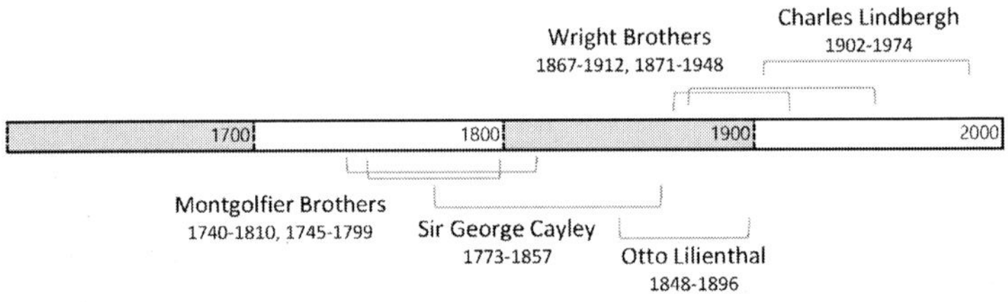

항공모험가들의 생몰연대

4) 거인의 어깨위에 서서(Standing on the Shoulders of Giants)라는 말은 아이작 뉴턴이 그의 위대한 발견들에 대해서 묻는 질문에 대한 답변하면서 처음 사용한 것으로 알려진다.

오토와 구스타프의 유년시절

오토 릴리엔탈(Otto Lilienthal)은 1848년 독일 베를린에서 북쪽으로 180km 떨어져 있는 앙클람(Anklam)이라는 지역의 중산층 가정에 태어났다. 발트해 연안에 있는 이 고장에서 그는 매일같이 날아다니는 새들을 관찰하고 비행실험을 하면서 그의 꿈을 키워갔다. 하지만 성장기에는 힘든 시간을 보내기도 했는데 어린 나이에 겪게되는 5명이나 되는 형제자매들의 죽음이었다. 당시의 의료시설이나 주거환경을 고려하면 종종 목격되는 비극이기도 하였지만 가족들에게는 감당하기 힘든 고통이었을 것이다. 그런 이유에서 인지 남겨진 남동생 구스타프(Gustav)와 누이동생 마리(Marie)와 함께 3명은 돈독한 우애관계를 유지하게 되는 것 같다. 특히나 오토는 한살 아래인 구스타프와 살아있을 동안 뜻을 같이하는 든든한 동반자였다. 언젠가 오토는 동생 구스타프에 대해서 이렇게 글을 쓰며 남다른 가족애를 표현하였다.

> 내 동생 구스타프는 과거에도 현재도 나의 두 번째 자아이다.

그리고 이렇게도 표현하였다.

> 우리는 어린시절에 슬픔과 기쁨을 언제나 같이했고 온갖 엉뚱한 행동이나 그럴싸한 아이디어들도 같이 생각해 냈다. 대부분의 많은 실험들은 같이 협력해서 이루어 진 것이다.

그러다보니 상당수의 특허나 발명품들은 두 사람의 이름으로 된 것들이 많은 편이다. 그리고 경우에 따라서 어떤 것들은 누가 진짜로 그 아이디어의 주인인지 헷갈리는 것들도 있다. 예를 들면 오토가 베를린에 살던 시절에 만든 어떤 특허품을 동생이름으로 등록한다던지 또는 구스타프 자신이 발명한 기발한 장난감을 형이 발명자한 것으로 등록하는 것 등이다. "나의 두 번째 자아"라는 말의 무게를 느낄 수 있는 대목이기도 하다.

오토(왼쪽)과 구스타프의 유년시절 사진
출처: 오토 릴리엔탈 박물관

둘은 외모나 성격을 볼 때 무척이나 다른 모습을 보여주고 있다. 오토는 키도 크고 운동도 잘해서 따르는 여성도 많은 사교적인 성격인데 반해 구스타프는 그렇지 못한 것 같았다. 몇 남지 않은 유년시절의 사진을 보면 오토는 일찍 돌아가신 아버지의 빈자리를 메우는 장남의 든든함 까지 엿볼 수 있다. 14세 쯤으로 추정되는 오토는 왼손을 동생을 보호하듯이 어깨에 올리고 자신감 있게 카메라를 노려보고 있다. 반면 구스타프는 어깨를 움츠리고 두 손은 다소곳이 앞으로 모으고 불안정한 자세로 앉아있는 모습이다. 형의 그늘이 워낙 커서일까, 구스타프는 성년이 된 후에도 형을 보조하고 지원하는 역할에 충실한 것으로 보인다. 오토가 직접 수 천 번의 비행을 하며 소중한 자료를 남긴 업적을 우리가 인정하면서도 구스타프의 숨은 공로 또한 가볍게 다루지 않아야 할 이유인 것이다.

그들이 유년시절을 보냈던 앙클람은 푸른 목초지에 둘러싸인 전원적인 풍경을 가진 마을이었다. 온갖 종류의 새들과 벌나비들이 날아다니는 자연 속에서 자랐던 그들은 특히 커다란 황새에 관심을 가지게 되었다. 앙클람에서 황새는 어디에서든지 볼 수 있는 흔한 새였고 날개가 또 큰 덕분에 아주 세밀하게 날개의 움직임들을 관찰할 수 있었다. 황새가 하늘 높이에서 날개짓 없이도 유유히 날아가는 모습에 그들은 매료되었고 커다란 날개에 바람을 안으며 땅으로 내려오며 착지하는 모습들을 숨죽이고 지켜보곤 하였다.

> 그날도 우리는 바로 코앞에서 모이를 먹고 있는 황새들을 몰래 숨어서 보고 있었다. 그런데 우리를 발견했는지 갑자기 우리 쪽으로 뛰어오기 시작하였다. 당황하여 어쩔 줄 모르고 있었는데 이내 황새는 날개짓을 하며 우리 머리 위로 날아가고 있었다. 하지만 우리는 경계심이 많은 황새가 왜 반대편이 아닌 우리 쪽으로 날아 오른지 그 이유를 알고 있었다. 바람이 불어오는 쪽으로 날아올라야 비행이 훨씬 수월하다는 원리를 어렴풋이나마 터득하고 있었기 때문이었다.

나중에는 앞마당에 어린 황새 몇 마리를 키우면서 그들이 어떻게 나는 법을 배우는지 꼼꼼하게 관찰하기도 하였다.

그들이 13세 14세 일 때에는 직접 날개를 만들어 보였다. 날개 길이와 너비가 각각 2m와 1m로 얇은 버드나무 판자를 이어 붙여서 만들었다. 그리고 양쪽 날개 밑에는 팔을 끼워 넣을 수 있도록 팔걸이를 만들었다. 그들의 계획은 날개를 걸쳐 입고 황새가 그랬던 것처럼 맞바람이 부는 언덕 아래쪽으로 날개를 퍼덕이며 내달리는 것이었다. 하지만 이들의 진지한 실험은 혹시나 동네친구들에게 웃음꺼리가 될까봐 어두워 질 때까지 기다려야만 했다. 저녁이 되자 두 형제는 컴컴한 언덕 아래로 양팔을 아래위로 흔들면서 뛰어 내려갔다.

물론 실험의 결과는 우리 모두가 예상하듯이 실패로 끝이 났다. 하지만 이 실패가 그들의 열정을 꺾지는 못하였다.

새가 날개를 치는 방식으로 인간이 날 수 있는지는 수많은 발명가들의 꾸준한 실험대상이 되어왔다. 릴리엔탈 형제도 예외는 아니었다.

오토의 역작 중에 하나인 『항공의 기초로서의 새의 비행』(이하 『항공의 기초』로 표기함)에 수록된 그들의 새날개 치기 실험은 좀 더 직관적이고 설득력이 있는 것이었다. 그림과 같이 그들은 6m길이의 날개 2쌍을 만들어서 다리의 왕복운동으로 날개가 아래위로 움직이게끔 장치하였다. 처음에는 집의 다락방에서 지지대를 내어 실험을 해 나가다가 친척의 헛간을 빌려서 규모를 키워 실험에 들어갔다.

사람의 몸무게를 포함해 80kg에 해당되는 날개 쪽에 올라타서 다리운동으로 양력을 발생시키자 어느 정도 높이 까지 공중으로 들려 올려졌다. 이때 반대편에 매달아 논 40kg의 균형추가 내려오는 것을 확인하면서 그들이 발생시킨 양력의 크기를 확인할 수 있었다. 하지만 그 높이를 계속 유지하기에는 힘이 달려 원 위치로 되돌아오곤 하였다. 달리 이야기하면 다리의 운동으로 발생시킬 수 있었던 양력의 최대 크기는 40kg 정도인 것으로 확인된 것이다. 그들은 책에 이렇게 적었다.

> 사람과 날개의 몸무게를 포함한 80kg의 장치와 반대편에 있는 40kg의 균형추가 균형을 이루었으니 약간의 노력으로 우리 몸무게 반 정도의 양력을 발생시킨 것이다. 하지만 일정 수준의 높이를 유지하기에는 엄청난 힘이 들었고 겨우 몇 초 정도 머무를 수 있을 뿐이었다.

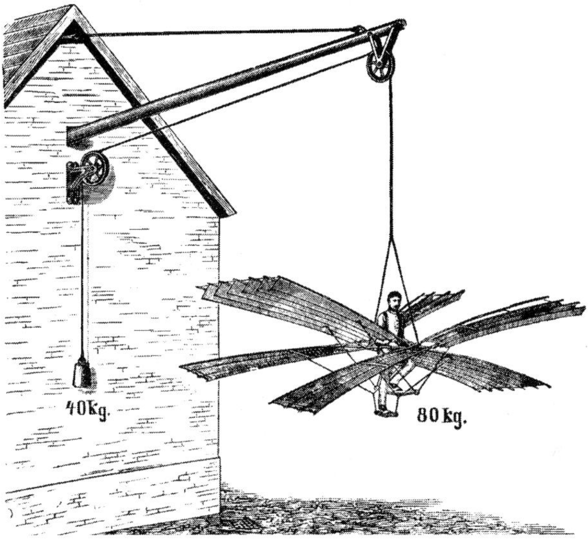

날개치기 실험
출처: 릴리엔탈의 저서 『항공의 기초로서의 새의 비행』중 에서

결론적으로 그들이 날갯짓으로 발생시킨 40kg의 양력은 지상에서 날아오르기에는 충분하지 않았고 따라서 인간의 근력으로만 수직상승을 하는 것은 불가능하다고 판단하게 된 것이다. 1868년, 그들이 스무 살 정도 되었던 해였다.

베를린으로 간 오토

1866년, 오토는 포츠담에서 직업학교를 거친 후 베를린으로 갔다.

그가 베를린으로 간 목적은 오늘날 베를린 공대의 전신인 기술학교에 가기 위해서였다. 당시 독일은 기술의 시대(The Age of Technology)로 진입하고 있었다. 19세기 전반까지도 농업중심의 빈국이었던 독일은 영국이나 프랑스에 비하여 훨씬 후진적인 상태였다. 하지만 1850년경 부터는 독일 산업혁명이 성공적으로 '이륙'하면서 무서운 속도로 성장하며 상승국면을 타고 있었다. 베를린의 공장굴뚝은 주야로 연기를 뿜어내고 있었고 도시는 각처에서 갑자기 올라온 사람들로 주택난을 앓을 정도였다.

오토는 대학입학의 필요조건인 인턴생활을 성공적으로 마친 후 대학에서 기계공학을 전공하게 된다. 그가 학교에서 만난 저명한 교수 중 한 명인 뢸로(Franz Reuleaus)는 운동역학의 대부로 불리는 학자였는데 기계학과 공학의 전문가였다. 그리고 또 다른 한 명은 크리스토펠(Erwin Bruno Christoffel)였는데 그 역시 뛰어난 수학자로서 아인슈타인(Albert Einstein)의 '일반 상대성 이론'의 기초가 되는 개념을 도입한 것으로 알려진 교수였다.

학교 내에서 오토의 비행에 대한 뜨거운 관심은 학생들에게나 교수들 사이에서는 익히 알려진 사실이었다. 뢸로 교수는 오토가 지속적으로 해오고 있었던 흥미로운 실험들을 큰 관심을 가지며 주시하고 있었다. 크리스토펠 교수 또한 그의 이론과 주장에 동조하며 지원을 아끼지 않았는데 다만 그가 과도하게 사업에 투자하지 않았으면 하였다.

그도 그럴 것이 당시에는 뜨거운 공기나 수소가스를 이용해서 날아가는 '기구'에 대한 기대가 더 큰 편이었다. 실제로 보-불전쟁(Franco-Prussian War)때에는 적진을 정탐하는 군사적 용도로 활동되기 시작했고 향후 과학적 목적이나 우편물의 수송에도 적합해 보였다. 그래서 앞으로는 비행선이 주요 운송수단이 될 거라는 믿음이 싹트고 있을 때였다. 오토보다 10년 일찍 태어난 체펠린(Ferdinand von Zeppelin)이 곧 세계가 부러워하는 비행선을 만들어 대서양을 횡단했다는 사실을 감안하면 지나친 과장도 아니었다.

즉 공기보다 가벼운 기체를 이용하는 경항공기(Lighter Than Air)가 대세였고 그가 추구하는 공기보다 무거운 중항공기(Heavier Than Air)는 불가능한 도전으로 받아 들여지고 있었던 것이다. 하지만 그의 신념은 흔들리지 않았다.

뢸로 교수와 크리스토펠 교수와의 만남으로 비행에 대한 그의 의지는 더 단단해 지고 확고해졌다. 우수한 성적으로 장학금을 타게된 오토는 그간 경제적 사정으로 떨어져 있었던 동생 구스타프를 베를린으로 불러올렸다. 그리고 건축과 디자인에 재능이 있는 그를 같은 대학 건축학과에 수학케 하였다.

오토가 대학을 졸업 하자마자 보불전쟁이 터졌고 동료들과 함께 전쟁에 참가했던 그는 1년간의 의무복무를 마치고 돌아왔다. 그리고 그의 첫 사회생활이 시작되었다.

오토(왼쪽 24세)와 구스타프(23세) 릴리엔탈 형제
출처: 오토 릴리엔탈 박물관

엔지니어로서 그들의 재능이 발휘되기 시작했다.

당시의 유일한 연료는 석탄이었다. 산업혁명 이 후 석탄의 수요는 폭발적으로 증가하고 있었는데 이러한 수요에 대처하기 위해 효과적인 채굴 방법이 필요했다. 그와 구스타프는 연구 끝에 수동으로 핸들을 돌려 석탄층을 절단해 내는 기계를 발명하여 특허[5]를 받았다. 그들의 첫 특허인 이 장치는 석탄광산뿐만 아니라 소금광산에서도 활용되었는데 유럽의 여러 도시의 현장으로 팔려나갔다.

탄광과의 인연은 오토의 결혼으로도 이어졌다.

아그네스(Agnes Fischer)는 현장감독의 딸이었는데 사실 음악이 두 사람의 관계를 더 가깝게 하는 역할을 한 것 같다. 그녀는 피아노와 노래의 발성훈련을 받은 사람이었고 오토는 악기 호른을 다룰줄 알고 또 좋은 테너 목소리를 가지고 있었기 때문이다.

그의 결혼으로 그동안 같은 집에서 동거하고 있었던 여동생 마리는 호주로 갔고 거기에서 만난 남성과 뉴질랜드로 넘어가 가정을 꾸렸다. 구스타프 또한 마리와 함께 호주에 머물러 있었으나 후에 형의 끈질긴 간청으로 다시 베를린에 돌아오게 된다. 오토는 늘 비행에 대한 연구에 목말라 했는데 그의 심정은 뉴질랜드에 가 있는 여동생에게 보낸 편지에 잘 나타나 있다.

> 나와 구스타프는 언젠가는 돈벌이에 매달리지 않고 발명과 특히 비행에 대한 연구에만 몰두할 수 있는 날이 오기를 기다리고 있단다. 당연히 처음부터 원하는 것을 얻을 수는 없겠지만 호기심을 잃지 않아야겠지. 그것이 바로 성취를 위해 필요한 것일 테니까.

하지만 그가 하고 싶은 연구에만 몰두하려면 직장생활보다는 사업을 해서 자금을 모아야 했다. 그러나 그는 애당초 사업가 체질이 아니었다.

---

5) 그는 미국을 포함에서 모두 25개의 특허를 받았다.

사업가는 엄한 규율로 직원들을 다스리고 목적을 위해서 때로는 수단과 방법을 가리지 않고, 사사로운 감정의 절제도 필요하였는데 그것이 그에게는 쉽지 않은 일이었다. 하지만 어쩌겠는가. 더 큰 일을 도모하기 위해서는 넘어야 할 산이었다. 그래서 더욱 더 당시 호주에 가 있었던 동생의 도움이 필요하였는지도 모른다.

1883년, 십 여 년의 직장생활 끝에 오토는 드디어 증기 보일러를 생산하는 자신의 회사를 차리게 되었다. 다행히 주문도 많이 들어왔고 직원 수는 60명 까지 늘어나 규모도 제법 커졌다. 가정도 안정을 찾게 되고 이제 동생 구스타프와 함께 비행에 대한 연구에 매진할 수 있는 여건이 비로소 마련된 것이다.

박애주의자 오토

배우로서의 오토 릴리엔탈(1893년)
출처: 오토 릴리엔탈 박물관

많이 알려진 사실은 아니지만 오토는 그의 사업과는 별개로 연극 극장을 운영했다. 자금이 넉넉하지 않아 동업자와 함께 교외의 허름한 곳에 있는 오스텐드 극장(Ostend Theater)을 매입하게 된다. 그리고 자신이 극작가로서 그리고 배우로서 활동을 해나갔다. 그의 목표는 단순하고 명확했다. 빠른 속도로 성장하고 있는 베를린 도심의 부유한 사람과 변두리의 공장에서 힘겹게 살아가는 노동자들의 문화적 격차를 해소하는 것이었다. 오토는 공연티켓을 구매해서 공장 직원들에게 나누어 주었다.

그가 직접 쓴 작품 『현대판 강도귀족』[6]에서 가구를 만들어 파는 주인공인 주인의 성품이 그의 성품과 많이 닮아있는 것은 우연이 아닐 것이다. 가구점 주인과 가구를 사러온 사람과의 대화 내용이다.

> 여보시게, 이 많은 주문량을 놓치지 않으려고 내가 어떤 짓이라고 할 거라고 믿는 모양이구려. 그런데 나무와 쇠장식은 아낄 수 없으니 내 직원들의 급여를 깎아야 할 판이구려. 하지만 내 직원들에게 압제자가 되느니 차라리 주문을 사양하겠소. 기술자들이 일주일에 25-30 마르크를 버는데 이는 노동자 가족이 필요한 최소한의 금액이라오. 내가 만약 이 만큼도 보장할 수 없다면 나는 내가 고용주가 된 것에 감사할 따름이오.

또 다른 그의 작품에서는 어느 주인공이 미래의 신부를 맞아 노래하는 장면이 나온다. 이는 그가 실제로 그의 아내가 될 아그네스를 만나 펍에서 같이 노래했던 장면을 생각나게 한다. 테너의 깊고 짙은 목소리로 구애하고 있는 공학자의 모습을 상상하는 것도 매우 흥미로운 일이다.

그리고 오토는 회사의 수익 일부분을 직원들에게 나누어주는 수익공유제를 시행하였다. 베를린에서는 처음으로 시행된 것으로 생각되는 이 제도는 회사수익의 25%를 직원들에게 추가로 배분해 주는 과감한 정책이었다. 물론 당시 산업전반의 호황으로 부족해진 기술자들을 지키기 위한 것이기도 했지만 공생에 대한 그의 따뜻한 마음을 엿볼 수 있는 부분이다.

---

6) 현대판 강도귀족(Modern Robber Barons)은 강도 기사의 독일어 Raubritter에서 온 것이다. 13세기 독일의 라인강 일대에서 불법 통행세를 걷던 군소 영주들을 가리킨다.

그래서 일까. 그는 회사직원들의 존경을 한 몸에 받았다. 직원들에 대한 친절함과 박애정신이 그들의 마음을 열었고 회사는 마치 큰 가족같이 화목한 분위기였다고 알려졌다.

날아가는 새 날개의 이해

새들의 날개가 곡면으로 휘어져 있는 것을 주시한 오토는 이를 공학적으로 설명하기 위해 많은 시간을 투자하였다.

그는 우리의 생활 속에서 흔하게 발견할 수 있는 장면을 놓치지 않고 그의 저서 『항공의 기초』에 그려 넣었다. 그림과 같이 바람이 부는 날 빨랫줄에 빨래가 널려있는데 한결같이 가운데가 팽팽하게 부풀어 올라가 있는 것을 알 수 있다.

날개의 곡률과 양력을 설명하기 위한 삽화
출처: 『항공의 기초』

그리고 옷가지들은 수평보다 높게 들려져 있는데 이것이 바로 사물을 공중으로 뜨게 하는 힘인 양력이라고 본 것이다. 이와 같이 의도하였든 의도하지 않았든 표면이 평평한 것보다 곡면으로 된 것이 양력발생에 훨씬 더 유리한 것으로 판단되었는데 새들의 비밀은 바로 그 것이었다. 배의 돛도 이와 다르지 않은 원리를 이미 이용하고 있었고[7] 풍차의 원리도 비슷하였다. 오토의 고민은 어떻게 하면 이 것을 공학적으로 설명하고 그리고 그가 계획하고 있는 글라이더에 적용시킬 수 있을까 였다.

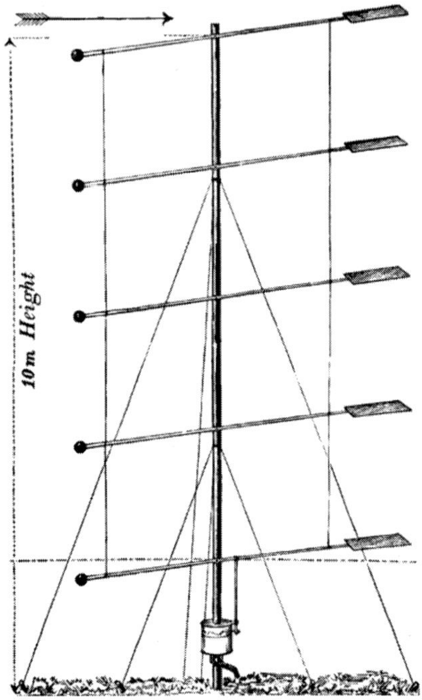

바람과 양력의 변화 기록장치
출처: 『항공의 기초』

실험을 하기 위해서 좌우의 무게중심이 맞게끔 하여 오른 쪽 끝에는 날개모양을 한 가벼운 막대를 만들었다. 그리고 이 막대 5개를 세로의 축을 중심으로 10m 높이로 쌓아올리고 상하로 같이 움직이게 선으로 고정시켰다. 이 장치는 일정한 방향에서 불어오는 바람이 오른 쪽 끝의 날개를 통과하면서 그 주변에 힘의 변화가 생겼고 바로 그 변화의 정도를 관찰하는 것이었다.

이를 위해서 세로축의 맨 아래쪽에는 원통에 기록지를 붙이고 1분에 한 바퀴를 일정한 속도로 자동 회전하도록 만들었다. 그리고 이 회전원통에는 막대에 연결된 펜이 아래위로 움직이면서 변화의 패턴을 기록할 수 있도록 하였다.

---

7) 초기의 배는 면적이 넓은 사각돛을 달았는데 바람의 방향과 가려는 방향이 다를 경우에는 돛을 이용할 수 없는 한계가 있었다. 그리고 15-16세기 영국, 네덜란드에서 삼각돛이 만들어 졌는데 이는 정면으로 불어오는 바람을 역학적으로 이용해 45도 각 도로 지그재그를 그리고 앞으로 나아갈 수 있다.

수평으로 맞춰진 막대는 바람이 불어오면서 상하로 움직이기 시작했고 그 움직임은 회전하는 원통의 기록지에 고스란히 옮겨졌다.

기록지의 결과를 보면(아래 그림의 Fig3) 수평인 0에 맞춰져 있던 선이 바람을 맞으면서 파도모양의 파형을 그리고 있는 것을 확인할 수 있다. 1분의 시간 경과 동안 대부분 수평선의 위인 5 에서 10 사이에서 오르내리고 있었는데 이 높이까지 올리는 힘이 다름 아닌 양력이라 본 것이다. 그리고 공기의 마찰에 의해서 더 이상 올라가지 못하고 낙하하는 것을 항력에 의한 것이라 파악하였던 것이다.

이제 막대 끝에 있는 날개의 굽은 정도(캠버)에 변화를 주면서 나타나는 양력과 항력의 값을 각각 세로와 가로축에 표시해 나갔다(아래 그림의 Fig 1). 결론적으로 날개가 평면보다는 곡면을 이룰 때 그래프의 곡선이 세 축의 왼쪽에 바짝 붙어 최대의 양력값과 최소의 항력값을

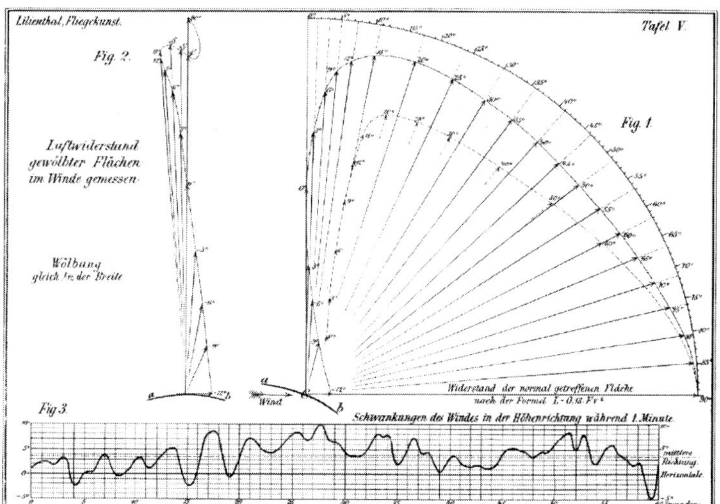

바람과 양력의 변화, 양력과 항력의 관계를 보여주는 결과치 중 일부
출처: 『항공의 기초』

갖는다는 것을 수치로 확인한 것이다.

이렇게 해서 완성된 실험의 결과치는 그의 저서 『항공의 기초』의 부록에 자세히 수록되어 있는데 이는 오늘날 까지도 공기역학을 연구하는 이들의 소중한 자료로 활용되고 있다.

부언을 하자면, 위와 같은 장치는 후에 라이트형제가 풍동(wind tunnel)으로 발전하게 되는데, 오토의 선구적 실험이 최적의 날개모양을 좀 더 효율적으로 찾을 수 있는 밑거름이 되었음 은 두말할 나위가 없다.

그 외 에도 그는 다양한 실험을 수행하였는데, 이를 통해서 비행장치가 공중에 떠있기 위해서 필요한 날개의 크기라든지 단면모양, 그리고 형태 등에 대해서 많은 정보를 획득하게 되었다.

그리고 이를 바탕으로 두 형태의 날개모형을 제안하게 된다. 즉, 하나는 독수리와 같이 짧고 넓은 날개를 닮은 형태였고 또 다른 하나는 갈매기와 같은 좁고 길쭉한 날개를 가진 모양이었다. 앞으로 그가 실제로 만들게 되는 글라이더의 날개들은 이 두 모델을 바탕으로 제작될 것이다.

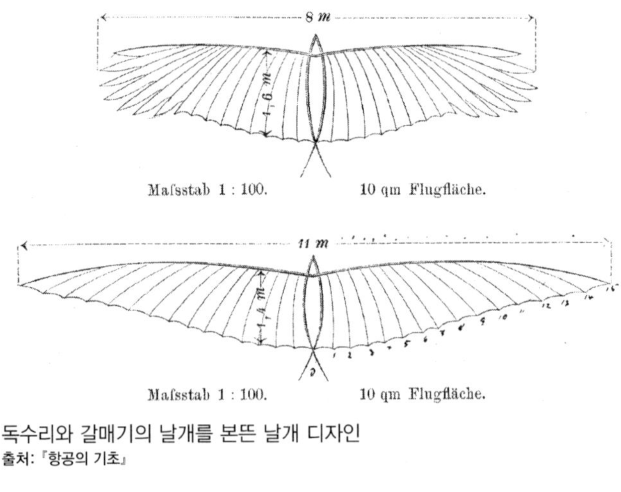

독수리와 갈매기의 날개를 본뜬 날개 디자인
출처: 『항공의 기초』

하지만 사실 지금부터가 시작이었다.

이론과 실험의 결과를 손에 쥔 그들은 이제 실제로 하늘에서 날아 볼 차례였다. 실험실 밖으로 나가서 지금까지 발견한 사실을 공중에서 테스트하고 증명하는 하는 일이 남은 것이다.

실험실에서 나온 릴리엔탈 형제

이제 남은 것은 그들의 이론이 공중에서 실제로 작동하는지 확인하는 것이었다.

이를 위해서는 우선 그들이 고안한 비행장치의 사용법을 익히는 것이 필요하였다. 자연적으로 그들은 어릴 때 몰래 숨어서 봤던 황새들이 비상하는 모습을 생각해 냈다. 그때 황새들은 날개를 활짝 펴고 바람이 부는 방향으로 총총걸음으로 뛰다가 어느 순간 폴짝 뛰면서 공중으로 이륙하지 않았던가? 오토와 구스타프는 황새가 했던 행동 그대로 흉내 내기로 했다.

앞마당에서 껑충 껑충 어린아이들처럼 뛰어 다니기도 하고 약간 높은 곳으로 올라가 뛰어 내리면서 날아가는 새의 흉내를 냈다. 어느 정도 장치에 익숙해지자 그들은 동네의 야트막하게 언덕진 곳을 찾아 올라갔다.

하지만 바람의 도움으로 공중으로 떠오른 비행장치는 통제가 쉽지 않았고 뒤에서 불어오는 바람에 균형을 잡지 못하고 고꾸라지기 일쑤였다. 자신만만했던 오토와 구스타프는 예상치 못한 결과에 당황하였다. 하지만 곧 공중에서 좌우로 방향을 트는 통제의 문제는 운전자의 몸놀림을 통해서 점차 해결해 나갈 수 있었다. 그리고 공중에서 균형을 유지하기 위해서는 수직 꼬리날개가 도움이 된다는 사실을 차츰 발견하게 되었다.

이 후 수평날개까지 장착되면서 비행장치는 훨씬 더 안정적인 비행이 가능하게 되었다. 실험실에서는 주로 양력을 얻기 위한 연구에만 몰입했던 터라 밖으로 나와서 발견한 수직날개와 수평날개의 개념은 큰 수확이었고 이것은 향후 항공기 디자인의 중요한 요소가 되었다.

1891년 더비츠, 인류의 첫 비행 사진으로 기록되다

릴리엔탈 형제의 본격적인 비행실험은 1891년 부터 시작하여 1896년 오토가 비행시험 중 사고로 사망할 때까지 6년 간 집중적으로 이루어 졌다.

처음으로 공식적인 비행이 이루어진 곳은 더비츠(Derwitz)라는 지역이었다. 100여 명의 사람이 모여 사는 작은 농촌 마을인 이곳은 베를린 서쪽으로 약40km정도 떨어져 있었는데 포츠담(Potsdam)의 근교 지역이었다. 이곳은 구스타프 처가 쪽의 사람으로 부터 소개를 받았는데, 이 지역에는 뾰족한 모양을 한 언덕[8]이 있어 비행실험을 하기에 아주 적합한 장소였다. 그리고 그 부근에는 방앗간을 겸하는 풍차가 하나 있었는데 풍차의 주인인 슈바흐(Hermann Schwach)는 여러모로 오토에게 도움을 주는 현지의 조력자가 되었다.

1891년 여름, 오토는 비행장치인 글라이더를 기차에 싣고 더비츠로 향해 베를린을 출발했다. 좌우 날개길이가 7.5m에 날개의 맨 앞

8) 이 언덕의 공식적인 명칭은 스피쯔부르크(Spitzberg)였는데 말 그대로 날카로운 언덕이라는 뜻이다. 또는 Windmuhlenberg라고도 불리었는데 풍차언덕이라는 뜻이다. 풍차는 지금까지도 그 장소에 남아있어 당시의 역사적인 사실을 고증하고 있다.

에서 뒤 부분까지 길이가 2m인 제법 규모가 큰 글라이더였다. 마차를 가지고 더비츠의 가까운 역에서 기다리고 있던 슈바흐는 오토를 만나 그의 비행장비를 싣고 풍차가 있는 곳으로 이동하였다. 슈바흐의 풍차 방앗간은 최초의 격납고가 된 셈이고 또 그 역활을 톡톡히 해냈다.

이러한 모습은 마치 약10년 뒤 라이트형제가 바람이 강하게 부는 곳을 조사하다가 키티호크를 찾아냈고 그곳에서 만나게 되는 어부 테이트(William Tate)를 연상케 한다. 이들 현지인들은 각각 릴리엔탈 형제와 라이트 형제의 조수 노릇을 하며 손발이 되어주었고 각각의 첫 비행현장을 목격하는 역사적인 산 증인이 되기도 하였으니 말이다.

인류 최초의 비행을 사진으로 남긴 것도 1891년 더비츠에서 부터 비롯되었다. 이제 막 발명된 카메라 덕분에 그의 모든 비행모습이 생생하게 기록되기 시작한 것이다. 그 전까지는 주변의 증인이나 구전으로 입증해야 했던 것을 감안하면 카메라의 발명은 매우 확실한 증거를 댈 수 있는 신문물이었다.

이러한 오토의 비행모습을 처음으로 카메라에 담은 사람은 캐스너(Karl Kassner)였다. 물론 다수의 사진들은 전쟁을 겪으면서 소실되기는 하였지만 그를 비롯한 또 다른 사진기사들이 남긴 릴리엔탈형제의 비행사진은 매우 소중한 역사적 사료가 되었다. 캐스너는 기상학자였는데 열기구를 타고 올라가 구름의 사진을 찍어 날씨를 연구하면서 꽤 유명세를 타고 있는 인사였다. 오토와는 같은 학회에서 자연스럽게 만나 알게 되었는데 이번에 더비츠로 내려오면서 베를린에 있는 그를 초대한 것이었다.

글라이더의 날개는 천으로 만들고 왁스를 칠해서 바람을 잘 받아 날수 있도록 하였다. 그리고 날아가는 방향과 같은 방향으로 위로 휘어진 대나무 막대 14개를 갈빗대(rib)처럼 좌우의 날개에 각각 붙여서 가볍고 신축성 있는 프레임을 완성하였다. 그리고 운전자는 양날개의 중앙을 가로 지르는 두꺼운 버팀목(spar)에 팔뚝으로 몸을 지탱할 수 있도록 하였다. 동시에 또 바로 위의 버팀목을 핸들처럼 양손으로 쥘 수 있도록 하여 인체공학적으로도 훌륭하게 디자인되었다.

더비츠 호[9]를 타고 비행하기 직전의 오토(더비츠, 1891)
출처: 오토 릴리엔탈 박물관

위의 내용을 오늘날의 글라이더 비행원리와 연결하여 설명하자면 이렇게 말할 수 있을 것이다. 즉, 날개면에 작동하는 공기력은 리브(rib)에 전달되고 그 힘은 다시 스파(spa)로 전달되고 최종적으로 그 힘이 비행 몸체를 들어 올린다 라고.

최초의 비행기 조종석이 된 셈인 이 공간에서 오토는 글라이더를 걸치고 바람이 부는 방향으로 달렸고 공중으로 뛰어 올랐다. 그리고 공중에서는 다리와 하반신의 무게중심을 이동시킴으로써 글라이더의 방향을 조종하였다.

9) 오토는 글라이더에 이름을 붙여줄때 지역의 이름(예:더비츠 호), 고객의 이름(예;램버트 호), 또는 생긴 모양새(예: 일반 글라이더, 소형 이중날개 호 등)에 따라서 명명하곤 하였다.

인류의 첫 비행이 이루어졌던 더비츠에서 그가 날아간 거리는 20-25m 정도였다. 바람이 불든 불지 않든 날아간 거리는 얼추 비슷하였는데 다만 차이가 있다면 공중에 머무는 체공시간이었다. 즉 무풍상태에서 비행을 하다가 갑자기 상승기류를 타면서 수직상승하여 제자리에서 머무는 현상이 일어났기 때문이었다. 그러나 때론 돌풍이 불어 갑자기 공중위로 몇 미터 씩 솟구쳐 오를 때는 재빠르게 탈출을 해야 했으므로 긴장감을 늦출 수 없었다. 하지만 크고 작은 부상은 피할 수 없었고 사고가 나면 몇 주씩 안정을 취해야만 했다. 한때 오토가 발목 부상을 입었을 때 조수역할을 하고 있던 방앗간 주인 슈바흐가 이렇게 질문하였다.

> 선생님, 그렇게 까지 위험하게 하실 필요는 없잖아요. 가족을 생각 하셔야죠.

마침 멀리 열차가 지나가고 있었는데 이를 보고 오토가 대답하였다.

> 슈바흐씨, 처음 저 기차 철로를 놓을때 지금처럼 안전하고 편안하게 기차가 달릴 수 있을 거라고 상상해보세요. 비행도 마찬가지예요

오토는 비행을 거듭할 수록 좀 더 멀리 날 수 있겠다는 자신감이 붙었다. 정상에서 사선으로 날아가는 비행은 이처럼 간단한 장비로도 가능하다는 확신이었다. 하지만 여기 더비츠는 높이가 5-6m에 불과해서 좀 더 높은 곳이 필요했다. 기차를 타고 오가는 시간까지 고려한다면 좀 더 현실적인 대안이 필요하였다.

1892년 슈덴데, 그리고 좀 더 높은 곳으로

높은 언덕을 찾아다니다가 슈덴데(Sudende)라는 지역을 발견하였다. 깎아지른 듯한 언덕이 있는 이곳은 오토의 집에서 걸어서 10분 거리였다. 작년의 경험을 되살려 날개의 표면적은 조금 더 늘려(16m²) 도전하기로 하였다.

기기의 무게가 24kg 그리고 그의 몸무게를 합하여 총 중량이 104kg 이었다. 이 정도의 무게를 공중에 띄우려면 초속 10m의 바람이 필요하였는데 이곳의 가장 높은 곳이 10m정도이니 비행이 가능하다는 계산이 나왔다. 다만 가파르게 높은 절벽에서 뛰어 내려야하는 위험부담은 존재했다.

지금으로 치면 아파트 건물 3층보다 조금 높은 곳에서 자신이 만든 기기를 이용해 멀리 비행을 해 보이는 것이었다. 대부분의 목숨을 건 무모한 도전은 젊은 혈기를 가진 20대의 청년을 상상하지만 이때 이들 오토와 구스타프는 이미 40대의 중반으로 들어가고 있었다.

비행복장으로 서있는 오토(슈덴데, 1892)
출처: 오토 릴리엔탈 박물관

더비츠에서도 그랬지만 많은 사람들이 신기한 듯 구경삼아 왔다. 처음에는 너무 무모한 행동이라며 비판 일색이었던 사람들도 한두차례 안전하게 비행하는 모습을 보고 모두들 지지자로 돌아섰다.

비행은 순조로웠다. 절벽높이의 8배인 80m까지 날아가는데 성공하였다. 더비츠의 20m에 비하면 엄청난 발전이었다. 오늘날 우리가 부르는 활공비(Glide ratio)[10]로 말하면 8:1의 효율을 가진 것이었다.

꼬리날개는 비행의 안정성에 도움을 주었다(슈덴데, 1892)
출처: 오토 릴리엔탈 박물관

오토에게 중요한 과제 중에 하나는 날개의 모양을 어떻게 하면 최대의 양력을 얻을 수 있을지 였다. 앞서 실험실에서의 연구결과 날개의 굽은 정도와 양력은 밀접한 관계가 있는 것으로 확인된 바 있었고 그는 이 점에 집중하였다.

다음의 그림은 그의 연구 결과를 담은 저서 『항공의 기초』에 삽입된 것인데 가벼운 버드나무를 두께(굽은 정도)를 달리하여서 바람에

10) 글라이더의 성능을 나타내는 활공비(Glide ratio)는 비행거리와 하강하는 고도의 비율을 뜻한다. 즉 활공비가 10:1 이라고 하면 1m 하강할 때 10m를 날아간다는 뜻이다. 오늘날 날개가 긴 글라이더의 경우는 최대 70:1 까지 나오며 보통 18m의 날개 길이를 가진 1인용 글라이더의 활공비는 40:1 내외인 것으로 알려져 있다.

반응하여 발생하는 양력을 관찰한 것이다.[11] 그림에서 왼쪽의 끝에서 오른쪽 끝까지 가상의 직선인 시위선[12]에서 날개의 높이(h)는 굽은 정도를 나타내는 것인데 오늘날 우리가 사용하고 있는 캠버(camber)의 개념이다.

이 실험에서는 날개의 두께가 앞뒤의 차이 없이 균일하거나 또는 한쪽이 비대칭적으로 두껍거나 하더라도 발생하는 양력의 크기는 큰 차이가 없는 것으로 나왔다. 그러나 뒤쪽보다 앞쪽이 두꺼운 것이 양력의 발생에 유리한 것으로 판명되었는데 결국은 새의 날개 구조가 비행에 더 적합하다는 결론인 것이다.

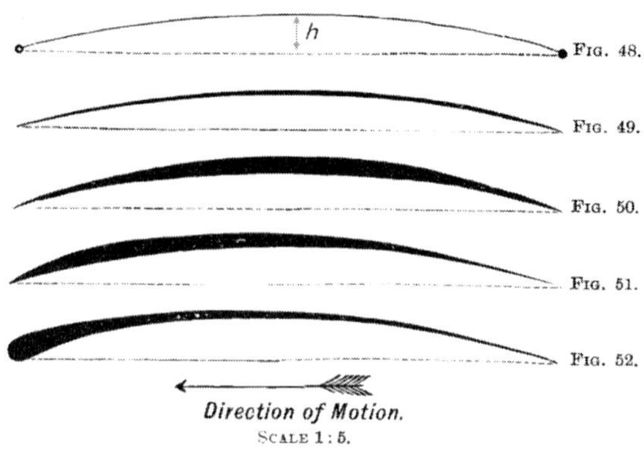

날개의 굽은 정도와 양력관계 실험
출처: 『항공의 기초』

그는 이러한 실험실에서의 실험 결과가 실제로 맞는지 확인하기 위해서 현장에서 매번 날개의 굽은 정도를 달리하여 반복 비행 실험을 계속 해 나갔다.

---

11) 그림에서 맨 위에 있는 제일 얇은 날개(Fig.48)는 얇은 금속으로 만들었다.

12) 오늘날 시위선(chord line)이라 부르며 날개의 맨 앞쪽(leading edge)에서 뒤쪽 끝(trailing edge)까지의 직선거리를 말한다.

날개의 굽은 정도인 캠버를 좀 더 정확하게 표현한다면, 시위선(chord line)을 기준으로 수직으로 선을 그었을 때 만나는 날개의 평균 두께(mean camber line)까지의 거리로 나타낼 수 있다. 그리고 그 숫자가 커질수록 날개의 휨 정도는 커진다고 할 수 있다.

그렇게 수없이 반복된 비행결과 얻은 결과는 다음과 같았다.

즉, 캠버와 시위선의 거리비율이 1/18에서 1/20일 때 최대의 성능을 보여주었다 라는 것이었다. 이 숫자는 그가 실험실에서 얻은 수치인 1/12와는 다소 차이가 있는 결과여서 실망스럽기는 하였다. 하지만 변화무쌍한 자연의 환경을 실험실에 그대로 재현해 내기는 당시의 기술로는 분명 한계가 있었음을 상기하자.

아래의 그림은 오늘날 에어포일(airfoil)이라 불리는 날개단면의 모양이다. 과학자들은 보다 효율성이 뛰어난 날개의 모양을 추구하면서 에어포일은 초기의 것보다 점점 더 두꺼워지는 등의 모양의 변화가 있었고 지금도 용도에 맞는 최적의 에어포일을 만들기 위한 연구는 계속되고 있다.

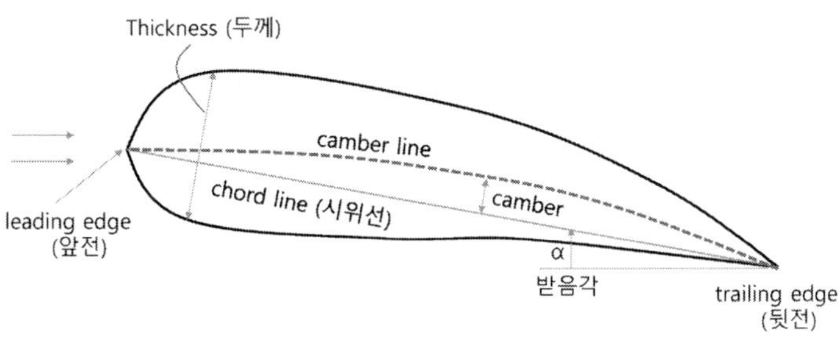

날개의 굽은 정도(캠버)를 나타내는 그림

횟수를 거듭한 그들의 성공적인 비행 소식은 국내 학술지에 소개되면서 사람들의 관심을 끌기 시작하였다. 그리고 같이 게재된 생생한 사진은 더 이상 설명이 필요없는 확실한 증거물이 되고 있었다.

때마침 프랑스 출신의 미국 항공학자인 샤누트(Octave Chanute)는 이를 영어와 프랑스어로 번역하여 미국과 프랑스의 학계에 보고하였다. 그리고 관련 잡지에도 글과 사진이 실리면서 대중의 관심도 높아지기 시작하였다.

샤누트는 당시 세상에 흩어져있던 모든 비행정보를 수집하고 체계화 시키는데 지대한 공을 세운 사람이었다. 그의 활동으로 말미암아 비로소 릴리엔탈 형제가 세상에 알려지게 된 것이다. 어쩌면 훗날 라이트 형제도 샤누트의 업적을 통해서 릴리엔탈 형제를 만났다라고 할 수 있을 정도로 그의 역할은 대단한 것 이었다.

비행횟수를 좀 더 늘리기 위해서 가까운 지역을 찾던 중 마이호헤(Maihohe)라는 언덕을 발견하였다. 지금의 장소 슈텐데에서 서쪽으로 500m 떨어진 이곳은 나름의 장점이 있었다.

그는 땅 주인의 허락을 받아 언덕의 꼭대기에 창고를 지었다. 비행기기를 정비하고 보관할 수 있는 창고가 생긴 오토는 비행 연습에 좀 더 집중할 수 있게 된 것이다. 그리고 창고의 지붕은 바로 뛰어 내릴 수 있는 출발대인 플라잉 스테이션(flying station)을 만들었다. 플라잉 스테이션은 안전을 위해 뒤쪽에 난간을 세웠고 바닥은 뛰어내리는 방향으로 비스듬하게 경사를 두어 효율적인 비행이 가능하게 했다.[13)]

13) 서쪽방향으로 날아가게끔 만들었는데 뒷바람(동풍)이나 옆바람(북풍)이 불 때는 위험해서 1년에 3개월 정도는 이용할 수 없는 점도 있었다.

플라잉 스테이션에서 뛰어내리고 있는 오토(마이호헤, 1893)
출처: 오토 릴리엔탈 박물관

오토의 가족들은 그의 비행실험 장소에 자주 모습을 보였는데 이는 남겨진 사진을 통해서 종종 확인된다. 위의 사진에서 출발대의 왼쪽에 있는 사람은 그를 도와주고 있는 조수이고 그 반대편은 당시 14세의 아들 오토인데 아버지의 비행을 조심스럽게 지켜보고 있다.[14)]

그의 아내 아그네스도 남편에 대한 믿음을 잃지 않고 있었는데 이 또한 오토에게는 커다란 힘이 되었을 것이다. 오토는 공식적으로 2천회가 넘는 비행을 하였는데 어느 것 하나 위험하지 않은 비행은 없었다. 이를 모르지 않을 아그네스는 자주 현장에서 남편의 비행을 가슴 졸이며 지켜보고는 하였다. 그리고 반드시 성공적인 비행을 할 수 있을 것이라는 믿음에는 변함이 없었던 것 같다.

역시 이곳 마이호헤도 슈텐데와 비슷한 10m정도의 높이였지만 더 큰 위험이 도사리고 있었다. 출발대를 향해서 불어오는 바람이

14) 오토 릴리엔탈은 4명의 자녀를 남겼다(Otto, Anna, Fritz, 그리고 Frida). 장남인 오토는 아버지의 이름과 똑 같아서 집에서는 '오토2' 라고 불렀다고 한다.

창고의 벽에 부딪히면서 상승하는 기류가 만들어 졌고 이 바람은 비행을 위해 막 뛰어내린 오토에게는 큰 위협이 되었기 때문이다.

상승기류가 세게 불어 올 때는 순간적으로 균형을 잃어버리기 일쑤였고 이럴 때는 다리와 온 몸통을 움직여 균형을 되찾으며 위험을 모면해 나갔다.

리노, 황새처럼 날아가다

리노(Rhinower) 산간지역는 마치 비행연습을 위해 일부러 만들어 놓은 장소 같았다.

10도에서 20도 정도로 기울어진 야트막한 언덕이 사방으로 깔려있었고 지상 100m 정도의 높이에서 뛰어내릴 수 있는 장소도 있었다. 그리고 무엇보다 마이호헤처럼 위험한 바람이 불 걱정은 안 해도 되었다.

1893년 여름부터 가기 시작한 리노는 베를린에서 100km 정도 떨어져 있는 곳 이었다. 주말에만 이용할 수 있는 단점은 있었지만 이곳에 가기 위해서는 새벽 4시부터 부지런히 움직여야 했다. 기차를 타고 리노와 가까운 역에 도착해서 미리 기다리고 있던 마차에 장비를 싣고 다시 이동하였다. 네 다섯 시간이 걸리는 힘든 여행이었다. 그나마 미국의 특허까지 받았던 접이식 글라이더를 가져 갈 때는 부피가 작아서 좀 더 수월하게 갈 수 있었다.

이곳에서 오토는 최고의 비행기량을 발휘했는데 공중에 30초 정도 체공하면서 250m 까지 날아갈 수 있었다. 그리고 체중을 이용해 무게중심을 왼쪽과 오른쪽으로 자유자재로 바꾸면서 180도까지 회전하며 날아갈 수 도 있게 되었다.

그가 한 잡지사에 리노에서의 비행경험을 그림을 그려서 기고한

적이 있었는데 바람의 종류에 따라서 날아간 비행 궤적을 비교한 흥미로운 그림이었다. 그림에서와 같이 바람이 전혀 불지 않는 무풍상태에서는 출발지 A에서 B-C의 경로로 밋밋하게 하강하는 수준으로 날아가 착륙하였다.

그리고 역시 미풍이 불어 줄때는 좀 더 높은 각도로 올라가 A-D의 경로로 꽤 멀리 날아 갈 수 있었고 비행도 안정적이고 편안하였다.

하지만 때론 초속 7-8m의 강한 바람이 불어올 때도 있었는데 이때는 긴장의 끈을 조금도 놓을 수 가 없었다. A-E의 경로로 날아가면서 오토는 한 순간 같은 위치에서 꼼짝도 하지 않고 공중에 떠 있었다. 아마도 그는 어릴 때 동생 구스타프와 함께 보았듯이 커다란 황새가 높은 공중에서 미동도 없이 떠 있는 모습을 상상하고 있었는지도 모른다. 그러다가 갑자기 돌풍이 불어오면서 수 미터를 휙 하고 들려 올려지는 아찔한 순간이 오기도 했다. 하지만 오토는 곧 바로 균형을 되찾아 비행을 이어 갔고 안전하게 땅으로 내려올 수 있었다.

오토는 이러한 비행 경험을 하면서 기기를 하나 씩 수정시켜나갔다. 그리고 비행 경험이 풍부하게 쌓이면서 점점 더 노련한 비행사가 되어가고 있었다.

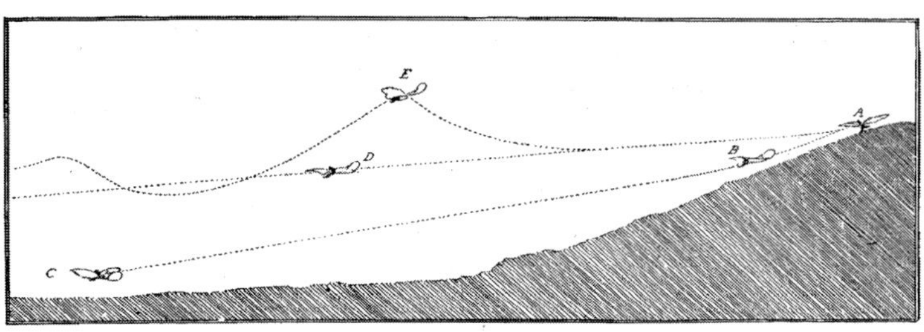

CHART OF A FLIGHT.

A. The start. *B.* The gliding descent. *C.* Alighting in still air. *D.* Course in ten-mile breeze. *E.* Soaring in a strong breeze.

리노에서 바람의 종류에 따른 비행궤적을 그린 그림(McClure's Magazine)
출처: 오토 릴리엔탈 박물관

오토는 그의 비행을 스포츠에 곧 잘 비유하면서 글라이딩도 곧 자전거나 수영같이 훌륭한 레크리에이션이 될 것이라는 생각을 하고 있었다. 특히나 젊고 용감한 청년들이 거침없이 하늘을 날아다니기를 바랬다.

한 잡지사에 기고한 글에는 그는 이렇게 썼다.

> 비행처럼 더 멋진 운동이 있을까요? 힘과 노련함, 용기와 결단력을 갖춘 선수가 지상의 관중 머리위를 스치며 솟아오를 때의 승리감은 어디에서도 얻을 수 없습니다.

그리고 그 당시에는 우리가 아는 현재의 모습[15)]을 한 자전거가 막 나오기 시작하는 시기였다. 이동시간이 획기적으로 줄어들고 움직이는 행동반경도 확대되는, 조금 과장하자면 이동의 혁신이 일고 있었다. 그런데 그 자전거를 잘 타려면 우선 균형잡는 법을 몸소 익혀야 하듯이 오토는 비행기기도 이와 다를 바가 없다고 생각한 것이다.

실제로 이루지는 못했지만 그는 뜻있는 사람들의 자금을 모아서 비행 경기를 치를 수 있는 장소도 생각하고 있었다. 이러한 경기를 통해서 비행기기는 더 빠른 속도로 개발 될 것이고, 경기를 보기 위해 오는 사람들로 그 장소는 유명한 명소가 되어 자연스럽게 대중속으로 파고들 것이라 생각한 것이다.

리노는 비행을 하기에는 아주 적합한 장소였지만 이동거리가 너무 멀었고 주말에만 이용할 수 있는 단점도 있었다. 만약 베를린 근

---

15) 큰 앞바퀴에 매우 작은 뒷 바퀴가 달린 페니파딩(penny-farthing)이 주류인 시대가 있었으나 1880년 대에 고무 타이어가 달리고 브레이크가 장착된 안전한 자전거가 나오기 시작했다.

교에 장소가 있다면 더 자주 비행을 할 수 있을 것이고 사람들의 왕래도 잦을 것이라는 생각을 떨칠 수 없었다.

그러던 중 석탄 폐기물을 쌓아놓은 공터를 발견하였고 주인을 설득해서 사용허가를 받아내기에 이르렀다. 지금의 릴리엔탈 기념공원이 있는 플리게부르크(Fliegeberg)라는 지역이었다.

영원한 비행장소, 플리게부르크

플리게부르크는 오토의 집에서 불과 2km로 가볍게 걸어다닐 수 있는 곳이었다. 그는 한데 모여 있는 폐기물을 이용해서 비행에 적합한 인공산을 만들기 시작했다. 동생 구스타브와 오토의 기술적 자문역할을 해온 조수 베이릭(Paul Beylich)[16]이 두팔을 걷고 나섰다. 1894년 플리게부르크에서 새로운 역사가 시작되고 있었던 것이다.

원뿔모양의 인공산은 그리 높지 않은 15m 정도였다. 오르내리는 길 만 제외한다면 사방으로 방해가 되는 장애물도 없어 바람이 부는 방향과 관계없이 언제든지 비행 연습을 할 수 있는 장소였다. 그리고 정면에서는 보이지 않지만 정상의 꼭짓점 부분에는 비행기기를 보관할 수 있는 격납고도 절묘하게 만들어 넣었다.

이제 모든 환경이 조성되었다.

오토는 시간이 날 때 마다 그들이 쌓아올린 인공산으로 달려와서 비행에 매진하였다.

아침 일찍 부터 와서 비행을 한 후 미리 준비해온 음식으로 점심

---

16) 베이릭은 오토가 신뢰했던 자문관 겸 조수의 역할을 했던 인물 중의 한 사람이다. 오토보다 70년을 더 살면서 (1965년 90세에 사망) 오토의 업적과 활동 등을 증언한 중요한 사람이다.

운집한 관객 앞으로 비행하고 있는 오토(플리게부르크,1895)
출처: 오토 릴리엔탈 박물관

식사를 했다. 그리고 또 해가 뉘엿 뉘엿 질 때까지 연습과 교정을 이어갔다.

이곳에서 과연 몇 번의 비행실험이 이루어 졌는지 정확한 자료는 남아있지 않지만 날씨가 좋은 날에는 하루 20-30번 정도의 점프가 이루어 진 것으로 예상하고 있다. 그리고 공중에서 10-12초 정도 머물면서 50m에서 60m정도를 날아갔고 때로는 조건이 좋으면 80m까지 날아갔다.

물론 높은 지대였던 리노와 비교하면 훨씬 짧은 비행거리였다. 하지만 이제는 비행횟수를 늘려서 그의 다양한 기기를 시험해보는 것이 더 필요한 시점이었다. 실험 제일주의를 몸소 실천한 그의 비행은 무수히 많은 자료를 남겼고 그 뒤를 잇는 사람들에게는 훌륭한 길잡이가 되었음은 우리가 알고 있는 바와 같다.

플리게부르크는 이미 유명한 관광지가 되어가고 있었다. 오토의 신기한 비행 모습을 보기위해 주말이면 부모들은 자녀들을 데리고 몰려왔고 어른들에게도 볼만한 구경거리였다.

오토가 극장을 운영하면서 극작가와 연기자의 생활을 같이 해왔던 것을 상기해보자. 거대한 야외무대에 비행기기와 함께 등장하는 주인공이 있고 수십 미터 아래의 관객에게 극적인 감동을 주기위해 연출에 각별한 공을 들이지 않았을까. 그리고 그렇게 포착된 사진 한 장의 힘을 누구보다 더 잘 알고 있던 오토였다. 비행복장으로 갖춰입은 '플라잉 맨' 오토가 하늘에서 내려오며 여유롭게 손을 흔들었고 구경하는 사람들은 박수와 함성으로 그를 맞이했다. 이제 대중의 인기가 점점 높아지면서 사업가들과 정치인들이 관심을 보이기 시작했고 급기야 황제까지 방문 계획을 잡기도 하였다.[17)]

비행 후 다시 기기를 정상으로 옮기는 일도 만만치 않은 작업이었을 것이다. 인공산의 아래 둘레가 약200m였고 높이가 15m라면 오르내리는 경사로의 길이는 약30m 정도 예상[18)]된다. 그 거리 또는 다른 지역은 더 멀었을 거리를 20-30kg의 기기를 둘러메고 올라간

17) 당시 황제였던 빌헬름2세의 방문은 실제 이루어지지 않았다. 후대의 역사가들은 독일이 프랑스나 미국에 비해 항공에 대한 국가적인 관심과 지원이 부족했다고 비판 하였다.

18) 인공산을 원뿔형이라 가정하고 원주율 파이를 이용해서 밑변의 반지름을 구하면 30m이다. 높이 15m가 있으니 빗변의 거리는 피타고라스의 정리를 이용해서 구하면 약33m가 나온다. 물론 현재의 장소를 직접 측량하면 제일 정확하겠지만 지형 변경이 되기 전의 거리를 미루어 짐작하면 그렇다는 이야기이다.

횟수와 투입된 노동을 생각하니 경외감과 숭고함마저 느낄 수 있다.

공식적인 자료에 따르면 오토는 본격적인 시험비행이 시작된 1891년 부터 1896년 사이에 2,000회 쯤의 비행을 한 것으로 알려져 있다.

이들의 이러한 반복되는 인고의 노력을 보고 시시포스(Sisyphus)의 신화를 떠올리는 것은 너무 생뚱맞은 상상일까. 신의 노여움을 받고 커다란 둥근바위를 끝없이 산 정상으로 밀어 올려야 하는 끔찍한 형벌을 받은 시시포스 말이다. 사실 문예부흥이 일어났던 르네상스 시대에도 하늘을 날고자 하는 인간의 욕망은 창조주의 의지에 반하는 행동으로 비춰지지 않았던가. 신의 영역인 중력을 거스르고 다루기 위한 오토의 집념은 깨어있는 정신으로 부조리함에 맞서는 시시포스와 많이 닮아있지 않은가?

정상으로 기기를 옮기고 있는 오토의 조수 베이릭(왼쪽)과 오토(플리게부르크, 1894)
출처: 오토 릴리엔탈 박물관

오토는 1889년에 1호기를 시작으로 해서 총 18 종류의 비행기기를 제작하였다. 날개가 좌우 한 쌍인 홑날개와 이 중으로 되어있는 겹날개, 그리고 접을 수 있는 날개 등 다양한 기기가 제작되었다. 그리고 그 중에서 조종기능이 우수하여 표준형으로 명명되었던 11호기는 9대가 생산되어 개인에게 판매가 되기도 하였다. 그가 애호했던 11호기는 스포츠용 또는 레저용으로 가장 적합한 모델이었는데 날개를 접을 수 있어 운반이 용이했고 조립하기도 쉬웠다.

그들의 비행소식은 빠르게 퍼져나갔고 추가주문이 들어오며 사업은 전성기로 들어가는 듯 하였다. 그리고 1896년이 되었다.

운명을 가른 비행, 1896

그의 비행소식은 영어와 프랑스어, 그리고 러시아어로 번역되었고 더 넓은 지역으로 가서 여러 독자들을 만났다. 그리고 지금까지 유럽국가에 한정되었던 기기의 판매도 지역을 벗어나 모스크바와 뉴욕에서도 주문이 들어오기 시작했다. 특히 미국에서의 인기가 높았다. 오토와 꾸준히 편지로 교신해오고 있던 샤뉴트는 미육군을 대신해서 비행기기를 주문하였다. 충분한 사용 설명서와 함께 보내라는 말도 잊지 않았다.

그리고 오토가 오래 전 부터 계획해왔던 비행 스포츠에 대한 반응도 미국으로 부터 왔다. 그의 비젼을 알아 본 어떤 이가 미국 국내에 비행학교를 열어 같이 운영하자는 제안이었다. 하지만 현재 몸 담고 있는 회사에서 갑자기 빠질 수도 없는 상황이라 내년에 파견될 학생들을 베를린에서 교육하는 것으로 마무리 지었다.

그가 원하는 크기의 비행 경기장[19]의 건립도 여러가지 문제로 난

---

19) 비행 경기를 위해서는 베를린의 근교에 높이 30m에 250m-300m를 날아갈 수 있는 삼각형 모양의 건조물이 필요하다고 하였는데 당시 플리게부르크의 2배 정도의 크기에 해당된다.

항이었지만 세계의 젊은이들이 스포츠 경쟁을 통해서 하나가 되는 꿈이 현실로 다가오는 것 같았다. 사실 이때가 프랑스의 역사학자인 쿠베르탱(Baron de Coubertin)의 주도로 근대올림픽에 대한 논의가 한창 진행 중일 때였다. 그리고 실제로 1896년 4월에 그리스의 아테네에서 제1회 올림픽경기가 열리게 된다. 오토의 비행 스포츠에 대한 의지를 프랑스와의 경쟁심리로 해석할 수 도 있는 대목이지만 그렇다고 인류애에 대한 그의 진정성을 의심할 수는 없다. 어느 강연에서 그는 국경과 전쟁이 없는 세상을 역설하면서 다음과 같이 말한적이 있다.

> 산과 숲, 물과 늪지대 같은 여행장벽이 없는 하늘로 날아다닐 수 있게 된다면 얻을 수 있는 문화적 발전은 무엇일까요? 하늘 높이까지 장벽을 쌓을 수 없기 때문에 국경이라는 의미는 완전히 사라질 것입니다. 지금과 같이 관세와 전쟁이 있는 세상은 상상하기 힘 들 것입니다. 세상모든 사람들이 마음껏 누리는 세계여행으로 엄청난 부가 축적될 것이고 결국에는 언어도 한가지로 통일될 것입니다.

다소 비현실적이고 이상주의적인 발언 같아 보이지만 새처럼 자유롭게 날아다니고 싶은 그의 자유의지와 따뜻한 인류애가 느껴지지 않는가.

8월 9일, 리노의 날씨는 20도에 비행하기에 아주 좋은 날이었다.

오토는 자신이 가장 애호하는 표준형인 11호기를 타고 250m의 거리를 호쾌하게 날았다. 그러다가 그의 네 번째 시도에서는 공중에서 열상승기류(thermal soaring)를 만난 것으로 생각된다. 열상승기류는 태양의 복사열에 의해 지표면이 가열되면서 그 부분의 공기가 팽창하여 가벼워지면서 발생하는 상승기류이다. 가끔씩 마주치기도 했던 이 기류를 이용하여 오토는 몸의 균형을 잡으면서 지상 15m까지 올라갔다. 하지만 그곳에서 갑자기 만난 난기류에 중심을 잃었고 실속(stall)[20]상태에 빠졌다. 속도를 다시 붙이기 위해 온몸과 다리를 앞쪽으로 던져 가속을 하려 했지만 허사였다.

오토가 탄 기기는 수직으로 하강했고 오른쪽 날개 쪽으로 추락하였다.

스톱워치로 오토의 체공시간을 재고 있던 베이릭은 순식간에 일어난 사건에 놀라 추락장소로 뛰어갔다. 11호기의 아래에 깔려있는 오토를 끄집어내고 이름을 불렀지만 이미 반쯤 의식을 잃은 상태였다.

긴급하게 인근병원으로 옮겨졌고 심한 경추골절의 진단을 받았다. 그날 오후 바로 열차를 이용해 베를린의 더 큰 병원으로 이동하였다. 옆에는 동생 구스타프가 자리를 지키고 있었다.

하지만 상태가 생각보다 심각하여 손 볼 수 있는 상황이 아니었다. 실낱같은 희망을 등지고 오토는 그 다음날인 8월 10일 사망하였다. 사고 후 36시간 만 이었고 당시 그의 나이는 48세였다.

갑작스러운 죽음에 모두 할 말을 잃었다.

미국에서 오토를 지지하고 돕고 있던 샤누트는 인류가 곧 날 수 있다는 확신을 안겨다 준 그의 황망한 죽음을 애통해 마지않았다.

오토에게 큰 영감을 받았다고 한 라이트형제는 1903년에 끝내 동력비행에 성공을 했고 1909년에는 베를린에서 와서 공개비행도 하였다. 그때 오토가 살아있었다면 어떠한 대화가 오갔을까.

---

20) 실속(stall)은 비행속도가 특정 속도 이하로 떨어져 양력과 조종성을 잃고 추락하는 것을 말한다.

1911년 라이트형제의 대리인을 통해서 편지 한 통이 아그네스 앞으로 도착하였다.

> 저희 형제는 돌아가신 부군의 업적에 대해 대단한 존경심을 가지고 있습니다. 그리고 살아생전에 직접 만나 뵙지 못한 것을 무척 안타깝게 생각합니다. 그는 위대하신 분 이였습니다. 여기 감사의 표시로 1,000달러[21]를 동봉하니 부디 받아 주시기 바랍니다. 즐거운 성탄과 새해 맞이하시기 바랍니다. 라이트형제

더비츠를 시작해서 슈덴데, 마이호헤와 리노, 플리게부르크, 그리고 알려지지 않은 수많은 장소에서 몸소 보여주었던 오토 릴리엔탈의 대범한 실험은 멈추었다. 하지만 그가 남긴 무수한 데이터는 계승되었고 현대 항공기에 그 흔적을 남겼다. 뒤늦게 이를 알아본 정부는 그의 업적을 기리기 위해 플리게부르크를 기념공원으로 만들고 추모했다.

릴리엔탈 기념공원 개막식(플리게부르크, 1932)
출처: 오토 릴리엔탈 박물관

그가 세상을 떠난 지 100년이 훌쩍 넘었다.

하지만 그가 남긴 마지막

21) 참고로 당시의 1,000달러는 2021년 기준 25,000달러 정도이다.

말이라고 전해지는 그의 말은 후대에게 여전히 큰 울림을 주고 있다. 그의 묘비에는 이렇게 쓰여 있다. "희생은 반드시 따르게 마련이다."[22)]

22) 그의 묘비에 적혀있는 이 문구를 영어로 옮기면 다음과 같다."Sacrifices must be madc".

4 라이트 형제
_바람이 부는 그곳, 키티호크

라이트형제(Wright Brothers)가 만든 플라이(Fly)호가 첫 비행을 한지 120년이 지났다. 그 사이 강산이 12번이나 바뀌면서 비행을 위한 항공의 기술은 하늘 높은 줄 모르고 거침없는 폭풍성장을 하였고 급기야는 우주여행의 시대를 눈앞에 두고 있다. 이렇게 짧은 시간에 엄청난 성장을 한 배경에는 '이카루스(Icarus)[1]의 꿈'을 품은 후예들의 끊임없는 도전과 목숨을 내건 희생의 결과 때문일 것이다.

비행기를 뜻하는 'Airplane' 또는 'Aeroplane'이라는 단어는 19세기 말부터 사용되었는데 '공기'를 뜻하는 'Air'와 '돌아다니다'의 뜻을 가진 라틴어 'plane'의 합성어이다.

이렇게 태어난 용어인 '비행기(Airplane)' 또는 그와 관련된 '비행(Aviation)'이라는 단어가 문헌 상에서 얼마나 자주 사용되었는지 그 빈도를 확인해보면 확실하게 시대에 따라 그 궤를 같이 하고 있음을 알 수 있을 것이다.

---

1) 이카루스(Icarus)는 밀납으로 붙인 날개를 달고 태양에 가까이 날아가다가 밀납이 녹아 떨어져 죽었다는 그리스 신화이다. '이카루스의 꿈'은 흔히들 하늘을 날고자 하는 인간의 욕망을 표현할 때 비유적으로 사용한다.

아래의 그래프[2] 와 같이 아마도 1903 년 라이트형제의 첫 비행 이후 '비행기' 또는 '비행'이라는 용어가 사회적으로 널리 사용되기 시작한 것으로 보이며, 1927년 찰스 린드버그(Charles Lindbergh)의 역사적인 대서양횡단과 제1차 2차 세계대전 등을 관통하면서 그 사용빈도가 절정에 이르렀다고 볼 수 있다.

달리 이야기하면 이 시기에 가장 많은 관심과 연구가 이루어졌다고 볼 수도 있을 것이다. 그런데 그래프의 우측을 보면 상대적으로 하락하는 곡선을 보이는데 그 이유는 무엇일까? 여러 가지로 해석해 볼 수 있겠지만 이 용어에 대한 중요도가 떨어지고 있다기 보다는, 오히려 이때는 항공이라는 개념이 우리 생활의 일부로 깊숙이 들어와서 안착 되었다고 보는 것이 타당할 것이다.

한 해에 45억 명이 항공기를 이용[3]하고 있는 세상에 살고 있으니 비행기는 이제 더 이상 새롭지 않은 우리 일상생활의 일부분이 된

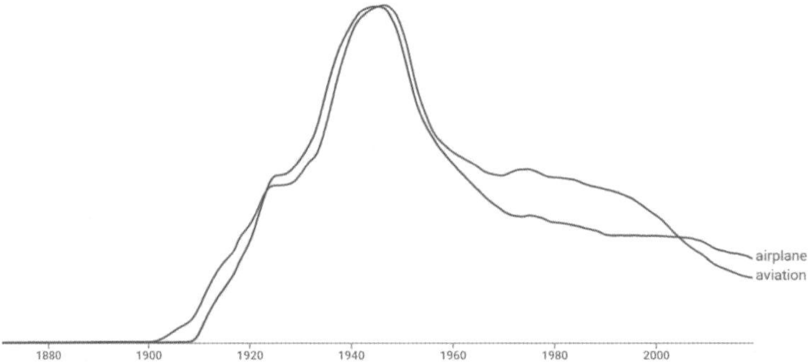

'비행기', '비행' 단어의 사용빈도 수 추이
출처: Google Books Ngram Viewer 에서 추출

---

2) Google Ngram Viewer 는 Google Books 기반으로 해당 표제어가 책에서 얼마나 많이 사용 되었는지 보여준다.

3) 2019 년 한 해를 기준해서 세계인구 77 억명 중 45 억 4 천 3 백만 명이 항공을 이용한 것으로 집계되었다(Statista 2021).

것은 틀림없어 보인다.

윌버와 오빌형제의 도전은 자신의 능력과 재능을 찾아가는 시기인 1900년 이전의 시기와 본격적인 비행시험을 감행하는 1900년 이후의 라이트형제로 크게 구분해볼 수 있다.

1900년 이전의 라이트형제

우리가 흔히들 알고 있는 라이트형제는 윌버(Wilbur Wright; 1867-1912)와 오빌(Orville Wright; 1871-1948)을 일컫지만 라이트의 형제는 아버지 밀튼 라이트와 어머니 수잔 캐서린 코너 사이에 태어난 7명의 형제자매 중 두 명이다. 아버지 밀튼은 신앙심이 두터운 교회의 목사로 활동하였으며 윌버와 오빌의 이름도 평소 자신이 존경하는 성직자의 이름을 따서 지어준 것이다.

직업상 지역을 옮겨 다녀야 할 일이 많은 아버지를 따라 마지막에 데이턴(Dayton)에 정착할 때까지 12 번이나 이사를 하기도 하였다.

라이트형제의 주요사건 연표를 보면 1878 년, 그러니까 윌버와 오빌이 각각 11세, 7세일 때 아버지 밀튼이 출장길에 장난감 헬리콥터를 선물로 사주었는데, 후일 그들이 말하기를 이것이 비행에 대한 호기심을 자극하는 계기가 되었다고 술회하고 있다.

코르크와 대나무, 종이로 만들어진 그 장난감을 아버지가 공중으로 던져 올렸을 때 그 헬리콥터는 곧장 땅으로 떨어지지 않고 천정까지 날아 올라가서 땅으로 가볍게 내려앉았다. 프랑스 항공 과학자인 알퐁스 페노(Alphonse Penaud)가 설계한 장난감 헬리콥터였는데 넋을 잃고 바라보고 있던 이들의 가슴속에는 벌써 공중비행에 대한 꿈들이 분명 움트고 있었을 것이다.

월버(왼쪽)과 오빌(1876 년 당시)
출처: 위키피디아

둘은 고등학교에 진학을 하였지만 졸업장은 받지 못했다.

윌버는 4년 동안의 과정을 수료하였지만 집을 갑자기 리치몬드(인디아나 주)에서 데이톤(오하이오 주)으로 옮기는 바람에 학업을 계속할 수 없었다. 그의 사후 127 번째 생일날(1994년)에 졸업장이 전달되긴 하였지만 말이다. 오빌 또한 고등학교를 일찍이 자퇴하고 개인사업에 뛰어들었다. 후일 이들이 보여주는 눈부신 성과의 거름은 결코 교실과 연구실에만 있지 않았고 오히려 현장에서의 경험과 땀에 있었음을 반증하는 것이다.

1885년, 윌버는 하키스틱으로 얼굴을 세게 얻어맞는 사고도 있었다. 친구들과 아이스하키를 하다가 스틱으로 얼굴을 맞았는데 앞니가 부러지는 부상을 당했다. 평소 운동을 좋아하고 활발한 성격이었던 그는 이 사고 이후로 의기소침해졌고 성격도 내향 적으로 바뀌졌다. 대부분의 시간을 집에서 머무르면서 결핵을 앓고 있던 어머니를 간호하거나 아버지의 서재에서 책들과 시간을 보내는 시간이 많아졌다.

1889년 3월에는 윌버가 편집인으로 그리고 오빌이 출판인으로 하여 웨스트 사이드 뉴스(West Side News)라는 주간지 신문사를 설립하였다.

라이트형제의 첫 공동사업이었던 셈이다. 그 이듬해인 4월에는 이브닝 아이템(The Evening Item)이라는 이름으로 바꾸어서 일간지로 운영을 하였지만 반응이 썩 좋지 않았고 4 개월을 더 가지 못하였다. 1890년, 이브닝 아이템 일간지의 실패 후 인쇄소로 개업하여 일반 인쇄물을 주문 받아 사업을 이어갔다.

때마침 새로운 교통수단과 레저용으로 자전거가 유럽대륙과 미주를 휩쓸고 있었다. 19세기 초에 발명된 자전거는 진화에 진화를 거듭하고 있었는데, 가장 최근인 1870-80년대는 앞바퀴는 커다랗고 뒤바퀴는 조그마한 다소 불안정한 형태의 자전거가 대세를 이루고 있었다. 한번 페달을 밟으면 더 멀리 나갔고 예전보다 승차감도 좋아진 점도 있었지만 안전성에는 많은 문제가 있었다.

자전거가 높아서 타고 내리는 것도 힘들어 여성들로부터 외면 받았고, 남성들도 어느 정도의 훈련을 받아야 탈 수 있을 정도로 기술이 필요한 자전거였다.

이때 양쪽 바퀴의 크기가 똑같고 오늘날 우리가 보는 자전거의 형태와 거의 흡사한 '안전한 자전거'가 나타난 것이다.

'안전한 자전거'는 정신적, 육체적 건강에도 좋을뿐더러 생활에 활력을 주며 인생의 전반에 걸쳐서 도움을 준다는 등의 칭송이 쏟아졌다. 한 의사는 어느 학술지에 다음과 같은 글을 실었다.

'자전거는 남성과 여성이 육체적 운동을 하는데 가장 적합한 19세기 최고의 발명품 중의 하나이다.'

하지만 이 자전거의 등장으로 도덕적 해이가 걱정된다며 반발하는 사람들도 적지 않았다. 이를테면 어린이와 청소년들의 행동반경이 지금까지는 대부분 인근의 마을이 고작이었는데 이제는 언제든지 가고 싶은 대로 갈 수 있게 되었으니 말이다.

공부하는 시간에 남녀가 몰려다니며 '사고'를 칠까봐 걱정들을 했던 20세기 초 부모들의 모습은 지금과 크게 달라 보이지 않는다.

이러한 우려에도 불구하고 자전거는 남녀노소를 불문하고 모든 계층의 사람들이 즐겨 타는 필수품으로 자리를 잡아가고 있었다. 도시마다 동호인들이 모이는 클럽이 즐비하게 생겨났고 대학생들 사이에도 자전거타기가 폭발적인 인기를 모으고 있었다. 당시 대학을 다니고 있었던 라이트형제의 여동생 캐서린(Katharine Wright; 1874-1929)도 예외는 아니었는데 그녀는 졸업 후 오라버니의 사업에도 많은 도움을 주는 여성이기도 하였다.

자전거에 매료되었던 라이트형제의 여동생 캐서린 (오른쪽에서 2 번째)과 대학 친구들
출처: 스미소니언 박물관

1893년, 이러한 사회적 분위를 업고 윌버와 오빌은 집 가까이에 자전거 점포를 열었는데 자전거를 팔기도 하고 수리도 하는 조그만 가게였다.

하지만 곧 바로 사업의 가능성을 간파한 그들은 좀 더 넓은 곳으로 회사를 이전하였고 이름은 라이트 사이클(Wright Cycle Company)로 정하고 본격적인 사업에 들어갔다. 형제 중에서 윌버 보다는 동생인 오빌이 자전거사업에 더 적극적이었던 것 같다.

그를 잘 아는 주변사람들이 후일 전언하기를 '새로 나온 자전거핸들이나 페달 등을 주제로 이야기할 때면 흥분해서 얼굴이 환해지고는 했거던요'. 이와 반대로 윌버는 자기 자신에 대한 많은 고민을 한 것으로 보인다. 스스로 생각하기에 자신은 사업수완이 부족하고 학교 교사같이 명예로운 일을 하고 싶어 했다. 아버지 밀튼에게 보낸 편지에는 그의 심정이 잘 나타나있다.

'주변에 나를 도와주는 사람들이 있다 하더라도 저는 상업적인 기질은 없다는 생각이 듭니다. 그럭저럭 살아갈 수야 있겠지만 더 이상 발전이 없을 것 같아요. 지적인 탐구를 하는 것이 저에게 맞는 것 같고 사업적인 것보다 어떠한 전문분야에 매진해서 성공해보고 싶은 생각이 듭니다.'[4]

밀튼도 물론 아들 윌버의 성격과 재능을 알고 있었던 터라 대학교육을 위한 자금을 대려고 했지만 번창하는 그들의 사업은 그를 놓아주지 않았다.

1895년, 자전거사업 3 년차에 전시장도 갖추고 2 층에는 작업실도 있는 곳으로 다시 이사를 가서 이제는 그들만의 제품을 만들어서 팔기 시작했다. 최고 사양 모델인 '반 클레버(Van Clever)'는 $65[5]에 팔렸으며, 그 뒤에 나온 보급사양인 세인트클레어(St. Clair)는 $42에 나갔는데, 한창 판매가 많이 될 때는 1년에 300대를 만들어 팔았으

---

4) 'The Wright Brothers' by David McCullough

5) 인플레이션을 감안하여 2021 년 기준 약 $2,000 의 가치

니 하루에 거의 한 대 꼴로 생산이 이루어 진 셈이다.

1897년, 날로 번창하는 사업은 좀 더 넓은 장소를 또 필요로 하였는데 자전거사업을 위한 그들의 마지막 장소임과 동시에 후일 그들이 역사적인 비행연구의 시작이 되는 웨스트 3 번가[6]로 이사를 갔다.

1899년 5월 30일, 윌버는 그의 일생을 송두리째 바꾸어놓을 만큼 아주 중요한 편지를 쓰고 있었다. 라이트 사이클 회사의 로고가 새겨진 편지지에 쓰여 진 내용을 요약하면 다음과 같다.

> 저는 어릴 때부터 항공 과학자 페노(Penaud)와 케일리(Cayley)의 장난감을 따라 만들어 보면서 기계적인 문제점과 인간의 비행에 대해서 많은 관심을 가져왔습니다. 제 나름의 판단은 인간은 비행을 할 수 있다는 것입니다. 개인사업을 따로 하고 있지만 시간을 내서라도 이에 대한 체계적인 연구를 하고자 합니다. 귀 스미소니언 협회에 이와 관련된 자료나 정보가 있으면 부탁드립니다.

스미소니언 협회로부터 회신이 왔다. 협회에서 만든 책자와 19세기부터 당대까지 왕성한 활약을 하고 있는 최고의 항공 연구자들의 연구서들을 보내왔다.

조지 케일리(George Cayley), 하이램 맥심(Hiram Maxim), 그레이엄 벨(Graham Bell), 토마스 에디슨(Thomas Edison) 등의 과학자, 발명가를 비롯해서 오토 릴리엔탈(Otto Lilienthal), 사무엘 랭글리(Samuel Langley), 옥타브 샤누트(Octave Chanute), 글렌 커티스(Glenn Curtiss) 등 활발한 실험과 연구를 하고 있는 저명한 과학자들의 연구 자료가 들어있었다.

특히 이렇게 해서 만난 라이트형제의 멘토 옥타브 샤누트는 그가 죽을 때까지 이 두 형제의 성공적인 비행을 위해 헌신하였다.

---

6) 이 집은 헨리 포드(Henry Ford)가 1936 년에 사들여서 헨리포드박물관에 보존되어있다.

자전거 사업자 윌버와 오빌형제에게 항공에 대한 영감을 준 거장들을 간추려 보면 다음과 같다.

항공의 아버지, 조지 케일리(George Cayley; 1773-1857)

조지 케일리
출처: 위키피디아

인류 처음으로 비행을 과학적으로 연구한 영국의 과학자이며 항공의 아버지로 불리 운다. 그의 최대 업적은 비행체가 날아가기 위해서는 새처럼 날개를 상하로 움직이면서 날아가야 한다는 당시의 이론을 반박한 것이었다. 즉 고정된 날개의 상태에서도 적절한 형태의 힘이 가해지면 비행이 가능하다는 것이었다.

케일리는 비행하는 물체의 핵심적인 요소는 비행기를 떠받치는 힘인 양력과 앞으로 전진시키는 힘인 추력, 그리고 조종이라고 그의 1810년 논문 '비행에 관하여(On Aerial Navigation)'에서 주장하였는데 지금 형태의 비행기의 비행원리를 발견한 것이다.

그리고 지금 우리가 알고 있듯이 날개의 곡면을 이용하면 좀 더 많은 양력을 얻을 수 있다는 사실을 확인하였고 실제로 그의 유인 글라이더의 제작에도 적용하였다. 윌버는 케일리의 철저한 신봉자였으며 그에 대하여 다음과 같은 글을 남겼다.

'100년 전 영국인 조지 케일리는 비행의 과학을 지금껏 가보지 못한 새로운 지경으로 안내하였으며 지난 세기동안에도 그에 필적할 만한 과학자는 찾아보기 힘들다"

최초의 글라이더 비행, 오토 릴리엔탈(Otto Lilienthal; 1848-1896)

세계 최초로 무동력 항공기인 글라이더를 만들어 비행에 성공한 독일의 재능 있는 기계공이자 수학자이다. 그의 최대 공헌은 공기보다 무거운 물체는 하늘을 날 수 없다는 통념을 깨고 하늘을 나는 비행체를 개발한 것에 있다.

2,000번 이상의 반복적인 시험을 통해 체계적인 데이터를 구축해 항공학발전에 지대한 공헌을 하였다. 궁극적으로는 동력비행을 준비하고 있었고 이를 위한 엔진까지 개발하였지만 1896년 글라이딩 도중 사고로 사망하면서 안타깝게도 중단되었다.

당시 대부분의 개발자들이 비행체의 추진을 위한 엔진 개발에만 매달렸던 것과는 달리 릴리엔탈은 공기역학적인 부분에 집중하였다. 라이트형제는 오토 릴리엔탈의 이 주장에 특히나 매료되었다. 그의 죽음은 라이트형제가 큰 충격을 주었지만 그 이후 적극적으로 비행에 대한 의지를 가지고 도전하게 만드는 큰 동기가 되었다. 그 결과 릴리엔탈의 사망 후 6년 뒤인 1903년에 라이트형제는 동력비행에 성공하게 된다.

글라이더 비행을 선보이고 있는 릴리엔탈
출처: 위키피디아

라이트형제의 멘토, 옥타브 샤누트(Octave Chanute; 1832-1910)

프랑스출생의 미국 항공기술자인 샤누트는 토목기술자였으나 1890년대에 비행기에 흥미를 느껴 당시 알려진 모든 비행정보를 수집하여 체계화하는 작업을 하였다. 직접 설계한 글라이더로 수많은 실험을 하기도 하였으며 수시로 라이트형제의 비행 실험장을 방문하여 격려와 후원을 아끼지 않았다.

무려 수백 통이 넘는 편지를 교환하면서 자신이 쌓아올린 독보적인 지식과 경험을 무명인에 가까운 라이트형제에게 승계해 주었다. 라이트형제의 진정한 멘토였으며, 후일 그 편지들은 역사가들이 라이트형제의 업적을 파악하는데 중요한 자료가 되었다.

우리가 아는 대부분의 라이트형제의 비행기 개발에 대한 정보는 이들의 편지를 통해서이며, 다행히도 샤누트는 형제가 보낸 편지를 잘 보관하고 있었다. 샤누트가 세상을 떠났을 때 라이트형제가 추도사를 낭독했다.

'낯선 개척의 길에 서있던 두 젊은이에게 자신의 천금 같은 기술과 경험, 지식을 아낌없이 전수해 준 위대한 멘토가 여기 누워 있습니다.'

사무엘 피어폰트 랭글리(Samuel Pierpont Langley; 1834-1906)

존경받는 물리학자이며 천문학자인 랭글리는 알레게니 천문대장, 펜실베니아의 웨스턴대학의 교수를 거쳐 스미소니언 협회의 3대 협회장(1887-1906)을 맡고 있었다. 당대 최고의 석학들과 친분이 깊었으며 그가 연구하고 있는 비행을 취재하기 위해 그가 가는 곳마다 '뉴욕 타임스' 등의 취재원이 따라 붙었고 모두가 그를 응원하고 있었다.

1896년 랭글리가 제작한 비행 기계 모형, 일명 '에어로드롬(Aerodrome)'이라고 불리는 무인 비행체가 스팀엔진을 이용해 포토맥강 위를 약900미터를 날아가는 첫 비행에 성공하였다.

자신감이 붙은 랭글리는 1903년 10월 7일 실물크기의 비행 기계인 '그레이트 에어로드롬'을 제작하고 내부연소 엔진발명가인 찰스 맨리(Charles Manly)가 첫 유인비행을 시도하였다.

세계최초의 유인동력비행이 될 수도 있는 이 비행을 윌버와 오빌도 당연히 큰 관심을 가지고 있었다. 강 위에 배처럼 생긴 구조물을 만들어서 정박시켰고, 그 구조물의 지붕에 깔린 레일을 타고 에어로드롬이 출발하였지만 날아보지도 못하고 힘없이 강 위로 떨어지고 말았다.

12월 8일 두 번째의 시도가 이루어졌지만 결과는 비슷하였다. 그리고 이로부터 불과 1 주일 뒤인 12월 17일 윌버와 오빌이 최초의 비행에 성공하게 된다.

랭글리의 에어로드롬 1차비행(1903.10.7.)
출처: 위키피디아

글렌 커티스(Glenn Curtiss; 1878-19030)

항공업계의 선구자인 커티스는 자전거와 오토바이 엔진제조업자로 첫 사업을 시작하였다. 내연기관을 상대적으로 쉽게 구할 수 있게 되자 엔진을 장착한 자전거를 직접 만들어서 팔기 시작했다.

자신이 개조한 자전거를 몰고 세계기록을 연달아 갱신하면서 미국 최고의 모터사이클 선수이자 최고수준의 엔진제작자로 유명해진다.

1907년 커티스는 발명가 그레이엄 벨의 권유로 비행실험협회(AEA)의 설립에 동참하는데 이는 그가 미국에서 가장 세련된 경량 엔진을 만들고 있었기 때문이다. 1908년 그가 직접 설계하고 제작한 비행기 준벅(June Bug)을 비행하는데 성공하여 동력을 이용해 하늘을 날았던 2번째 미국인이 된 셈이다.

최초의 수상비행기와 수륙양용기의 비행을 성공시켰으며 해상의 순양함에서 함선이륙을 성공시켜 해군 항공대의 창설에도 크게 기여하였다. 라이트형제와는 특허권의 분쟁으로 1917년까지 지루한 법정 다툼이 계속되었다.

바람이 부는 곳으로, 키티호크(Kitty Hawk)

1900년 4월에 윌버는 33번째의 생일을 맞았다. 웨스트 3번가의 자전거점포에서는 동생 오빌과 캐서린의 도움으로 비행연구에 필요한 연처럼 생긴 글라이더를 틈틈이 만들기 시작했다. 그러나 문제는 체계적이고 지속적으로 연구를 하기 위해서는 풍부하고 안정적인 바람이 부는 장소가 필요하였다.

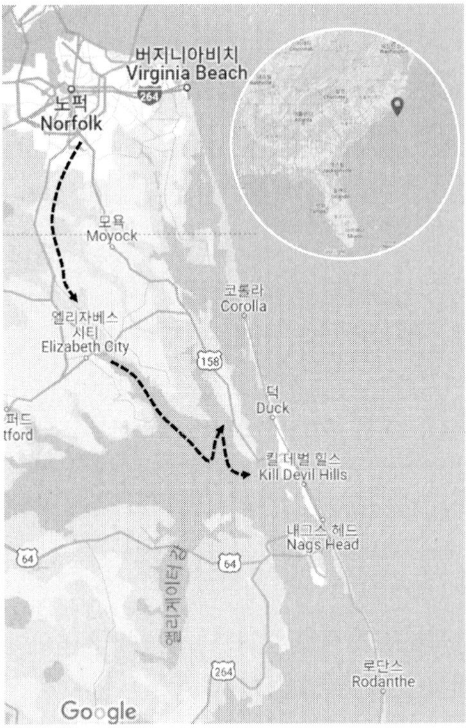

키티호크로 가는 길

후일 그의 평생 멘토가 되는 옥타브 샤누트에게 비행연구에 적절한 장소를 조언을 받해 위해 편지를 썼다.

강수량이 적고 풍량이 풍부하며 풍속은 시속 약 15마일 정도면 적당해 보였다. 하지만 그가 추천한 서부 쪽의 캘리포니아나 플로리다의 해안 지역은 지형적으로 모래언덕이 부족하고 바람도 약해서 실험을 하기에는 적합하지 않았다. 다시 기상청에 질의를 하였더니 국내 100 여개가 넘는 지역의 월간평균 풍속을 포함한 방대한 기상자료를 보내왔다. 보내온 자료를 뒤지다가 그 중에서 동부해안의 끝자락 노스캐롤라이나(North Carolina)의 키티호크(Kitty Hawk)라는 생소한 지역이 그의 눈에 들어왔다. 지금 살고 있는 이곳 데이턴(Dayton)에서 무려 700 마일이나 떨어진 곳이었다. 지금껏 가봐야 코앞에 있는 시카고가 고작이었으니 그곳이 얼마나 멀리 있는지 감도 잘 잡히지 않았고 또 어떻게 가야할 지도 막막하기도 하였다.

과연 키티호크라는 지역은 최고의 장소였다.

넓은 백사장과 주변에 나무나 덤불숲도 없어 바람이 고르게 불어오고 있었고, 9-10 월에는 풍속도 시속 10-20 마일 정도여서 실험을 하기에도 충분하였다.

대서양의 거친 파도를 남북으로 길게 쭉 뻗어있는 섬(Outer Banks)이 가로막고 있어 몇몇의 어부들이나 마을을 형성해서 살고 있을 뿐 이었다. 육지와는 고립되어 있는 이곳은 남들의 시선을 끌지 않고 비밀리에 실험을 하기에도 아주 완벽한 장소였다.

1990년 9월 7일, 오빌은 뒤에 합류하기로 하고 윌버는 실험용 글라이더와 장비들을 챙기고 짐을 쌌다. 데이턴(Dayton)에서 노포크(Norfolk)행 기차에 올라타 24 시간의 여행 뒤 그곳에서 하룻밤을 묵고 다시 엘리자베스 시(Elizabeth City)로 향했다. 생전 가보지도 않았고 굳이 가는 사람도 없는 키티호크로 가는 길은 순탄치 않았다.

엘리자베스에서 나흘을 더 기다려 겨우 키티호크로 가는 뱃길을 아는 선주를 구했다.

실제로 그는 키티호크에서 태어나고 자란 뱃사람이었는데 그가 가지고 있는 낡고 허름한 고깃배에 짐을 겨우 옮기고 조심스럽게 출발하였다.

그런데 강어귀를 벗어나 만으로 들어가자마자 바다에 검은 먹구름이 몰려오고 거친 바람이 불어오면서 배가 요동치기 시작했다.

역시 바람이 부는 그 곳 키티호크는 쉽게 문을 열어주지 않았다. 풍랑은 점점 더 거세어지고 걷잡을 수 없이 사나워지면서 사정없이 배를 내팽개쳤고, 가까스로 전복을 피한 그들은 바람이 덜 부는 곳에서 닻을 내리고 폭풍이 잦아들기를 초조하게 기다렸다.

다음날 아침, 거짓말처럼 날씨가 깨끗하게 개였으나 밤새 폭풍우로 망가진 배를 수선하느라 반나절을 더 보내고서야 출발할 수 있었다.

그날 밤 9시경 키티호크의 앞바다에 도착한 윌버와 일행은 다시 닻을 내리고 피곤한 몸을 뉘였다. 다음날 아침 9월 13일, 윌버는 그렇게 우여곡절 끝에 키티호크에 첫 발을 내딛을 수 있었다.

데이턴에서 기차와 배를 갈아타고 근 1주일 만에 도착한 키티호크, 그곳은 예상하였던 대로 대서양으로부터 세찬 희망의 바람이 불어오고 있었다.

1900년 첫 시험비행

이곳 키티호크에 오기 전에 윌버는 현지의 상황을 좀 더 자세히 파악하기 위해서 이곳에 한때 우체국장이었던 윌리엄 테이트(William J. Tate)와 연락이 닿아서 편지를 교환하고 있었다.

그는 50여 가구 정도 살고 있는 키티호크의 다른 주민들처럼 고기를 잡아 생계를 잇고 있는 어부였다. 그의 회신을 통해서 이곳이 비행시험에 아주 적합한 장소임을 재확인할 수 있었고, 여기까지 오는 교통편도 자세히 안내 받을 수 있었던 것이었다.

도착하자마자 테이트의 집에 짐을 풀고 현지를 살피면서 비행시험을 위해 준비를 하였다. 육지에서 온 한 젊은 청년이 이상하게 생긴 연을 조립하기 위해서 바느질하고 풀칠하는 모습을 보려고 동네 주민들이 한 두 명씩 와서 신기한 표정으로 구경하고 돌아가곤 했다. 동생 오빌은 2 주일 뒤 쯤 도착하였다.

집으로 보낸 편지의 내용을 토대로 계산해보면 형제의 첫 비행시험은 10월 3일경 이루어진 것으로 보인다.

2층으로 된 날개를 가진 글라이더를 밧줄에 매달아서 연처럼 날려 여러가지 시험을 해보았다. 글라이더에 매달린 밧줄을 조종해서 날개를 비틀어 보기도 하고, 지금으로 치면 승강타와 방향타를 움직여서 상하좌우의 움직임을 관찰하였다.

그 다음에는 새로운 시험, 즉 밧줄의 도움 없이 글라이더를 타는 시험을 하기 위해서 좀 더 높은 언덕이 필요하였다.

라이트형제가 비행시험 중인 글라이더(1900년 10월, 키티호크)
출처: 위키피디아

현지의 든든한 조력자 테이트는 이곳에서 4마일 정도 떨어진 '킬 데빌힐즈(Kill Devil Hills)'를 소개한 적이 있었는데 10월 19일 라이트형제와 일행은 장비를 끌고 그 언덕으로 이동하였다.

이름은 무시무시하였지만 높은 모래언덕과 불어오는 바람을 보니 과연 글라이더 비행시험을 하기에 이보다 더 좋은 곳은 없을 성 싶었다.

이제 지난 4년 동안 형제들이 이론적으로 공부하고 추론해왔던 것을 이 시험비행을 통해서 증명할 시간이 온 것이다.

윌버는 공기의 저항을 최대한 줄이기 위해서 아래쪽 날개에 배를 바짝 붙이고 하강을 시도하였다. 글라이더를 공중으로 띄우는 힘인 양력은 조금 못 미쳤지만 머리 앞 쪽에 있는 승강키를 조작하면서 날았는데 의도하는 대로 작동이 잘 되고 있었고 사고없이 안전하게 착륙하였다.

자신감을 얻은 윌버는 수차례 시도를 더 하였다.

보통 한 번의 비행거리는 300-400피트 정도였고 착륙시점의 속도는 시속30 마일정도 된 것으로 기록되었다. 만족할 만한 첫 키티호크 방문이었다.

1901년 두 번째의 비행시험, 실패와 의심

라이트형제는 데이턴으로 다시 돌아온 후 자전거점포를 운영하며 가족들과의 일상적인 생활로 돌아갔다. 하지만 마음은 항상 틈만 나면 바람이 불고 있는 키티호크에 가있었다. 이번에는 조금 더 심층적인 연구가 필요하였다.

더 큰 글라이더를 만들고 벌써 고인이 되었지만 글라이더의 대가 릴리엔탈의 연구자료를 토대로 해서 정교한 날개의 곡면을 만드는데 시간을 할애했다.

이와 관련된 자문을 얻기 위해 샤누트와의 교신도 꾸준히 이어갔는데, 어느 날 그는 라이트형제를 만나기 위해 데이턴을 직접 방문하겠다는 답신을 받았다.

옥타브 샤누트가 누구인가?

알려진 대로 그는 세계적인 비행연구가이며 특히 글라이더 분야에서도 그러하였다. 동시에 미국 내 주요도로와 대형교량을 건축한 건축공학자로서도 명성이 자자한 유명 인사였다.

키는 작았지만 건장한 어깨와 흰 수염을 기르고 있던 70세의 노학자인 샤누트는 다정다감하게 라이트형제들과 대화를 나누었다.

샤누트는 라이트형제에게 프랑스에서 만든 풍속계를 선물로 주고 갔다. 비행실험을 할 때 정확한 바람의 속도를 잴 필요가 있었는데 이를 위해서는 아주 유용한 기기였다. 이 첫 만남 이후로 그들은 더욱 더 신뢰감을 가지고 진지한 교류가 이루어졌음은 물론이다. 비행실험을 위한 글라이더의 제작도 완성이 다 되었다.

7월 7일 윌버와 오빌은 키티호크를 향한 두 번째의 여정을 향해 출발했다. 허리케인으로 여행 도중에 며칠간 지체되긴 하였지만, 키티호크에 도착한 날 테이트의 집에서 첫날밤을 지내고 킬데빌힐즈로 바로 달려갔다.

이번에는 우선 '비행기계'인 글라이더를 수리 또는 보관하고 그들이 먹고 잘 수 있는 장소를 만들기로 했다. 바다건너 엘리자베스 시에게 자재를 날라 그럴듯한 텐트를 세우고, 주민들의 허락을 받고 땅속에 파이프를 박아 식수도 해결하였다.

그런데 모든 준비를 끝내고 비행의 시험을 하려던 차에 예상밖의 사건이 발생했다. 현지 사람들에 의하면 10년에 한 번씩 큰 모기떼가 극성을 부린다고들 했는데 하필 올해가 그때였던 것이다.

오빌의 편지를 보면 모기들이 '구름 떼처럼 날아다니며 태양을 가릴 정도'였는데 자신이 지금까지 살아오면서 '가장 힘든 경험' 이었다고 적고있다. 밤에는 모기장이 없어서 담요를 뒤집어쓰고 한여름 밤을 보냈다고 하니 그 고충을 이해할 만하다.

7월 27일 첫 비행시험을 시작했다.

날씨도 좋았고 바람도 적당하게 불어주었다.

이번에는 샤누트의 요청으로 자신과 같이 연구하고 있는 그의 조수 2명도 같이 참관하기를 희망해서 여기로 왔다(샤누트는 며칠 뒤에 합류하였다). 모두가 숨죽이며 지켜보는 가운데 윌버는 아래쪽 날개에 엎드린 자세를 유지하면서 공중으로 떠올랐다.

하지만 이륙하자마자 글라이더는 앞으로 곤두박질쳤다.

다행히 주 날개의 앞쪽에 작은 보조날개가 달려있어서 큰 충격은 피할 수 있었다. 윌버는 무게중심을 잡기 위해 엎드린 위치를 조금씩 뒤쪽으로 물러가기를 거듭해서 세 번째에는 성공적으로 날 수 있었는데 300피트[7] 정도의 비행 거리였다.

나쁘진 않았지만 비행의 조작적인 측면에서는 원했던 바 대로 작동이 되지 않아 실망이 매우 컸다.

글라이더가 착륙한 직후 윌버의 모습(1901년 키티호크)
출처: 위키피디아

승강타는 너무 예민하게 반응하였고 방향을 틀기 위해 날개를 비틀면 조향이 잘 되다가도 역풍을 만들어냈다. 그리고 특히 이번에는 날개 면적을 작년보다 훨씬 더 크게 키워서 높은 양력을 기대하였으나

7) 300 피트는 약 90 미터 정도이다.

예상치의 1/3 밖에 나오지 않았다. 무엇인가 문제가 분명히 있었다.

의심이 되는 부분이 있기는 하였다. 며칠간 시험을 중단하고 양력의 수치를 높이기 위해 날개에 연결된 선을 조정하였다.

위쪽 곡면의 비율(캠버)을 작년수준으로 수정한 것이었는데 다시 시도한 비행은 의도한대로 잘 날아 갔고 수차례 반복해서 비행을 하였지만 결과는 똑같이 나왔다.

하지만 그 다음날 비행에서는 또 다른 문제가 발생하였다. 라이트 형제가 자랑스럽게 생각하는 기능 중에 하나인 날개비틀기(Wing warping)를 하여 방향전환을 시도하면 글라이더가 원하지 않는 반대방향으로 회전하는 등 제대로 반응을 하지 않았다. 급기야는 착륙을 시도하다가 추락하면서 가벼운 부상을 입기도 했다.

며칠 전부터 이런 인상적인 현장을 지켜보고 있던 샤누트는 그래도 괄목한 만한 그들의 진척에 놀라워했고 격려를 아끼지 않았다.

그는 사실 저명한 과학자로서 이론적으로는 충분히 무장되어 있었지만 직접 만들어 보거나 비행을 시도해 보지는 않아서 젊은 라이트 형제가 대견스러웠던 것이다.

1901년의 키티호크는 많은 숙제와 고민을 안겨주었다.

우선은 예로부터 지금까지 비행의 연구에서 대과학자들이 금과옥조로 여기며 사용해왔던 데이터에 대한 의심이었다.

이번 비행시험에서도 릴리엔탈이 사용해온 데이터를 근거로해서 글라이더를 제작하였지만 예상했던 만큼의 양력은 발생하지 않았다. 그리고 더 근원적으로는 양력을 산출하는 방정식에 사용하는 계수[8)]

---

8) 스미에톤 계수(Smeato's Coefficient)는 양력을 계산하는 방정식에 필요한 계수인데 0.0054 를 18세기 때 부터 의심없이 사용해왔다. 라이트형제는 실험을 통해서 0.0033 으로 밝혀냈고 현대의 기준에서도 거의 정확한 수치이다.

에 대한 의구심이 일었다.

100년 전 부터 아무런 의심 없이 사용하고 있는 이 숫자를 직접 밝혀보고 싶은 생각이 들었던 것이다. 그리고 이 모든 의심은 최대의 양력을 발생시키는 날개를 만드는 것으로 귀결되었는데, 이를 계기로 '풍동(Wind tunnel)'이라는 기기를 개발하고 실험에 직접 이용 하게 되었다.

'풍동'은 인공적으로 바람이 부는 작은 터널 속에 여러가지 형태의 모양을 가진 날개를 위치하여 각 날개의 공기저항을 연구하는 일종의 유체역학 장치인데, 라이트형제의 천재적인 독창성을 엿볼 수 있는 발명품이다.

이 실험을 통해서 양력과 항력의 비 이른바 양항비의 데이터를 축적하게 되고 이를 근거로 최고의 양력을 발생시키는 날개를 만들 수 있게 되었다.

1902년, 세 번째의 도전

풍동은 비행의 실험에 필요한 시간과 경비를 획기적으로 줄일 수 있는 획기적인 발명품이었다.

200여종의 각기 다른 날개의 모형을 테스트하고 그 중에서 선별된 40여개의 날개에 집중적으로 매달린 결과 '길고 좁은 날개'가 양력을 얻는데 유리하다는 결과를 얻을 수 있었다. 달리 이야기 하면 날개의 가로 세로의 비(Wing span/Chord)가 클수록 양항력이 커지므로 결론적으로 넓은 날개의 글라이더보다 좁은 날개가 더 유리할 수 있다는 결론을 내리게 되었다.

그리고 부정확한 릴리엔탈의 자료는 과감하게 폐기하고 새롭게 계산해낸 계수를 방정식에 반영시켜서 그들만의 '1902년형' 글라이더를 완성하였다.

7월 26일, 형제는 다시 키티호크로 향해 출발하였다. 3번째의 도전이 시작된 것이다. 키티호크에 도착한 형제는 글라이더의 기본적인 성능을 확인해 보기 위해 우선 사람이 타지 않고 연처럼 날려서 조심스럽게 성능을 시험하였는데, 모든 결과가 만족스럽게 나왔다. 예감이 좋았다.

이제 본격적인 실험을 위하여 바람이 부는 그곳, 킬데빌힐즈로 달려갔다.

작년의 것과 달리 길고 유려하게 생긴 날개를 단 글라이더는 확실히 더 오래 떠있고 더 멀리 날 수 있었다.

오빌도 처음으로 비행을 시도하였는데 어렵지 않게 무사히 마칠 수 있었다. 하지만 며칠 뒤 다시 비행을 시도하다가 제어를 제대로 하지 못해 추락하고 말았다.

다행히 크게 다치지는 않았지만 여전히 비행이라는 것은 불안정하고 조금도 방심할 수 없는 위험한 기기였다.

윌버가 샤누트에게 보낸 편지에는 다음과 같은 글이 발견된다.

> 동생이 방향키의 연습을 충분히 하지 않은 채 선회비행을 시도할 때였습니다. 날개 비틀기를 하면서 한쪽의 날개가 올려질 때 방향키를 이용해서 균형을 잡아야 했는데 깜박하고 잊어버린 것 같습니다. 25피트 정도 솟아오르다가 땅으로 떨어지고 말았습니다. 수리하는데 며칠간 걸릴 것 같군요.[9)]

10월 2일, 평소보다 많이 마신 커피 때문인지 늦은 밤까지 잠을 이

9) 'The Wright Brothers' by David McCullough

루지 못하고 좀 더 안정적인 선회비행 방법을 찾기 위해 골몰했다.

비행하면서 날개를 비틀면 좌우 날개의 양력차이가 만들어 지면서 방향전환이 이루어지는데 이때 글라이더가 가고자 하는 방향과 반대방향으로 틀어지는 현상(adverse yaw)이 나타나게 되는데 이것을 어떻게 하면 효과적으로 제어할 수 있을지가 문제였다.

순간 번쩍하고 떠오르는 생각이 있었다.

지금은 반대방향으로 틀어지는 현상을 막기 위해 방향키를 일일이 손으로 조작해야만 하는데 그렇게 하지 않고 날개비틀림과 방향키의 작동을 동시에 할 수 있게 한다면 문제가 해결될 것 같았다.

바로 구조변경을 위한 작업으로 들어갔다.

좌우로 움직이는 홈(hip cradle)을 만들고 여기에 조종사가 엎드려서 이동하면 연결된 선에 의해서 양 날개가 비틀어지게끔 하였고, 동시에 뒤 부분의 방향키에도 연결을 시켜 놓아서 반대방향으로 틀어지는 문제를 해결하고자 하였다.

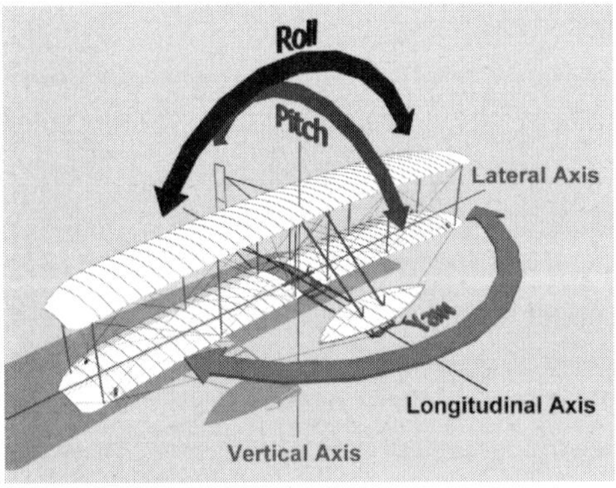

라이트형제가 발견한 3 개축(Three axis)
출처: Wright Brothers Aeroplane Compan

예를 들어서, 조종사가 홈에 엎드린 채로 오른쪽으로 이동하면 오른쪽 날개 끝이 비틀어지면서 내려오게 되고 반대편은 올라가는데, 이때 양 날개 끝의 양력 차이가 발생하면서 오른쪽으로 글라이더가 선회하게 된다.

그리고 이때 반대방향으로 틀어지는 현상은 날개비틀기가 시작됨과 동시에 같이 작동한 방향키가 상응하는 반대방향의 힘을 만들어냄으로서 힘의 균형을 되찾게 되고 결국에는 오른쪽으로 순조롭게 선회가 가능한 것이었다.

이를 통해서 방향키의 역할은 방향전환에 있는 것이 아니라 선회 후 기체의 흔들림을 잡아주고 원래의 위치로 정렬하는 기능을 하는 것이며, 실질적인 선회는 날개비틀기를 통한 롤(roll) 기동으로 달성되는 원리를 알게 된 것이다.

퍼즐이 맞추어진 것 같았다.

이로서 라이트형제는 날개비틀기를 통한 롤(roll), 머리 앞쪽에 설치되었던 승강키를 통한 피치(pitch), 그리고 방향키를 통한 요(yaw) 등을 포함하는 3개의 축(Three axis)을 조정하는 법을 완전히 터득하게 되어 전방위적인 비행이 가능하게 되었다.

알려진 대로 이 3축 조정법은 라이트형제가 획득한 중요한 특허 중에 하나로 남아있으며 오늘날의 비행기에도 그대로 사용이 되고 있다.

바람을 잔뜩 안은 글라이더는 상승과 하강, 그리고 좌우를 가리지

윌버가 날개비틀기와 방향키를 이용해 선회하는 장면(1902년 10월)
출처: 위키피디아

않고 매끄럽게 선회하면서 완벽한 기량을 보여주었다.

이렇게 하여 지난 2달 동안 키티호크에 머물면서 천 번이 넘는 비행시험을 하였고 최고 활공거리도 600피트[10]가 넘었다.

풍동의 연구를 통해서 만든 글라이더의 모델도 대성공이었고 방향전환 시 발생 되었던 문제도 완벽하게 해결하였다. 이제 마지막 남은 것은 바람의 도움 없이도 날 수 있는 추진력을 얻는 것이었다.

1903년, 엔진과 프로펠러

이제 바람의 힘을 빌리지않고 스스로 날아가려면 동력의 힘을 빌려야 했다.

랭글리가 시도하고 있는 증기를 이용한 스팀엔진은 무게도 많이 나갈 뿐 아니라 열효율도 형편없다고 판단되어 애초부터 고려대상이 아니었다.

다행히 자동차의 보급이 조금씩 되고 있는 상황이어서 가솔린엔진은 쉽게 구할 수 있었지만 무거운 무게가 걸림돌이었다. 우리가 필요한 것은 200파운드[11] 미만의 무게와 최소 8 마력의 출력을 낼 수 있는 엔진 이였다.

하지만 이러한 사양을 맞출 수 있는 회사는 아직까지 존재하지 않았다.

그렇다면 내 손으로 다시 만드는 수밖에 없었다. 한 전문가의 조언으로 알루미늄(92%)과 구리(8%)의 합금으로 된 재료로 실린더가 들어가는 케이스를 만들면 더 강하고 가벼운 엔진을 만들 수 있다는 것을 알게 되었다.

---

10) 600 피트는 183 미터정도이다.
11) 200 파운드는 약 90 키로그램이다.

제작공장으로 부터 합금으로 된 주물이 도착하였고 그것은 챨리 테일러(Charlie Taylor; 1868–1956)[12] 의 손에 넘어갔다.

라이트형제의 자전거 가게에서 기계공으로 일을 하고 있던 테일러는 형제에게는 '신이 보낸'선물이었다. 그는 선반과 프레스기계를 이용해서 6주 만에 첫 엔진을 만들어 내는 탁월한 기술을 발휘하였다.

4기통에 4사이클의 사양을 가진 엔진의 무게는 알루미늄합금 덕분에 152 파운드로 떨어져 원래 예상하고 있는 기준치보다 50파운드나 가벼운 엔진을 만들어냈다.

2월 12일, 형제의 작업실에서는 매캐한 연기와 소음을 내면서 엔진이 돌아가고 있었다. 성공적인 첫 시운전이었으나 그 다음날 다시 가동을 하였을 때는 합금으로 주조된 실린더 케이스에 금이 가는 사고가 발생하고 말았다.

실망이 컸지만 새로운 주물을 주문하고 2개월 뒤에 다시 테일러는 작업에 들어갔다. 그해 6월에 완성된 엔진은 좀 더높은 출력인 12마력[13]의 힘을 깜짝 선물해 주었고 그들의 첫 동력비행이 될 플라이어(Flyer)호의 훌륭한 엔진이 되었다.

이제 마지막으로, 이 엔진의 회전력을 추진력으로 바꾸어 줄 수 있는 무엇, 즉 프로펠러가 필요하였다.

프로펠러는 프랑스의 항공과학자 페노가 고무줄을 돌려서 발생하는 추진력을 이용해 만든 모형 헬리콥터가 시초라고 알려져있는데,

---

12) 미국의 발명가이며 라이트형제의 플라이어호의 엔진을 만듦으로써 최초의 항공엔진제작자가 되었다. 항공에 관심이 있어 라이트형제의 자전거가게에서 기계공으로 일을 하며 형제를 도왔다.

13) 비교를 하자면 12 마력은 요즘의 소형 스쿠터의 마력정도이다.

그것은 바로 그들이 어릴 때 아버지의 선물로 닳고 헤지도록 가지고 놀던 장난감이 아니었던가?

하지만 그런 친숙함에도 불구하고 프로펠러는 가장 다루기 힘든 과제였다. 오래전부터 선박들은 스크류(Screw)를 달고 다녔지만 이에 대한 과학적인 자료는 찾기 힘들었고 더군다나 프로펠러에 대한 연구나 자료는 구할 수 없었다. 결국 이들의 손으로 만드는 수 밖에는 없었다.

라이트형제는 '프로펠러'도 결국은 양력을 만드는 '날개'의 일종이라는 생각을 하였다. 날개가 양력을 위쪽 방향으로 발생시키는 장치라면 프로펠러는 앞쪽으로 양력을 발생시키는 장치라고 생각하였던 것이다.

그들은 높은 양력을 발생시키는 날개를 만들기 위해 풍통을 이용하였던 것과 같이 프로펠러도 여러 형태의 모형을 만들어 풍통에 넣어 최적의 형태를 찾아내었다.

바로 직경 8피트[14]의 길고 막대처럼 생긴 날개를 1분에 350회의 빠른 속도로 회전시킬 때 가장 높은 효율을 나타내는 것으로 확인하였다.

그것은 배에 달린 스크류처럼 넓은 날개를 가진 모양과는 거리가 먼 것이었다. 그들은 재질이 연하고 부드러운 가문비나무 판자 세 겹을 접착제로 붙인 뒤 손칼을 이용해서 프로펠러를 조각하였다.

중앙은 홀쭉하게 처리하고 끝부분은 날개처럼 곡선을 두어 양력이 발생하기 좋은 조건으로 다듬어 나갔다.

충분한 추진력을 얻기 위해서 2개의 프로펠러를 조종사의 뒤쪽에

---

14) 8 피트는 약 2.5 미터에 해당된다.

설치하고 한개는 시계방향으로 또 다른 하나는 반시계방향으로 회전시키도록 하였다. 한 방향으로 회전시켰을 때 그 반대 방향으로 회전하려는 힘인 토크현상(Torque Effect) 또는 뉴톤의 제3운동법칙으로 알려진 작용과 반작용의 현상을 막기 위한 탁월한 결정이었다.

동력비행을 위한 준비를 거의 마칠 즈음 어느덧 계절은 여름을 지나고 있었다. 형제는 이제 4번째의 도전이 될 키티호크로 가기 위해서 마지막 점검을 하나부터 끝까지 치밀하게 챙겼다.

이번에는 바람의 힘을 빌리지 않을 것이므로 비행기계의 이름을 '플라이어(Flyer)'호로 명명하였다.

처음으로 가져가는 엔진과 프로펠러를 비롯해서 각종 부속품이 많이 늘어나서 가져가야 할 짐의 무게는 675 파운드[15)]나 되었다. 더군다나 이곳의 작업장은 비행기계를 사전에 해체해 놓고 볼 수 있을 만큼 넓지도 않아 화물로 보내기 전에 확인해야 할 것이 꽤 많았다. 9월 18일, 플라이어호는 기차에 실려 키티호크로 향했다. 그리고 5일 뒤 윌버와 오빌도 그 뒤를 따랐다.

그들이 키티호크에 도착해서 비행을 위한 준비를 하고 있을 때 랭글리의 소식이 들려왔다. 지난 10월에 한차례 실패한 후, 12월 8일 아마도 그의 마지막 도전이 될 비행이 다시 준비되고 있다는 것 이었다.

저명한 과학자 랭글리의 '그레이트 에어로드롬'은 전 국민적 관심과 언론의 집중적인 조명을 받고 있었다. 하지만 연구를 위한 자금이 풍부한 만큼 아직까지 이렇다 할 실적이 없어 마음이 조급하였다.

---

15) 675 파운드는 약 300 킬로그램에 해당한다.

스팀엔진에서 모터엔진으로 다소 개선된 에어로드롬을 오르며 찰스 맨리는 지난 10월의 실패를 만회하리라는 굳은 결심을 하고 있었을 것이고 랭글리와 일행은 겨울 포토맥 강가에서 초조한 마음으로 그를 지켜보고 있었다.

하지만 그 결과는 너무나 허망했다.

강위에 세워진 구조물의 지붕에서 미끄러지듯 출발한 에어로드롬은 공중으로 뜬다싶더니 이내 강물로 떨어지고 말았다. 숨죽이고 지켜보던 기자들과 지지자들의 탄식이 흘러나왔다.

다행히 맨리는 얼음 강물에서 구조되었지만 프로젝트의 책임자 랭글리는 혹독한 질타를 받으며 회복불능의 상태에 빠져들었다.

10년 가까이 끈기를 가지고 투자를 해왔던 정부도 등을 돌리기 시작했고 언론은 혹평을 쏟아냈다. 하지만 존경의 대상이자 경쟁자이기도 했던 랭글리에 대한 당시 윌버의 평가는 이랬다.

> 그는 우리의 역사에 영향을 미칠 수 있는 정신적 도덕적 자질을 갖춘 사람입니다. 다른 과학자들이 항공학에 대한 연구를 미덥지 않게 생각했지만 그는 그 가능성을 알고 있었으며 사람들의 조롱에도 맞설 수 있는 도덕적 용기도 있었던 사람입니다.
> 그의 공적에 대한 이러한 치사는 결코 지나치지 않습니다.[16)]

12월 14일, 라이트형제, 그리고 다니엘의 일행은 첫 동력비행의 실험을 위해 킬데빌힐즈의 한 언덕으로 플라이어호를 끌고 올라가고 있었다. 이곳 해안구조대 소속인 존 다니엘(John T. Daniels)은 형제가 이곳에 올 때마다 큰 버팀목이 되어주고 있는 고마운 친구였다.

출발을 쉽게 하기 위해서 만든 레일을 바닥에 깔고 엔진을 돌려서

---

16) 샤누트에게 보낸 윌버의 편지 중 일부

예열을 시켰다. 모든 출발 준비가 완료된 것이다. 동전을 던져 순서를 정하기로 했는데 형인 윌버가 이겼다. 그는 플라이어호에 올라탔다.

좌우로 몸을 움직이며 날개비틀기를 할 수 있는 홈 안에 배를 깔고 엎드렸고 그의 오른쪽에서는 엔진이 굉음을 내며 돌아가고 있었다.

곧 기체가 앞으로 향해서 나아가기 시작했고 오빌도 오른쪽의 날개 끝을 잡아 균형을 잡아주면서 같은 방향으로 힘껏 달렸다. 하지만 트랙 끝부분의 상승해야 할 지점에서 윌버가 실수로 승강키를 너무 세게 당기는 바람에 기체가 너무 높은 각도로 올라가 버렸다. 재조정하기 위해서 급하게 내렸으나 결국 균형을 잃고 추락하고 말았다. 다행히 윌버와 엔진, 그리고 프로펠러도 무사한 경미한 사고였지만 수리를 위해 이틀을 더 보내야 했다.

12월 17일 목요일, 수리를 마친 플라이어호에 이번에는 순서대로 오빌이 올라갔다. 차가운 겨울바다의 바람을 맞으며 다니엘과 그의 동료 3명, 그리고 마을 주민 2명이 와서 관중이 되어주었다.

형제는 현장의 사진을 남기기 위해서 항상 사진기를 가지고 다녔는데, 이번에는 삼각대에 카메라를 고정시키고 다니엘에게 사진촬영의 임무를 주었다.

오전 10시35분, 오빌을 태운 플라이어호는 레일을 따라 출발하였고 윌버도 동시에 날개의 오른쪽 끝을 잡고 트랙의 끝까지 달려갔다. 플라이어는 가볍게 떠올라 하늘로 올라갔다.

카메라를 생전 처음 만져보느라 긴장하고 있었던 다니엘의 손끝에서도 셔터소리가 들렸는데 세기의 그 유명한 사진이 찍히는 순간이었다.

엔진의 힘으로 하늘로 올라간 플라이어호는 12초를 날았고 출발

지점 120피트[17] 지점에 안정적으로 착륙하는데 성공하였다. 짧은 비행이었지만 감격스러운 순간이었다.

텐트에서 몸을 좀 녹인 후 11시경, 2번째, 3번째 시도를 하였고 비행거리는 각각 175 피트 그리고 200 피트였다. 그리고 그날의 마지막이었던 4번째 윌버의 비행은 1 분가량 하늘에 체공하면서 852 피트[18]나 날았다. 완벽한 비행이었다.

차수	운항자	비행시간	비행거리
1차	Orville	12초	120피트(37미터)
2차	Wilbur	12초	175피트(53미터)
3차	Orville	15초	200피트(61미터)
4차	Wilbur	59초	852피트(260미터)

라이트형제의 12월 17일 동력비행현황

첫 키티호크로가는 길목을 한사코 허락하지 않았던 폭풍우로 부터 크고 작은 사고들과 절망의 순간들, 그리고 연구와 고뇌로 점철된 지난 4년간의 시간이 주마등처럼 흘러갔다.

불과 열흘 전에 대 실패로 끝난 랭글리의 프로젝트와도 좋은 비교가 되었다.

무려 7만 달러[19]라는 엄청난 공적자금이 그의 실험에 투자된 것에 비해, 1900년에서 1903년까지 라이트형제는 제작비와 교통비를 통틀어서 불과 1천달러로 해낸 것이다. 그것도 자신의 자전거점포의 수익으로 말이다.

---

17) 120 피트는 약 37 미터이다.

18) 853 피트는 약 260 미터이다

19) 1903 년의 7 만달러는 인플레이션 등을 고려해 2021 년 현재 약 2 백만달러에 해당한다.

첫 유인동력비행을 성공시키고 있는 라이트형제(1903년 12월 17일, 키티호크)
출처: 위키피디아

당장에 세상에 알려지지는 않았지만 이들의 비행은 인류역사의 한 획을 긋는 대사건임에는 틀림없었다.

동력을 이용한 비행기계를 사람이 직접 탑승하여 조종하면서 실속없이[20] 출발지보다 높은 지대의 원하는 장소에 무사히 착륙에 성공한 것이다.

라이트형제는 늦은 점심식사를 하고 기상대로 가서 집으로 전보를 쳤다.

> 21마일의 강풍/ 목요일 4차례 비행/ 엔진의 힘으로만/
> 평균 비행 속도 31 마일/ 최장 / 57 초비행[21]/ 신문사에 연락 바람/
> 크리스마스 귀가 예정/ 오빌라이트

---

20) 속도를 잃지 않고 양력을 유지하는 것. 비행 중 실속 하게 되면 양력을 잃어버려 조종불능상태가 된다.

21) 실제 59 초이나 57 초로 실수하여 보낸 것임.

세상의 무관심과 제2의 도전

하지만 기대와 달리 세상은 아무런 일 없었다는 듯 조용했다.

전보를 전달받은 데이턴의 지역신문은 "57초라고 했나요? 57분이라면 또 모를까" 하며 콧방귀를 뀠고 미국 내 어느 언론도 이름도 처음 들어보는 무명의 형제에게는 관심을 두지 않았다.

하지만 이해 못할 일도 아니었다.

근간에 유명한 과학자와 발명가들이 곳곳에서 비행실험을 하고 있었으나 하나같이 실현가능성이 없어 대중들이 등을 돌린 상황에서, 정작 이름 없는 어떤 형제가 비행에 성공했다는 소식은 '양치기 소년'의 허보로 들렸을 법 하였다.

실망은 하였지만 이에 아랑곳 않고 라이트형제는 다음의 비행을 준비하였다.

사실 1903년 12월에 윌버가 4번째 비행을 한 후 갑자기 불어온 돌풍에 플라이어호가 나뒹굴어 엔진이 망가지는 사고가 있었다.[22)]

이제 전작보다 좀더 무겁고 엔진의 힘도 센, 이른바 플라이어II가 필요하였다. 하지만 경제적인 측면도 생각하지 않을 수 없었다. 키티호크까지 비행기계를 들고 오가는 경비와 체재비는 모두 자전거 사업에 나왔는데, 가계의 부담을 줄이려면 비행실험의 지출을 줄일 필요가 있었다. 그들은 이곳 데이턴의 부근에 새로운 장소를 물색하기 시작하였다.

---

22) 이 비행기계인 Flyer I은 1928 년 영국의 런던과학박물관에 전시되어 있다가 1948 년에야 미국으로 돌아와 스미소니언 박물관에 보관되었다.

허프만의 초원 비행장, 실용적인 비행기계의 탄생

주변을 조사하다가 데이턴에서 차로 3-40분 정도 떨어져 있는 곳에 넓은 목초지가 눈에 들어왔다. 학창시절 때 소풍으로 오기도 한 곳 이었는데 지금은 데이턴의 한 은행장을 지내고 있던 토렌스 허프만(Torrence Huffman)소유의 농장이었다.

평소 라이트 가와 친분을 가지고 있던 그에게 임대를 요청하였는데 선뜻 그는 무료로 제공을 약속하였다. 늪지도 군데군데 있고 땅도 고르지 않아서 비행연습을 하려면 손댈 곳이 많았지만 무엇보다 사람의 왕래가 뜸한 곳이어서 비밀리에 연구를 하기에는 적합하였다.

그들은 키티호크에서 처럼 바람을 이용하고 모래 위를 직선 위주로 날아가는 비행으로는 만족할 수 없었다. 여기 허프만은 이 발명품을 보다 실용적인 비행기계로 만들기 위한 장소였으며 이를 판매하고 마케팅 하는 거점 장소로 만들 참이었다.

그리고 오로지 이 연구와 개발에만 몰두하기 위해서 자전거사업도 과감히 접고 직원이자 모터 전문가였던 테일러도 팀에 합류시켰다.

키티호크와 비교해서 허프만의 단점은 이륙에 필요한 바람이 충분히 불지 않는다는 점이었다.

프로펠러는 아직 비행기계를 온전히 자신의 힘으로 떠오르게 하기에는 엔진의 힘이 약해서 바람과 같은 외부의 힘이 필요로 하였다. 이 문제를 해결하기 위해서 일종의 사출기(Catapult)를 이용하기로 하였다.

플라이어 모델A와 사출기 모습(1909년 프랑스)
출처: 위키피디아

이것은 추의 중력을 이용한 이륙장치인데 지지대를 텐트모양으로 세워놓고 그 위에서 무거운 추를 낙하시키면 연결된 선에 의해서 비행기계가 앞으로 나아가는 원리였다.

이착륙을 위해 땅을 고르는 작업을 하고, 새로운 비행기계 플라이어 II와 III도 만들고, 이를 보관하고 정비하는 격납고도 만들었다. 사실상 세계최초의 비행장인 셈이었다. 1904년, 플라이어 II는 허프만에서 105회에 걸쳐 비행을 실시하면서 많은 성과를 거두었는데, 그해 11월에는 4회 연속으로 원을 그리며 비행할 수 있을 만큼 안정성을 크게 갖추게 되었다.

그때 그들의 기록은 5분 동안 공중에 머물면서 3마일을 날아갔는데 지금까지 비행 중에서 최고의 성능을 보여주었다.

1905년, 플라이어III는 39분동안 허프만 비행장을 날아다녔는데 체공시간 39분, 비행거리 24.5마일, 평균 비행속도는 시속 38마일[23] 이었다. 경이로운 비행성과였으며 이제 어떤면에서 보더라도 명실공히 실용적인 비행기계가 탄생된 것이었다.

라이트형제는 10월 5일 이 비행을 끝으로 당분간 실험을 중단하고 이 기계의 마케팅과 판매, 그리고 특허에 매진하게 된다.

첫 실용적인 비행기계 플라이어 III(1905.10.4 허프만 초원 비행장)
출처: 브리태니카

양봉업자의 첫 기고문

당시 미국의 무관심을 대변이라도 하는 것일까?

얄궂게도 라이트형제의 비행에 대한 첫 기사는 아모스 룻(Amose I. Root)이라는 양봉업자의 손에 의해서 쓰여 졌다.

독실한 기독교인이자 창의적인 아이디어로 성공한 양봉업자였던 룻은 호기심 철철 넘치는 사업가였는데 라이트형제의 소식을 듣고

23) 체공시간 39 분, 비행거리 39.4 킬로미터, 평균 비행속도는 시속 61 킬로미터였다.

허프만 초원을 찾아왔다. 1904년 9월 20일, 룻은 마침 윌버의 비행 기계가 처음으로 성공적인 원형 비행을 하고 있는 장면을 넋을 잃고 쳐다보고 있었다. 콜럼버스가 신대륙을 발견한 것에 비견할 만한 엄청난 사건임을 알아차린 그는 자신이 보고 느낀 것을 가능한 자세히 적었다.

그해 12월에 데이턴에서 그들을 다시 만난 룻은 다음달 출판될 기고문을 보여주었다. 이렇게 하여 라이트형제의 상세한 이야기가 담긴 글은 양봉업자들이 보는 잡지(Gleanings in Bee Culture)의 1905년 1월호에 실렸다.

> (중략)저는 지금 오하이오 어느 목사의 두 아들에 대해서 이야기하고자 합니다. 그들은 기계 만지기를 좋아할 뿐만 아니라 현대과학의 발전에도 관심을 가지고 있는 친구들입니다. 이름은 라이트 성씨를 가진 윌버와 오빌인데 오하이오의 데이턴에 살고 있죠. 이 친구들은 새와 곤충들이 날아다니는 것에 관심을 가지고 있었는데 이제는 사람이 날 수 있게 하는 것에 관심을 가지게 되었습니다(하략)[24]

룻은 이 책이 발간되자 한 유명한 과학잡지사[25] 의 편집자에게 이 책의 글을 보내면서 조건없이 게재를 부탁했지만 일언지하에 거절당했다.

심지어 그 잡지사는 일년 뒤에도 '라이트형제의 비행기와 동화같은 이야기'라는 제목으로 항공에 대한 부정적이고 비관적인 글을 신

24) Gleanings in Bee Culture 1905년 1월의 일부

25) Scientific American 은 미국의 과학전문잡지로 아인슈타인을 비롯해 유명한 과학자들이 기고했다. 1905년 비행에 대한 비관적인 기사 'The Wright Aeroplane and Its Fabled Performance' 를 실었다가 다시 1년이 지난 1906년에야 'The Wright Aeroplane and Its Performance' 라는 글을 실었다.

기도 했으니 당시 미국사회의 항공에 대한 관심의 수준을 엿볼 수 있다.

밖에서 먼저 알아본 라이트형제

허프만에서 충분한 준비를 끝낸 형제는 이제 미국과 유럽 여러 나라의 정부를 대상으로 제품의 판매를 위해 홍보에 치중했다.

그러나 역시 미국은 아직 이 비행기계에 대한 필요성을 못 느끼고 있었고, 그와 반대로 유럽은 라이트형제와 같은 다수의 발명가들이 등장하면서 비행에 대한 관심이 후끈 달아오르고 있었다.

특히 샤누트가 프랑스를 방문했을 때 수시로 전달한 형제의 소식은 그를 벌써 유명인사의 반열에 올려놓고 있었다.

1907년, 플라이어Ⅲ의 후속작인 '모델 A' 와 함께 프랑스, 영국, 독일로 넘어가서 정부관료들과 사업가들과의 대면상담을 하면서 신뢰를 구축해나갔다. 그리고 프랑스에서 우연히 만난 미국 국방부의 중위 프랭크 라암(Frank P. Lahm)은 워싱턴의 전쟁부(War Department)에 편지를 보내 군수품의 공급입찰에 참가할 수 있는 길을 만들어주는 행운도 얻었다.

1908년 새해에 들어서면서 계약이 하나 둘 성사되기 시작했다.

미국의 전쟁부에 $25,000로 입찰한 FlyerⅢ가 최종 선정되었고 프랑스의 기업과도 계약이 성사되었다. 단, 계약의 조건은 여러가지의 자신들이 원하는 요건을 갖추고 공개비행을 성공적으로 마쳐야 하는 것이다. 윌버와 오빌은 역할분담을 하기로 하였다. 윌버는 프랑스로, 오빌은 워싱턴으로 각각 그 역활을 담당하기로 하였다.

프랑스에서의 공개비행은 1908년 8월 8일 르망(Le Mans)에서 하기로 정해졌다. 사르트 강(Sarthe River)을 중심으로 65,000명 정도의 인구가 살고있는 고즈넉한 옛 도시인 이곳은 자동차 공장이 즐비하고 열기구와 사랑에 빠진 사람들이 많은 동네였다.

오늘의 비행장소인 경마장에 구경꾼들이 하나 둘 입장하기 시작했는데 한결같이 대형 쇼를 관람하러 오는 듯한 들뜬 분위기였다.

넓은 챙이 달린 모자를 쓴 부인들이 아이들과 도시락을 들고 피크닉을 온 듯한 모습도 보였고, 파리에서는 물론이고 영국에서 독일에서 그리고 미국에서 넘어온 기자와 언론사들, 내놓으라 하는 항공전문가들도 나타났다.

특허 문제 때문에 일체의 사진촬영이 금지된 상태에서 그날 오후 3시 30분에 라이트의 플라이어 호가 경마장 트랙에 첫 모습을 드러내었다.

6시 30분, 사출기를 점검하고 엔진의 시동을 건 뒤 모든 준비가 끝난 것을 확인한 윌버는 출발신호를 보냈다. 레일의 끝을 떠난 그는 가볍게 떠올랐고 날아가다가 정면에 줄지어 서있는 나무들 바로 앞에서는 왼쪽날개를 꺾어 왼쪽방향으로 크게 원을 그리며 날아올랐다.

그날 공중비행은 불과 2분에도 못 미쳤지만 군중들의 열광은 여름 저녁 하늘을 가득 채우고도 남았다. 그날 이후의 비행에서 윌버는 8자비행을 비롯해서 그가 갈고 닦은 조종기술과 항공기의 기능을 마음껏 선보였다. 그날 운집했던 수천 명의 사람들은 도저히 믿을 수 없는 장면 앞에 탄성을 자아냈고 그의 손이라도 한번 잡아보려고 앞 다투어 비행기 앞으로 달려갔다.

성공적인 비행이었다. 지금까지 그들을 무시하고 비방했던 언론들과 일군의 과학자들은 공식적으로 사과했다.

그리고 그 다음날 신문들의 헤드라인은 라이트형제의 소식을 전하기에 바빴다.

'라이트가 날았다'(Le Matin), '윌버 라이트의 첫 비행: 그의 매끄러운 비행에 프랑스의 조종사들도 놀라'(Paris Herald), '경이로운 비행, 유럽의 비관론 종식'(London Daily Mail), '항공의 승리'(Echo de Paris), '라이트가 비행으로 그의 힘을 증명하다'(Chicago Tribune), '라이트의 비행기 새처럼 착륙하다'(Dayton Journal)

워싱턴으로 간 오빌은 어떻게 되었을까?

그해 1908년 9월 3일부터 버지니아 주 미 육군 포트 마이어(Fort Myer)의 연병장에서는 오빌의 성공적인 공개비행이 연일 진행되고 있었다.

벌써 르망에서 윌버 라이트의 성공적인 비행소식을 접하긴 했지만 역시 눈앞에서 펼치지는 곡예비행에 군장교들과 정치인들은 입을 다물지 못했다.

9월 11일, 바람이 조금 거칠게 부는 날 임에도 불구하고 공중으로 올라간 그는 숫자 8자를 연속으로 2회를 만들어 내는가 하면 1시간이 넘는 기록적인 비행을 하며 연병장을 57바퀴나 회전 비행을 하였다.

라이트의 모터전문가 테일러는 부근의 지붕에 페인트를 가지고 올라가 숫자를 적어주어서 오빌이 위에서 볼 수 있도록 도와주었다. 그 다음날에는 5천명이 넘는 사람들이 이 역사적인 현장을 보기 위해 몰려왔는데 그 중에 전쟁부의 장관도 나타나 유심히 현장을 바라보고 있었다.

아마도 비행기의 가공할만한 무기화의 가능성을 생각하고 있지 않았을까?

9월 17일, 육군중위 토마스 셀프리지(Thomas Selfridge)가 자원해서 승객으로 탑승했다. 벌써 두어 명의 장교들이 탑승했던 터라 반대할 명분도 없었지만 그는 좀 내키지 않는 승객이었다. 26세의 젊은 육군사관학교 출신인 그는 전도유망한 항공전문가로 성장하고 있었는데, 그레이엄 벨이 설립하고 운영하고 있는 비행실험협회(AEA)의 회원이기도 하였다.

당시 이 협회도 벨을 중심으로 비행연구에 박차를 가하고 있었는데 윌버와 오빌은 자칫 플라이어 호에 대한 정보가 누출되지 않을까 극도로 경계 하고 있었기 때문이었다.

하지만 그도 평가위원 중의 한 명이었기 때문에 달리 방법이 없었다. 오빌과 셀프리지가 탄 플라이어가 곧 출발하였다. 비행기는 시속 40 마일의 속도로 안정적으로 날아가고 있었고 연병장을 3바퀴째 돌고 있었는데, 돌연 뒤에 달려있는 프로펠러의 일부가 깨어져 달아나면서 급격히 추진력이 떨어지기 시작했다.

포트 마이어(Fort Myer)의 사고현장(1908년 9월 버지니아 주)
출처: 위키미디어

긴급히 시동을 끄고 글라이더처럼 바람을 이용해 착륙을 시도하려 했지만 실패하고 지상으로 추락하고 말았다. 이 사고로 셀프리지는 의식불명상태에 빠졌고 두개골파손으로 병원에 즉시 이송되었으나 곧 사망하였다.

불행하게도 역사상 첫 동력비행의 사고 희생자가 되었고 오빌 또한 왼쪽 다리와 골반이 골절되고 늑골 4개가 부러져 중상을 입는 비극적인 사고가 발생한 것이다.

사고의 원인은 프로펠러에 나있었던 균열로 밝혀졌다. 그렇다고 해서 플라이어 호에 대한 평가는 전혀 폄하 되지 않았고 육군과의 계약은 1년 뒤로 미뤄진 뒤 성사되었다..

허드슨 강의 갈매기 처럼

사고소식에 여동생 캐서린은 몸담고 있는 학교에 장기휴가를 내고 한걸음에 워싱턴으로 달려왔다. 윌버와 오빌에게 캐서린은 항상 그들의 지근거리에서 헌신을 아끼지 않는 착한 동생이었다. 인근병원에 입원한 오빌은 왼쪽다리는 천정에 로프로 매달아 고정시켜 놓았고 온몸은 타박상으로 손도 못댈 지경이었다.

아직 프랑스에서 공개비행을 하고 있던 윌버는 이 소식을 접하고 절망했고, 자신이 동생과 함께 있었더라면 충분히 사전에 문제를 발견하고 막을 수 있었을 것이라는 죄책감에 괴로워했다.

캐서린의 지극정성으로 입원한지 5주 뒤쯤에는 집에서 회복기를 가지기로 하고 퇴원을 한 후 데이턴으로 돌아왔다. 그리고 아버지 밀턴과 가족들의 간호 속에서 점차 기력을 되찾아 갔다.

프랑스에서 윌버는 연일 자신의 비행기록을 경신하며 유럽에서 제일 유명한 인사 중에 한사람이 되어있었다.

월버는 오빌과 캐서린을 유럽으로 초청하였다.

1909년 1월 캐서린은 지팡이를 든 오빌을 도와서 뉴욕에서 파리로 가는 여객선에 몸을 실었다. 난생 처음 타보는 여객선이기도 하고 또 처음으로 가보는 유럽이어서 캐서린은 여행 내내 어린애처럼 즐거워했고, 지금까지 말없이 두 오라버니의 뒷바라지를 해온 것에 대한 보답이거니 하고 생각하니 뿌듯하기도 하였다.

파리에서 동생들을 만난 라이트가족은 프랑스, 이탈리아, 영국 등지에 머물면서 매일같이 화제의 중심에 서 있었다. 주변국의 왕과 귀족들은 형제들을 만나기 위해 비행장소로 찾아왔고, 나라와 도시마다 명예훈장이며 상금을 서로 못 주어 안달이었다.

월버와 오빌, 그리고 캐서린은 그해 1909년 5월에 다시 미국에 돌아와 바쁜 나날을 보냈다. 태프트(William H. Taft)대통령의 초청과 데이턴에서 이틀간의 대대적인 축하 퍼레이드는 이들을 국민적 영웅으로 확실하게 각인시켰다.

돌이켜보면 아마도 월버의 인생에서 가장 의미있는 날이 기다리고 있었다.

300년전에 뉴욕의 허드슨 강을 처음으로 탐험한 헨리 허드슨(Henry Hudson)을 기념하고, 또 그 허드슨 강을 오갔던 풀턴(Robert Fulton)의 첫 증기선 운항100 주년을 축하하는 행사에 월버와 커티스(Glenn Curtiss)가 초청된 것이다.

또 다른 항공비행의 선구자인 커티스는 라이트형제와는 특허권 문제로 악연이 깊은 사이였는데 그 또한 유럽과 국내에서 유명세를 떨치고 있는 비행가인 동시에 항공사업가였다.

출발 장소인 뉴욕의 가버너스 아일랜드(Governors Island)에 비행기를 주기시키고 점검을 하나 둘 하기 시작했다. 생각해보니 지금까지는 모두 땅 위로만 날아다녔지 강이나 바다위로의 비행은 처음이었다. 혹시나 모를 비상착수를 위해 비행기의 아래에 카누(Canoe)를 달기로 했다.

당시로서는 가장 최첨단의 운송수단인 비행기와 가장 오래된 교통수단 중의 하나인 배의 결합은 나름 의미있는 조합이었다.

뉴욕 부두와 허드슨강에는 1,600대나 되는 선박들이 군집해 있는 장관을 연출하고 있었다. 미해군의 전투함을 위시하여 아르헨티나, 프랑스, 독일, 멕시코 등지로부터 온 해군 함대와 여객선, 화물선, 요트 등 물에 뜰 수 있는 배란 배는 다 나온 것 같았고 갑판의 승객들은 하늘만 뚫어져라 쳐다보고 있었다.

9월 29일, 오전 9시경 윌버는 가버너스 아일랜드를 빙 돌면서 처음으로 강위로 날아가는 시험비행을 해보고 지상으로 다시 내려왔다.

그는 출발하겠다는 신호를 옆에 있는 마르코니(Guglielmo Marconi)[26]에게 보냈다. 마르코니는 '무선전신'의 발명으로 선박과 항공의 안전한 운항에 혁혁한 공을 세운 사람인데, 그가 건너편의 선박에 무선으로 신호를 보내면 배에서는 깃발을 올려 비행기가 출발했다는 사실을 주변에 알리는 식이었다.

은백색의 플라이어 호가 유유히 떠올랐고 허드슨 강을 거슬러 맨해튼 쪽으로 방향을 잡고 올라가기 시작했다.

하지만 일순간 그는 서쪽방향으로 기수를 틀더니 '자유의 여신상'이 있는 방향으로 날아가기 시작했다. 부두의 수만명의 사람들은 여신상을 두고 갈매기처럼 우아하게 날고있는 윌버를 숨죽이고 지켜

26) 마르코니(Guglielmo Marconi; 1874-1937)는 이탈리아의 전기 공학자이며 무선 전신을 실용화해서 1909 년에 노벨물리학상을 받았다.

허드슨 강 주변을 돌고 있는 윌버
출처: Smithsonian Magazine

보고 있었고, 발아래 유럽으로 향하던 여객선의 갑판에서는 승객들이 모두 나와 열광적으로 모자와 스카프를 흔들어댔다.

윌버의 이 비행이후 불과 3년 뒤, 45세의 젊은 나이로 세상을 떠나게 되는 그의 짧은 인생을 생각해 볼 때 오늘 이 뉴욕의 비행이 그의 가장 행복한 시간이지 않았을까?

특허권 전쟁과 특허 풀(Patent Pool)

라이트형제가 굳이 동부 해안의 끝, 키티호크라는 먼 지역을 비행실험의 장소로, 그리고 인적도 드문 호프만 초원을 비행연습장으로 택한 이유는 사람들의 눈을 피해 자신의 지적 재산권을 지키기 위한 것 이었다.

개발 중인 아이디어가 새어나갈 것을 우려하여 일체의 사진촬영도 금지하고 구매자도 구입하겠다는 계약서에 서명하기 전에는 비행기계에 대한 철저한 보안을 유지하려고 애를 썼다.

앞에서 소개하였듯이 라이트형제는 1902년 수많은 글라이더의 실험을 통해서 3차원의 공간에서 이루어지는 3개의 축인 롤(Roll), 피치(Pitch), 그리고 요(Yaw)의 원리를 이해하게 된다.

이른바, 날개 비틀기를 통해서 나타나는 롤(Roll)과 수평 회전인 요

(Yaw)를 동시에 구현시켜 안정적인 회전비행을 가능하게하고, 머리 앞의 승강키를 이용한 피치(Pitch)로 고도를 조정하는 원리를 알아낸 것이다.

특히 롤(Roll)과 요(Yaw)의 동시조작 장치는 안정적으로 선회 비행을 할 수 있는 돌파구를 만들어 준 획기적인 발명이었다.

이들은 이러한 조작이 가능한 플라잉머신을 1903년에 특허를 신청하여 3년만인 1906년에 등록 받게 된다. 특허의 존속기간은 신청일로 부터 20년인 1923년 5월까지 였다.

그리고 그들의 특허는 유럽과는 달리 미국에서는 상당히 포괄적인 범위로 해석되고 보호되었는데, 예를 들어 '날개비틀기'장치와 동일한 효과를 내는 보조날개인 '에일러론(Aileron)'도 같은 종류의 장치라고 적시하면서 특허 출원자의 권리를 폭넓게 인정해주고 있었던 것이다.

1908년 커티스는 자신이 직접 설계하고 만든 준벅(June Bug)을 완성시켜 라이트형제에 이어 두번 째로 동력비행에 성공했는데 그 다음 해인 1909년에는 완성품을 만들어 판매를 하기 시작했다.

조사결과 이 비행기는 라이트의 특허를 모방한(사실은 좀 더 현대적인 발명품인) 에일러론 보조날개를 사용한 것으로 확인되자 라이트형제는 즉각 특허침해의 경고와 함께 특허사용료를 요청하였다.

당연히 커티스는 거절하였고 이로부터 앞으로 10여년에 걸친 소송전이 시작되게 된다. 소송에 들어간 돈도 적지 않았는데, 공식적인 수치는 아니지만, 한때 오빌은 이 싸움에 $152,000[27] 정도의 소송비

27) 1910 년 기준 $152,000 은 인플레이션을 감안하여 2021 년에 약$ 4,167,000 에 해당한다.

용이 지출되었다고 회고한 적이 있었고 커티스도 $175,000나 들어갔다고 하니 과히 전쟁이라 부를 만도 하겠다.

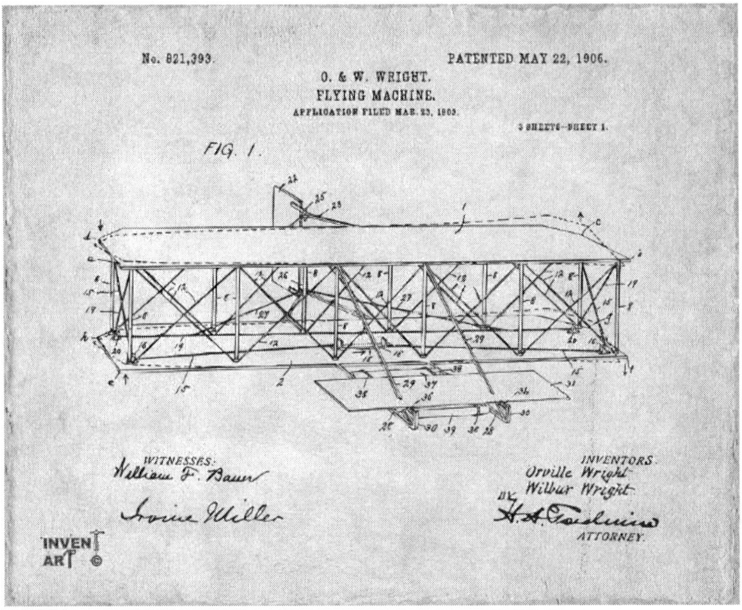

1906년 5월에 등록된 라이트형제의 특허권 중 일부
출처: Air Force Historical Foundation

1912년 윌버는 사업차 여행을 다녀온 후에 티푸스 열 진단을 받았는데 몇 주 동안 의식을 잃었다가 끝내 45세의 젊은 나이에 사망하였다. 소송전의 압박감도 한 몫을 했을 것이다.

그런 사이 비행기의 성능향상 개발에 제대로 집중할 수 없었고 특허권 침해를 두려워하는 산업계의 소극적인 태도로 미국의 항공산업은 오히려 유럽에 주도권을 내주는 역전현상이 일어났다.

1914년 세계 1차대전이 발발하면서 비행기의 효용성을 알아차린 유럽국가들이 항공기의 개발과 생산에 열을 올리면서 비행기의 성능이 눈에 띄게 향상되었기 때문이다.

전쟁의 막바지인 1917년에야 참전하기로 한 미국정부는 비행기 양산의 필요성을 느끼고 라이트와 커티스를 비롯한 특허권자들이 전쟁기간 동안만이라도 특허풀(Patent pool)을 결성하여주기를 바라게 된다.

즉, 항공기 제조협회(Manufacturers' Aircraft Association)의 회원들이 두 발명가의 특허를 적절한 사용료로 자유롭게 사용하게 하여 생산에만 전념할 수 있도록 길을 만들어 준 것이다.

이로써 회원사들은 입회비의 형태로 $1,000를 낸 후 추가로 각 사가 생산하는 비행기 1대당 $200의 특허 사용료를 내게 했는데, 원래 라이트가 주장한 특허 사용료가 $1,000이었으니 1/5 수준으로 떨어진 것이다. 그리고 이 $200을 라이트의 몫 $135(67.5%), 커티스의 몫 $40(20%), 그리고 나머지는 협회의 운영비로 나누어서 가져가기로 했다.[28]

그 이듬해인 1918년 전쟁은 끝이 났고 특허권을 둘러싼 전쟁도 거기에서 멈췄다. 10년의 소모적인 법정다툼으로 라이트형제가 탐욕적인 모습으로 비치기도 했고 미국 항공산업의 발전을 한동안 지체시킨 인물로 묘사되기도 했다. 하지만 19세기말 홀연히 나타나 중력을 다스리고 하늘로 날아올라 20세기의 벽두를 밝히고 떠난 그들의 용기와 집념, 그리고 헌신적인 노력은 영원히 기억될 것이다.

---

28) 'The Wright Patent Wars and Early American Aviation' by Herbert A. Johnson

5 체펠린
_불멸의 아이콘

20세기의 초, 유럽과 미대륙에서는 '공기보다 무거운(Heavier Than Air : HTA)' 비행기계(flying machine)의 실험들이 경쟁적으로 일어나고 있었다. 목숨까지 건 도전과 잇단 실패들, 그리고 꿈 같은 이야기라는 조롱속에서도 수많은 과학자들과 발명가들은 이 비행의 실현에 꿋꿋이 매달렸고 결국 1903년 라이트형제가 그 경주에서 1위로 인정받게 됨은 여러분들이 아시는 바와 같다.

무엇보다 라이트형제의 성공이 인류에게 준 가장 큰 선물은 '공기보다 무거운 비행기계'도 동력을 이용해 하늘을 날 수 있으며, 동시에 상하 좌우 그리고 선회 등의 운동을 직접 조종하고 제어할 수 있다는 사실을 밝힌 점일 것이다. 유체역학에 바탕을 둔 이 든든한 과학적 실험결과는 그 이후 진보된 항공기를 개발하는데 큰 토대가 되었음을 물론이거니와 좀 더 나아가 현재까지도 그 영향력을 발휘하고 있음을 생각할 때 1903년의 실험결과는 과히 인류의 항공역사에 큰 변곡점이었음을 알 수 있다.

그런데 이와 비슷한 시기에 또 하나의 변곡점이 그려지고 있었는데, 그것은 바로 '공기보다 가벼운(Lighter Than Air : LTA)' 비행선에 대한 실험과 도전들이었다.

한 세기 앞 몽골피에 형제(Montgolfier brothers)[1]의 기구를 계승한 이 모험가들은 동력과 조종이 가능한 이 새로운 비행선이야말로 여전히 불안전하고 소수의 인원 밖에 실을 수 없는 비행기계를 대신하는 완전한 수송수단이 될 것이라고 굳게 믿고 있었다. 그 믿음을 소유하는 다수의 모험가들 중심에 체펠린(Ferdinand von Zeppelin; 1838-1917)백작이 있었다.

페르디난트 체펠린의 첫 비행선, 체펠린

비행선(airship)이란 공기보다 가벼운 기체인 수소나 헬륨가스를 채운 기낭(공기주머니)을 이용하여 양력을 얻는 비행체를 말하는데, 추진력을 얻기 위해서 별도의 엔진과 조향장치가 필요하다는 것이 기구(balloon)와는 다른 점이다.

그리고 비행선은 자체의 형태와 강도를 내부의 골격에 의해서 유지하는 '경식 비행선(rigid airship)'과 기낭 내부의 가스의 압력으로 형태는 유지하지만 강성 용골로 지지되는 '반경식 비행선(semi-rigid airship)'으로 구분할 수 있다. 그리고 또 아예 골격없이 기낭 내부의 기체의 압력으로만 형태를 유지하는 연식 비행선(Non-rigid airship)도 있다.

체펠린회사가 만든 경식 비행선인 체펠린은 이미 제록스(Xerox)처럼 비행선을 뜻하는 보통명사가 되었다. 지구상에서 비행선을 만드는 제작사가 많이 있지만 커다란 배처럼 하늘을 날아다니는 비행선

1) 몽골피에 형제는 1783년 사람을 태운 열기구를 이용해서 25분동안 9Km의 거리를 날아가는 여행에 성공하였다.

은 구분없이 통칭 '체펠린' 으로 불리고 있다는 것은 비행선에 대한 그의 선구자적인 역할이 얼마나 컸는지를 미루어 짐작해 볼 수 있다.

체펠린 백작은 육군장교출신으로 독일제국의 발명가이자 공학자이며 외교관으로도 활동하였다. 하지만 제국의 장성 및 고위 인사들과 정책적인 이견으로 충돌이 잦아지면서 공직을 떠나게 되는데, 이것은 후일 자신의 비행선사업을 하는데 많은 지장을 주게 된다. 사업허가 신청은 빈번히 거절되었고 정부로부터의 자금지원도 시원치 않았다.

페르디난트 체펠린 백작의 모습(1900년 당시)
출처: 위키피디아

체펠린의 비행선에 대한 관심은 1874년 군에 재직 할 당시(당시 36세)에 남긴 일기에서 찾을 수 있다. 그해 독일의 한 우체국장이 프랑스 파리에서 60기 이상의 비행선이 우편물과 승객을 운송한 사실을 열거하며 이 기구를 이용한 신속한 우편사업의 장점을 주장하는 논평을 본 적이 있었다.

이 글을 읽은 백작은 '배처럼 큰 비행선'이 가져다 줄 잠재력에 매혹되었고 비행선에 관한 생각을 기록하기 시작하였다. 특히나 그는 군인 출신답게 군사적인 이용 목적으로 접근을 많이 하였는데 미래의 전쟁은 비행선이 전세를 결정할 것이라고 생각하고 있었던 것이다.

아이러니하게도 1899년 네덜란드의 헤이그 회담(Hague Convention)에서는 기구에서 폭탄을 떨어뜨려 살상하는 행위를 금지하는 조약이 채택되었는데 투하지점을 정확하게 맞추지 못해 애먼 시민들이 피해를 입는 경우가 많았기 때문이었다. 하지만 안정된 속도로 비행하는 비행선이 속속 등장하면서 이 조약은 5년 뒤에 폐기되었다. 곧 다가오는 큰 전쟁에 비행선의 참전은 너무나 당연해 보였다.

첫 프로젝트 LZ-1

백작은 실용적인 비행선을 만들기 위해 우선적으로 실험비행이 필요하였지만 정부의 지원을 제대로 받을 수 없게 되자 직접 작업할 기술자를 찾아다니고 위원회를 만들어서 자금조달에 나섰다. 그리고 자금이 어느 정도 모이자 1898년 6월에는 그의 첫 비행선의 제작에 들어가게 되었다.

남부 독일의 만젤(Manzell)에 있는 콘스탄체 호수(Lake Constance)에 목재로 된 커다란 수상 격납고를 짓고 그 안에서 작업이 이루어 졌는데, 그 후로 약 2년 만인 1900년 7월 2일에 그의 첫 비행을 위한 LZ-1호(프로젝트 이름)가 웅장한 모습을 드러냈다.

대중매체들과 많은 사람들은 그토록 큰 비행체가 하늘을 날 수 있다는 것에 놀라워하며 호숫가로 몰려왔고 모두들 그 역사적 현장의 목격자가 되고 싶어 하였다. 길이 128미터에 직경이 12미터에 달하는 이 거대한 원통모양의 비행선은 속에 1만 입방미터의 수소가스가 17개의 기낭에 나눠 주입되어 있었는데 격납고를 빠져나오고 있는 LZ-1의 압도적인 크기에 사람들은 입을 다물지 못하였다.

비행선을 지탱하는 내부구조의 골격은 당시에 막 개발된 알루미늄(aluminum)이라는 금속을 사용하였다.

나무나 철의 단점을 보완한 이 신소재는 가볍고 인장력도 뛰어난 훌륭한 선택이었지만 아직 아무도 사용해 보지 않은 새로운 금속재료를 비행선에 사용하는 것도 체펠린에게는 큰 도전이었다.

아래쪽의 전방과 후방에 금속으로 만든 곤돌라를 하나씩 매달아 균형을 잡아주었고 각 곤돌라에는 14마력의 4기통 가솔린 엔진을 장착해 두 개의 프로펠러와 연결시켰다. 그리고 기수를 올리고 내리는 장치(승강키)는 별도로 없어서 선체 사이를 앞뒤로 움직일 수 있는 무게추를 달아서 보완하였다.

몇 번이나 첫 출발이 지연되었다.

그리고 그날 LZ-1호는 시속 20km의 바람에도 불구하고 거대한 몸체가 공중 30미터까지 솟아오르는 모습은 그 자체가 장관이었다. 하지만 그것도 잠시뿐, 갑자기 엔진의 회전축이 부러졌고 그 충격으로 알루미늄 구조체가 휘어지면서 20분간의 비행은 아쉽게도 끝이 났다.

체펠린 백작 그 나름대로 수년간 쌓아온 연구자료와 지식을 쏟아부어 만든 작품이었지만 역시 여러 면에서 취약한 부분이 많았다.

우선 무거운 LZ-1호를 끌고 가기에는 엔진의 출력은 턱없이 부족하였고 약간의 바람만 불어도 진로는 영향을 받았다. 그나마 그것도 비행도중 고장까지 나서 신뢰성에도 문제가 생겼다.

수평과 수직 안정판을 보완해서 조향성을 높인다든지 구조의 강도를 더 개선해야하는 숙제를 남겼다. 그리고 2-3개월 후 약간의 기술적 보완을 거치고 두번의 시도가 더 있었지만 별로 나아진 것은 없었다.

하지만 비록 체펠린의 첫 비행선은 이렇게 실패로 끝이 났지만 '긴 원통의 견고한 금속구조물에 기체를 개별 기낭에 담아' 띄우면 되겠다는 그의 의지는 더 확고해 졌고 미래의 비행선 모습도 오늘 실험을 한 LZ-1의 모습을 닮아있었다.

콘스탄체 호수의 수상 격납고 안에서 작업 중인 LZ-1의 모습
출처: Airships.net

프로젝트 LZ-2 와 LZ-3

LZ-1의 실패로 자금사정은 더 나빠졌다. 다시 기금을 모으면서 일부는 복권을 발행하여 보충하기도 하고 가족의 부동산도 담보로 맡겨서 두 번째의 실험을 시작하기까지 5년의 시간이 더 걸렸다.

LZ-2는 1900년 전작보다 훨씬 개선된 모습으로 나타났는데 무엇보다 엔지니어 뒤르(Ludwig Durr; 1878-1956)의 주도적인 역할이 컸다. 알루미늄으로 구축한 내부구조는 기존의 원형에서 삼각형 형태로 쌓아 올려서 뒤틀림을 막는 동시에 기체는 훨씬 견고해 졌다. 그리고 엔진의 출력은 80마력으로 끌어올려 가벼운 바람 속에서도 날 수 있는 추진력을 갖추었다.

하지만 우리가 나중에 필수적인 요소라고 알게 되는 승강타나 꼬리날개는 그 필요성에 대한 확신이 아직 서지 않아서인지 여전히 채택하지 않았다.

하지만 새로운 LZ-2도 별반 다르지 않았다. 그해 1월 17일에 이륙한 두 번째의 비행선은 새로운 엔진 덕분에 시속 40키로미터의 속도로 날아갔지만 그것 뿐 이었다. 엔진이 다시 말썽을 부렸고 비상착륙을 시도하다가 때마침 부는 강풍을 만나 나뒹굴면서 부서지고 말았다.

LZ-3는 LZ-2의 부족한 점을 과감히 수용해서 설계상 가장 괄목한 만한 변화를 시도하였다. 꼬리날개를 달아서 고도를 손쉽게 바꾸거나 방향 조종이 가능해져서 비행선의 안정성과 그에 따르는 안전성을 획기적으로 높였고 개량된 연료분사형 엔진은 시속 54키로미터로 날아갈 수 있는 힘을 뿜어냈다.

1907년 LZ-3는 8시간의 비행을 성공적으로 마치자 언론들은 자동차와 기차보다 우수한 새로운 교통수단의 도래를 찬양했고 대중들의 관심도 서서히 달아오르기 시작했다.

LZ-2호(왼쪽)와 LZ-3호의 모습
출처: Airships.net

프로젝트 LZ-4와 에흐터딩겐의 기적

'물들어올 때 노 저어라'라는 말은 이때 체펠린에게 딱 들어맞는 말이었다. 미국에서 건너온 라이트형제는 1908년 수개월간 유럽을 돌아다니며 공개 비행을 하면서 세상의 이목을 끌고 있었다.

그리고 수많은 유럽의 과학자와 사업가들이 하늘 시장을 먼저 선점하기 위해 치열하게 경쟁하고 있을 때에도 독일은 15여 년 전 릴리엔탈(Otto Lilienthal)이 성공시킨 글라이더비행에 애써 만족하고 있었다면 지나친 과장일까?

체펠린의 성공적인 비행은 패배주의에 빠진 그들을 건져 올렸고 애국주의와 합해지면서 대중들은 열광하기 시작했다.

그리고 내친김에 정부의 지원을 얻기 위한 노력도 한몫을 했는데 결국은 24시간 비행을 성공시키면 지원하겠다는 조건부 약속도 받게 되었다. 하지만 기존의 LZ-3로는 불가능하였으니 새로운 비행선

24시간 비행을 위해 격납고를 빠져나오고 있는 LZ-4
출처: Airships.net

이 필요하였다. LZ-4가 탄생되는 배경이다. LZ-4는 24시간 비행을 견딜 수 있게끔 내구성도 높이고 크기도 조금 더 키웠으며 좀 더 강력한 엔진을 달아 속도도 향상시켰다.

방향을 제어하는 방향타는 선두의 것은 없애고(당시에는 선두와 후미에 각각 있었다) 후미의 것은 더 큰 것으로 교체하였다.

1908년 7월 1일, 136미터에 달하는 LZ-4가 첫 장거리 시험비행을 하면서 스위스의 상공을 날아 취리히까지 날아갔는데 장장 12시간의 비행에 성공하면서 지금까지의 모든 기록을 갱신하였다.

그날 탑승한 10명의 승객의 존재는 이 비행선이 혁명적인 교통수단임을 증명하는 증표나 다름없었다. 며칠 뒤에는 뷔르템베르크의 왕과 왕비가 승객으로 탑승하여 콘스탄체 호수 위를 날아다녔는데 이것은 체펠린의 비행선이 안전한 교통수단으로 인증 받았음을 의미하였다.

그리고 그해 8월 5일은 체펠린사 에게는 운명의 날이었다.

24시간의 비행을 하기 위해 운항 중이었는데 엔진이 2개나 다 고장이 나면서 비상사태가 발생하였다. 다행히 슈트가르트의 부근인 에흐터딩겐에 임시로 착륙할 수 있었는데 이 소식을 듣고 5만명의 사람들이 걱정 반 호기심 반으로 모여들었다. 사고 후 대책을 마련하기 위해 승무원들은 대부분 비행선을 떠났고 백작도 인근의 호텔에서 업무를 보고 있었는데 문제는 이로부터 몇 시간 내에 일어났다.

그날 오후 날씨가 흐려지더니 강풍까지 갑자기 불어오면서 비행선을 결박하고 있던 밧줄은 무용지물이 되었고 급기야 비행선은 뒷부분부터 들려 바람에 떠밀려가기 시작하였다. 수십 명의 사람들이 들러붙어 기체를 고정시키려 하였지만 바람의 힘을 이길 수가 없었다.

순간 어디에선가 정전기가 발생하면서 기체는 불길에 휩싸였다.

일부는 수소가 들어있는 기낭을 빼내려고 애를 썼지만 그것도 허사였다. 한 순간에 LZ-4는 수소의 폭발과 화염 속으로 사라져버렸다.

다행히 사망자는 없었지만 백작은 기체의 잔해 앞에서 망연자실했다. 모든 것이 끝난 것처럼 보였다. 하지만 오히려 이 사고는 대중들의 엄청난 관심을 끌면서 자발적인 모금운동으로 번지기 시작하였고 600만 마르크라는 큰 돈이 모였다. 이른바 설명하기 힘든 '에흐터딩겐의 기적'이 일어난 것이다. 그리고 24시간 비행의 조건부로 받기로 했던 지원금도 결과에 관계없이 지급되었다.

운 좋게도 잿더미에서 일어난 그는 1908년 그 해 9월에 '체펠린 항공 제작사(Luftschiffbau Zeppelin)'를 설립하였다. 체계적인 운영을 위하여 경영 책임자 콜스만(Alfred Colsman)과 대외관계 책임자 에케너(Hugo Eckener)를 기용하여 하늘의 제패를 준비하였다.

전화위복으로 다시 일어선 체펠린은 이제 독일인들에게 자부심을 심어주는 영웅의 자리로 올라간 것이다.

체펠린 문화와 세계대전

체필린은 본격적으로 여객운송 서비스 사업을 시작하기 위해서 항공사 'DELAG'[2](독일 비행선 주식회사)를 별도로 설립하였다. 역사적으로는 정기적인 항공 스케줄을 갖추고 유료로 승객을 태우는 세계최초의 항공사가 되는 셈이었다. 사실 독일정부가 비행선의 구매를 미적거리고 있어 계속 기다릴 수 도 없었으니 항공사를 만들어 직접 소비하는 방법도 나쁘지 않은 선택이었다.

---

2) DELAG(Deutsche Luftschiffahrts-Aktiengesellschaft)는 1909년 11월에 설립되었으며 영문표기는 German Airship Transportation Corporation Ltd이다.

이 사업은 콜스만이 주도하였는데, 그는 당시 신소재인 알루미늄 제조공장의 아들로 태어나 공업대학에서 공부를 하고 비행선의 사업에 관심이 많았던 기계 공학도였다.

그가 진두지휘하는 DELAG사는 1910년부터 세계1차대전이 발발하는 1914년까지 유상 또는 무상 승객을 무려 44,000여명이나 한 건의 사고 없이 실어 날라 그의 지도력을 유감없이 발휘하였다.

체펠린 문화

간간이 크고 작은 사고는 일어났지만 그럴수록 일반대중의 항공에 대한 관심은 날로 커져갔다. 자발적으로 일어났던 모금운동은 좀 더 조직적이고 체계화되면서 1910년경에는 75개의 단체에 6만5천명의 회원이 가입할 정도였다고 하니 그 열광의 정도를 짐작해볼 수 있다.

압도적인 규모의 비행선이 우리 마을의 하늘을 유유히 날아가는 것을 쳐다보며 감동적인 눈물을 훔치는가 하면, 언제 올지도 모를 다음의 기회를 기다리며 하나의 인격체로 변신한 '그'를 마냥 손꼽아 기다리기도 하였다.

사실 체펠린의 비행선은 우선 그 압도적인 크기로 놀라운 시각적인 경험을 선사하였으며, 또 산업시대에 일률적으로 찍어낸 기계가 아니라 장인이 빚은 예술품과 같아서 함부로 대하지 못하는 경외의 대상으로 여겨졌다.

이처럼 고급 기술문화와 동의어가 된 체펠린은 대중문화 속으로 빠르게 흡수되어 갔다. 그의 얼굴을 조각한 인형이 나오고 담배 케이스와 지갑에도 이름이나 비행선의 그림이 그려진 기념품이 팔려나갔다. 심지어 그의 이름을 딴 소시지[3)]는 식료품점에서 인기 있는

체펠린 소시지
출처: 위키피디아

품목이었다. 책과 사진들은 그의 위대한 업적들을 찬양하고 있었고 짧은 영화도 만들어져 비행선을 탈 형편이 못되는 사람들에게 위안거리가 되어주고 있었다. 이른바 체펠린의 문화가 광풍처럼 불고 있었다.

전쟁터로 간 체펠린

세계1차대전(1914.7–1918.11)이 발발하였다. 육군 장군 출신 이었던 백작은 애당초 전쟁터에서 비행선의 용도에 주목하고 있었는데 1914년 전쟁이 발발할 당시 그의 비행선은 시속 140Km의 속도와 약 2톤 정도의 폭탄을 탑재할 수 있을 정도로 전쟁을 수행하기에 모자람이 없는 폭격기가 되어있었다.

그리고 금방 끝날 것 같았던 전쟁이 서부전선에서 밀고 밀리는 교착상태가 장기화되자 독일은 비행선을 전략적으로 영국 쪽으로 배치하기로 결정하게 된다.

20세기가 오기 전까지 섬나라 영국은 지리적 이점으로 일반 시민들은 외부의 전쟁으로부터 직접적인 피해를 입을 기회가 별로 없었다. 하지만 영국해협을 건너서 날아오는 적의 침입에는 완전히 무방비 상태였고 언제 어디서 날아올지 모르는 하늘로 부터의 공습에 영국은 대혼란에 빠졌다.

---

3) Zeppelinwrust 소시지는 Stephan Weiss가 1907년에 창업했는데 군 복무시절 Zeppelin의 휘하에서 근무한 경력을 인연으로 이 이름을 쓰게 되었다.

1915년 1월 19일, 체펠린의 첫 공습이 심야에 이루어졌다. 총 50여 번의 공격 중 첫 번째 임무를 맡은 체펠린 L3와 L4는 영국의 동부해안을 따라 올라와 각기 야머스(Great Yarmouth)에 5발, 킹스린(King's Lynn)에 4발을 투하하여 4명의 사망자와 16명의 부상자, 그리고 다수의 건물이 파괴되었다.

피해의 정도는 그리 크지 않았지만 한 밤중에 느닷없이 공중폭격을 생전 처음 당해보는 시민들의 공포는 매우 컸고 영국군은 아무런 대비도 되어있지 않았다. 길이 200미터에 달하는 큰 비행선은 하늘 높은 곳에서 폭탄을 마구 쏟아 부었고 영국군의 대공 화기는 물론 몇 있지 않은 낡고 오래된 비행기는 희박한 공기와 낮은 기온 때문에 그 높은 곳까지 도달하지도 못하였다.

영국이 취할 수 있었던 조치는 야간에 등화관제를 하고 지하실에 숨는 수밖에는 없었다. 하지만 이러한 공습에 공포를 느끼는 사람들이 있었느냐 하면, 완벽한 비행선의 모습에 압도되어 이상한 매력을 느끼는 사람들도 있었다. 그들은 지하실로 달려가지 않고 창문에 기대 조금이라도 비행선을 더 잘 보기 위해 안달이었다.

엘리자 본앙(여성 참정권론자)의 위대한 야망은 비행선을 보는 것이었다. 체펠린 공습이 있을 것이라는 소식을 들으면, 그녀는 박하 눈깔사탕 봉지를 들고 밖으로 나가 목초지 한가운데 있는 다리로 달려갔다. 그녀의 목은 박하사탕을 빨아댄 통에 화끈거렸고 시골뜨기와 지루하게 대화를 나누며 비행선을 기다리다 자정 직전에야 겨우 체페린을 볼 수 있었다.[4]

---

4) '비행선, 매혹과 공포의 역사' 기욤 드 시옹 지음

Nottingham Evening Post

ZEPPELIN ATTACK ON THE EAST COAST

BOMBS DROPPED IN THE DARK.

FIVE DEATHS AT YARMOUTH AND LYNN.

SANDRINGHAM'S ESCAPE.

CRAFTS SAFE RETURN TO GERMANY.

LATEST FROM JOFFRE.

THE EASTERN CAMPAIGN.

체펠린의 첫 영국 공습을 실은 신문기사
출처: The British NEWSPAPER Archive

이제 그들의 공습은 런던을 향하고 있었다.

1915년 9월, 독일의 가장 유능한 비행선의 선장으로 인정받고 있던 하인리히 마타(Heinrich Mathy)가 런던 상공에 나타났다.

그는 32세의 젊고 노련한 지휘관으로 지금까지 14회나 임무에 투입되었으며 적에게는 무차별적인 폭격으로 악명이 높았던 인물이었다.

그가 지휘하고 있는 L13은 밤11시에 런던 북부지방에 폭격을 가하고 다시 런던 중심가로 내려와 소이탄으로 공업단지와 물류창고를 집중공략 하였는데, 특히 이번에는 화재로 인해 많은 산업생산 공장이 소실되었다.

다음 달일 10월에도 또 마타의 공습이 있었는데 38명이 사망하고 87명이 부상을 당하는 지금까지 가장 큰 피해를 입혔다.

그러나 대체적으로 체펠린의 공습은 고공에서 눈대중으로 폭탄을 투하하는 방식이라 정확도가 많이 떨어졌고 그러다 보니 민간인의 사망과 특히 어린이들의 희생이 많아 '어린이 살인자(Baby killer)'라는 오명을 쓰고 있었다.

자연히 시민들의 독일에 대한 적개심이 고조되고 있었는데 독일인이 운영하는 가게나 독일 이름을 가진 사람들이 주로 그 공격의 대상이 되었다. 그사이 영국도 차츰 대응체계를 갖추어 가고 있었다. 비행선들의 무선교신 내용을 도청하면서 그들의 위치나 계획을 사전에 파악할 수 있게 되면서 피해를 줄일 수 있었던 것이다. 프랑스에서는 낮은 고도에서 작전 중이던 체펠린이 총에 맞아 순식간에 화염에 싸여 탑승자 전원이 사망하는 등 비행선의 결점이 눈에 띄기 시작했다.

1916년 3월 31일 밤 9시 45분, 체펠린 L15가 지상으로부터의 총격으로 수소가 담겨있는 기낭(gas bag) 4개에 구멍이 뚫리면서 기체가 빠져나갔고 양력을 잃은 비행선은 서서히 추락하고 있었다. 지상에서는 집중사격이 계속 이어졌고 중심을 잃은 체펠린은 켄트(Kent)의 해변가에 추락하였는데 1명의 익사자를 제외하고 16명 전원을 생포하는 전과를 올렸다. 원래 런던시장은 체펠린을 격추하는 사람에게 금메달의 상금을 약속해 놓고 있었는데 이번에는 어느 한 사람에게만 줄 수 없는 상황이어서 사격에 참여한 300명 전원에게 메달을 수여하는 진풍경이 연출되기도 하였다.

몇 개월 뒤인 9월 3일은 체펠린과의 전쟁에서 기억할 만한 전기가 이루어 졌다. 폭격임무를 마치고 돌아가던 SL11은 영국 전투기 조종사 윌리엄 로빈슨(William Leefe Robinson)을 맞아 힘겹게 싸우고 있었는데, 로빈슨은 체펠린의 수소가스가 가득 들어있는 기낭을 집중공격 하고 있었다. 곧 이어 SL11은 폭발과 함께 화염에 휩싸였고 탑승자 16명 전원은 사망하였다. 영국 땅에서 첫 번째로 이루어진 완벽한 승리였다.

하지만 그 성공의 이면에는 이제 막 개발되었던 소이탄이 획기적인 역할을 하였다. 발사와 동시에 불꽃이 붙은 탄환은 기낭을 뚫었고 불을 만난 수소는 그 자리에서 커다란 폭발음과 함께 터져버렸던 것이다.

로빈슨은 용감한 군인에게 수여하는 빅토리아 훈장(Victoria Cross)을 받았고 하룻밤 사이에 영국의 영웅이 되었다. 전쟁 통에서도 영국은 축제 분위기처럼 들떴다. 사람들은 거리로 뛰어나와 춤과 노래를 부르며 승리를 축하하였고 이제는 야간공습으로 인한 공포의 밤에서 벗어날 있게 된 것을 기뻐하였다.

그런데 사실이 그랬다. 야간 탐조등에 잡힌 체펠린은 지상과 공중에서 퍼붓는 소이탄에 매우 취약해서 과거처럼 과감한 작전 전개가 어려워졌는데 이때부터 영국군은 비행선과의 전투에서 새로운 대전환점을 맞이하게 된 것이다.

SL11의 피격소식을 접한 독일은 충격에 빠졌고 L31의 선장인 하인리히 마타는 자신의 운명을 직감한 것 같다. 마타는 그의 부인에게 다음과 같이 편지를 썼다.

> "전쟁이 좀 더 심각한 국면으로 접어 들어가고 있다오. 나는 나의 조국을 위해 한 몸 희생함을 원해 왔소. 나는 항상 당신의 주변에서 사랑으로 머물러 있음을 알아주기 바라오."[5)]

1916년 9월 24일 밤, L31의 대장 마타는 L32, L33의 선단을 지휘하며 출격하였는데 소이탄으로 무장한 영국의 지상군과 공군의 격렬한 저항에 부딪쳤다.

L33은 또 다시 소이탄의 공격으로 비행선에 불이 붙어 위험한 상황에 빠졌고 비상착륙을 하기 위해 수소가스를 배출시켜 인근 지역에 가까스로 내려앉았다. 남아있는 수소가 적어서 폭파시키지도 못한 비행선은 적의 수중에 전리품으로 넘어갔고 대원 전원이 생포되는 수모를 겪었다.

---

5) Timewatch-Zeppelin The First Blitz(WW1/BBC HD Upscale)

같은 날 밤, L32 또한 소이탄의 집중공격으로 불길에 휩싸이고 있었다. 무게 제한 때문에 낙하산도 탑재시키지도 못했던 대원 전원은 하늘 위에서 산화했다. 마타는 공중에서 이 모습을 참담한 표정으로 지켜보고만 있어야 했다.

일주일 뒤 다시 마타는 L31대원들과 함께 영국 상공으로 출격하였지만 이번에도 역시 소이탄의 공격을 피할 수 없었다. 하늘 높은 곳에서 불타고 있는 비행선에서 일부는 불에 타서 죽고 또 마타를 비롯해 일부는 추락하면서 전원이 사망하였다. 독일은 물론이거니와 영국에서도 유능한 군인으로 이름을 올렸던 마타의 죽음은 독일에게 큰 슬픔이었고 체펠린의 운명과 다름 아니었다.

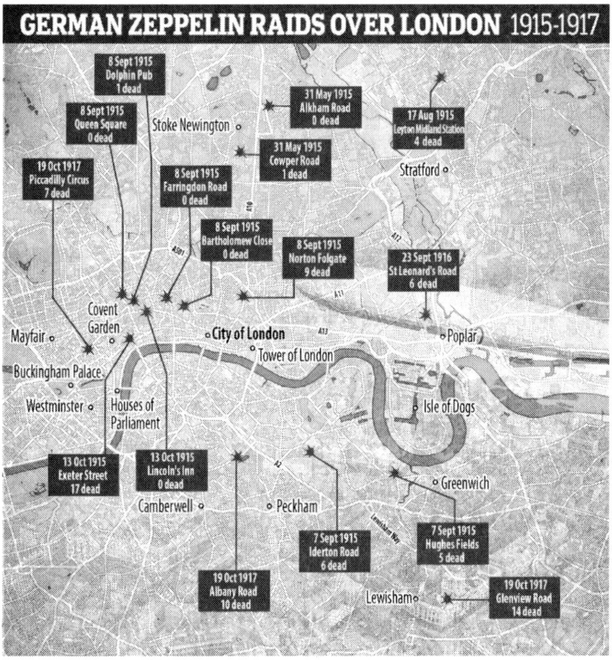

독일의 비행선 체펠린이 런던에 폭탄을 투하한 장소와 사망자 수

출처: Mail Online

체펠린의 장점중의 하나는 대공포나 전투기가 미치지 못하는 높은 곳에서 폭격을 할 수 있다는 점이었다. 하지만 이제 화기가 점점 더 개발되고 비행기도 체펠린의 머리 위에서 공격할 수 있게 되자 비행선의 크기를 더 키워서 더 높은 곳으로 올라가려는 시도를 하게 된다.

독일 해군도 비행선을 정찰용 또는 폭격용으로 많이 사용하였는데 페터 슈트라서(Peter Strasser)는 최고의 높이까지 올라갈 수 있는 '슈퍼 체펠린'의 제작을 지시하였다. 하지만 고공으로 올라갈수록 산소가 희박해져 전투원들은 호흡곤란을 겪거나 온도가 급격히 떨어져 난방시설이 되어있지 않은 선내에서 추위와 싸워야 하는 일이 벌어졌다. 그리고 무엇보다도 폭탄의 타격 정밀도가 현저히 떨어지는 등의 문제점이 있었지만 전세가 밀리는 상황에 이것저것 가릴 형편이 아니었다.

1918년 8월 5일, 슈트라서가 4대의 선단을 이끌고 슈퍼 체펠린 L70에서 지휘하고 있었는데 북해(North Sea)를 지나면서 영국의 정찰기에 발각되어 속수무책으로 공격을 받게 되었다. 이 사고로 그를 포함한 L70의 전대원 23명이 희생되었다. 세계1차대전은 거의 막바지로 치닫고 있었다.

통계에 의하면 체펠린의 런던폭격으로 557명이 사망하였고 1,358명이 부상을 입었다. 그리고 5,800여발의 폭탄이 런던과 인근지역에 투하되었다. 이 기간 동안 총 84대의 체펠린이 임무에 투입되었고 그 중 30대가 격추 또는 실종되었다. 하지만 수치화할 수 없는 시민들이 공포와 사기저하는 그 무엇보다 제일 큰 피해였다. 약 20년 뒤 다시 무시무시한 독일의 전격전(The Blitz)[6]으로 공습을 받기 전까지 런던시민들은 겨우 평상시로 돌아갈 수 있었다.

---

6) 세계2차대전 당시 독일이 영국을 전격전(Blitzkrieg)으로 폭격했을 당시의 상황을 일컫는다. 8개월 동안 지속된 공습으로 약 4만 명의 사상자가 발생했고 런던의 60%가 파괴되었다.

1918년 11월 세계1차대전이 끝이 났다.

그리고 전쟁의 이해 당사국들은 각 자의 권리를 챙기기 위해 분주하였다. 승리한 연합국을 중심으로 체결된 베르사유 조약은 독일의 군비축소와 제한, 막대한 배상금 지불을 요구하였고 해외식민지 이양과 국경선 재조정 등으로 영토가 축소되면서 이제 막 출범한 바이마르 공화국의 시작을 어렵게 하였다.

체펠린 사도 예외가 아니었다. 종전과 함께 모든 비행선의 제작은 일체 금지되었고 기존 항공선의 양도까지 요구하기에 이르렀다. 일부 공장은 매각하였고 업종변경까지 고려하는 지경이 되었다. 고려하는 업종 중에 알루미늄 주방기구까지 포함된 것을 보면 사태의 심각성을 이해할 수 있을 것이다.

콜스만과 에케너를 비롯한 경영진의 고민이 깊어졌고 회사의 운명을 가르는 결정들이 나왔다. 그 중에서도 에케너의 역할이 두드러졌는데 대학에서 심리학을 전공한 후 언론사에 몸을 담았었던 그는 대중매체에 능해서 자칫 대중의 기억에서 사라질 뻔 했던 체플린을 화려하게 부활시켰다.

에케너의 계승과 체펠린 사의 재시동

전쟁이 끝나기 직전인 1917년, 체펠린 백작은 그의 이름을 남기고 세상을 떠났다. 그리고 에케너가 그 뒤를 이었다.

에케너는 경영진의 한 사람이었지만 그 자신이 조종사 자격을 취득하고 비행선 선장으로 활약하였으며 전쟁 중에는 승무원의 교육을 맡고 있었다.

그는 체펠린 백작과는 달리 군사용이나 체제의 선전도구가 아닌 상업적인 교통수단으로서의 비행선을 오래전부터 구상해오고 있었다. 그러나 패전 후 독일의 상황은 완전한 시계 제로 상태였다. 정부는 쪼그라든 살림으로 지원은 엄두도 못 냈고 회사직원들은 밀린 임금으로 일 년 내내 파업과 농성을 이어가면서 회사는 부도직전의 벼랑 끝으로 몰렸다.

LZ120 보덴제 호

사업의 다각화도 고려되었지만 에케너는 비행선의 부활만이 체펠린 사를 살릴 수 있는 유일한 방법이라고 굳게 믿고 있었다.

우선 소형의 민간항공수송은 허락해 달라는 뜻을 연합국 측에 타진하고 약간의 가능성이 보이자 무작정 비행선의 제작에 들어갔다. 그동안 축적된 기술과 경험, 그리고 엔지니어 파울 자라이(Paul Jaray)가 주도하면서 도입된 최적의 항공역학의 적용은 지금까지와는 다른 새로운 모양의 작품을 생산해냈다.

LZ120호, 또는 보덴제(Bodensee)[7]라 불리는, 체펠린 사로서는 역대급 최소형의 비행선이었다. 공기의 저항을 최소화 할 수 있다는 눈물방울 형태를 채택한 LZ120은 비행선의 길이에 비해 선체의 직경, 즉 날씬비(fineness ratio)가 작아서 오동통한 모습으로 선을 보였다. 몸체에 직접 달려있는 객실은 기본 20개의 좌석과 이동식 좌석까지 추가하면 총30명의 승객을 수용할 수 있었고 12명의 승무원이 탑승하였다.

1919년 8월부터 콘스탄체 호수가 있는 프리드리히스하펜(Friedrichshafen)에서 베를린(Berlin)구간의 비행이 시작되었다.

첫 비행의 선장은 에케너가 직접 맡았다.

LZ120의 최고속도는 시속 130km로, 720km의 이 거리를 6시간만에

7) 체펠린의 산실인 콘스탄체호수의 독일식 이름

날아갔으며 때로는 뒷바람의 도움으로 4시간만에 주파하기도 하였다. 당시 전쟁 후 도로와 철로의 복구가 늦어지면서 기차로는 12시간이나 걸렸다는 점을 고려하면 교통수단으로서 LZ120은 성공한 셈이었다.

LZ120보덴제 호는 5만km를 넘는 거리를 비행하며 4만 여명(승객과 승무원 포함)의 인원을 수송하였다. 그리고 체펠린 사는 스웨덴의 스톡홀름을 염두에 두고(베르사유 조약에 의하면 전쟁 중 중립을 취한 나라만 취항 가능함)국제선운항을 준비하였는데 이때 생산된 것이 두 번째 비행선 LZ121 노르트스턴(Nordstern)이었다.

1921년에 개발된 이 비행선은 하지만 연합국의 압력으로 노선투입에 실패하였다. 설상가상으로 베르사유 조약은 독일에게 더 가혹하게 적용되었다. 안타까운 일이지만 독일정부는 LZ120 보덴제 호를 전쟁배상금으로 이탈리아에 양도하라는 명령을 받았고 그곳으로 넘어간 LZ120은 에스페리아(Esperia)라는 이름으로 계속 운영되었다. 그리고 LZ121도 결국 프랑스의 손으로 넘어갔다.

전후 독일의 첫 비행선 LZ120보덴제 호(1921년 이탈리아에 양도됨)
출처: 위키미디어

애써 위안을 찾는다면, LZ120과 121은 건재하는 체펠린의 기술을 유럽과 미국에 증명해 보였다는 것이다. 그리고 곧 모습을 드러낼 로스엔젤레스 호와 체펠린 백작호, 그리고 힌덴부르크 호를 만들어 낼 수 있는 기술적 축적이 이루어 졌다는 것이다. 하지만 재정적으로는 다시 원점으로 돌아갔다. 체펠린 사는 기사회생을 노리며 국외에서 시장을 찾았으며 미국에도 관심을 가졌다.

LZ126, 천사의 손길

기회는 미국의 해군으로부터 왔다.

그들은 군사용으로 비행선을 필요로 하였는데 영국의 기술이 못미더워 체펠린 사로 눈을 돌리게 되었다. 그리고 독일정부가 미국에 대한 전쟁배상금으로 비행선으로 결정한 것은 체펠린 사도 살리고 독일의 산업잠재력을 키울 수 있는 길이라고 판단하였기 때문이었다.

정부로부터 자금을 지원받은 체펠린 사는 바로 건조에 들어갔다.

전후 사회적으로 안정을 찾아가던 국민들도 이 소식을 반겼다. 대서양을 횡단하는 비행선을 독일기술로 만들어 미국에 납품하게 된 것에 대한 적잖은 희열과 상처받은 자부심의 회복을 느꼈을 법하다. 하지만 '독일에서 독일의 기술자와 노동자, 그리고 독일의 돈으로 만든 비행선이 왜 미국의 소유가 되는가?' 에 대한 불만 섞인 여론도 돌아다녔다. 하지만 어쩌겠는가? 자업자득이라고 할까, 아니면 냉정한 국제사회의 패거리 정치의 희생양이라고 할까? 뭐라고 하든 체펠린 사에는 중요한 일이 아니었고 건조 창고는 분주하게 돌아갔다.

1924년 10월, 미해군에 인도하기 위한 첫 대서양 횡단의 비행은 다시 에케너가 맡았다.

체펠린 사로서는 처음으로 횡단하는 바다였다. 8천 km의 거리를

80시간 45분간 비행한 후 도착한 레이크허스트(Lakehurst New Jersey)에는 수많은 관중들이 열광하며 기다리고 있었다. 비행선을 인도받은 그들은 기낭에 채워져 있던 수소가스를 빼내고 헬륨 가스를 다시 주입하였다. 미정부가 헬륨 가스를 수출금지 품목으로 정해놓은 까닭에 여전히 위험한 수소로만 채워야 하는 에케너로서는 참으로 부러운 광경이 아닐 수 없었다.

휴고 에케너
출처: 위키피디아

대통령 캘빈 쿨리지(Calvin Coolidge)는 에케너 일행을 백악관에 초청하여 그 비행선을 '평화의 천사' 라며 치하를 하기도 하였다.

그렇게 납품된 체펠린 사의 LZ126은 미해군의 손에 넘겨져 USS 로스엔젤레스 호(코드명 ZR3)로 명명되었고 향후 폐기되기까지 8년간 사고 없이 임무수행을 하게 된다.

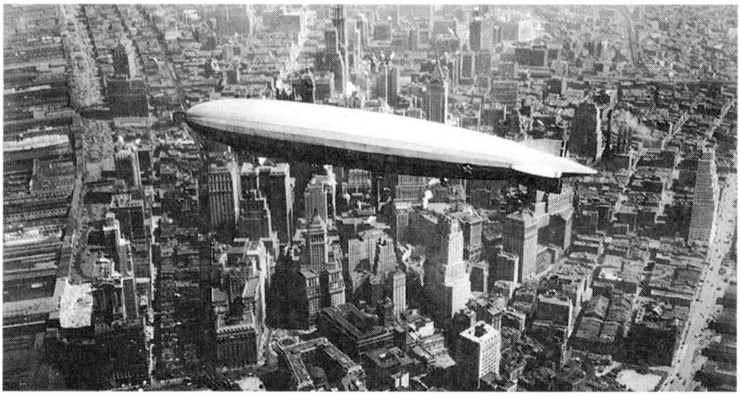

미국 맨허탄상공을 날고 있는USS 로스엔젤레스 호(체펠린 사가 제작한 LZ126)
출처: Military Wiki, Fandom

성공적인 횡단을 마치고 미국에서 돌아온 후고 에케너는 대중과 언론의 뜨거운 관심을 받았다. 그리고 연합국의 핍박을 받고 있는 체펠린을 다시 살려야 한다는 대중의 의무감 또는 동정론이 이는 계기가 되기도 하였다.

나아가 정부와 언론들은 비행선이 더 이상 전쟁의 도구가 아닌 하늘을 연결시켜 세계문화를 강화시킨다는 주장을 공론화시켜 연합국에 공공연하게 도전하였다.

르네상스의 개막, LZ-127 체플린 백작호

난세에 영웅이 만들어진다고 하지 않았던가.

전쟁의 폐허 속에서 일어선 에케너는 체펠린 백작과 같은 반열로 올라가 독일의 정신이며 혼이었으며 상징이 되었다. 언론들은 그를 만나기 위해 앞을 다투었고 그와 체필린의 이야기를 담은 출판물과 기념품들이 쏟아져 나왔다. 강연회에 불려 나갔고 그곳에는 유명 정치인들과 기업가들이 기다리고 있었다.

마침 1926년 민간 항공에 대한 규제가 완화되는 조약(Locarno Treaties)이 체결되었고 에케너는 전후 두 번째의 비행선 제작에 들어갈 수 있게 되었다.

하지만 여전히 회사의 자금사정은 바닥이었다.

미디어를 잘 다루었던 에케너는 호소하였다. 기술적, 문화적 상징으로서 독일의 상공에 다시 웅장한 비행선을 띄우겠다고 약속하고 전국적인 모금운동에 들어갔다. 전후 경제사정이 좋지 않아 충분한 모금은 이루어지지 않았지만 정부로부터, 기업으로부터 그리고 시민들의 모금으로 LZ127은 모습을 갖추어 갔다.

1928년, 체펠린 백작의 탄생 90주년을 기념하면서 LZ127를 '체펠린 백작호(Graf Zeppelin)[8]'으로 명명하였다. 건조 격납고의 최대 길이에 맞추다 보니 236미터를 넘기지 못하였지만 지금까지 만들어진 비행선 중에서 가장 큰 규모였다.

많은 성능이 향상되었지만 추진연료의 혁신도 이루어졌다.

동력으로 사용하는 가솔린은 사용한 만큼 비행선의 무게가 가벼워져 고도를 낮추기 위해서는 수소가스를 배출해 버려야하는 문제가 있었는데, 공기의 무게와 비슷한 블라우 가스(Blau gas)를 추진연료로 채택함으로서 문제를 해결하였다.

백작호의 첫 대서양횡단

1928년 10월11일, 에케너는 4년 만에 다시 미국으로 향하였다.

승무원 40명과 승객20명을 싣고 대서양을 건너는 첫 상업 비행이었다. 그러나 백작호의 첫 비행은 목적지에 거의 도착을 다할 즈음인 10월 14일 해상에서 강한 돌풍을 만나 위기에 빠지게 되었다. 왼쪽 보조 날개의 일부가 찢겨 나가는 비상상황을 맞게 된 것이다. 다행히 에케너의 아들을 포함한 기술자들이 복구를 하였는데 버뮤다 지역을 통과하면서 다시 두번째의 돌풍을 만나게 되었다.

그의 첫 비행이 실패로 끝날 경우 체펠린 사의 미래는 다시 수렁으로 빠져 들어갈 것이 뻔할 것이어서 암담한 상황이었다.

소식을 접한 전 세계의 언론들은 실패할지도 모른다는 추측들을 하면서 레이크허스트에서 밤새 기다리고 있었다. 하지만 에케너의 노련한 기술과 지휘로 그 다음날인 10월 15일 오전에 동부해안에 나타났다.

백작호는 일정에 없던 워싱턴, 뉴욕 상공을 여유롭게 날며 시민들

---

8) 독일어로 'Graf'는 '백작'이라는 뜻이다

의 환호를 받으며 비행선의 위용을 뽐냈다. 기상 때문에 예정보다 늦게 도착하였지만 백작호의 성능을 보여주기에도 충분하였다.

5일 동안 비행을 하며 1만km에 가까운 거리를 운항하였고 비행 시간은 111시간 44분에 달하였다. 에케너와 일행들은 영웅으로 불려 졌고 뉴욕시내에 수없이 쏟아지는 오색 색종이를 맞으며 체펠린의 르네상스가 성큼 다가오고 있음을 느꼈다.

에케너와 승무원들을 위한 축하 시가행진(1928년 10월 16일 뉴욕)
출처: CNN _ Ticker tape parades in New York

세계일주 비행

체펠린 백작호는 1929년, 세상에 가장 많이 알려져 유명한 '세계일주'비행을 하였다. 북반부에 걸친 비행이긴 하였지만 지금까지 어느 누구도 감히 생각해보지 못한 장거리 여행이었다.

재정은 다행히 미국의 언론 출판인인 허스트(William Randolph Hearst)가 반을 부담하기로 하고 미국과 영국에서의 취재 독점권을 주는 조건이었다.

허스트는 또 공식적인 비행선의 출발지와 도착지를 레이크허스트로 해야 한다는 조건을 걸었는데 이것은 독일에서 출도착을 해야 하는 체펠린 사와는 의견이 충돌되는 지점이었다. 결국 한 비행선에 '미국호'와 '독일호' 로 구분하여서 각 지역에서 출도착되는 것으로 인식이 되는, 정확한 비유는 아니지만, 운항편 공유(Code sharing)같은 방법을 써서 해결하였다.

1929년 7월 27일, 체펠린 백작호는 프리드리히스하펜을 출발하여 다시 대서양을 건너 레이크허스트에 도착하였다. 그리고 8월 7일부터 '미국호'의 세계일주비행이 시작되었다.

세상에 처음으로 내보이는 세계일주 항공권의 비용은 $3,000[9]였으며 21일 동안의 비행 동안 이 비행선에 탑승한 인원은 총64명이었는데,[10] 저널리스트, 과학자, 돈 많은 기업가들이 주를 이루었다.

역시 휴고 에케너가 지휘했던 이 비행선은 체펠린의 본산인 프리드리히스하펜으로 돌아가 재급유를 하고 모스크바로 향할 예정이었다. 하지만 모스크바는 가는 도중 강한 역풍을 만나 취소할 수밖에 없었는데 이 때문에 스탈린 정부로부터 호된 비판을 받기도 하였다.

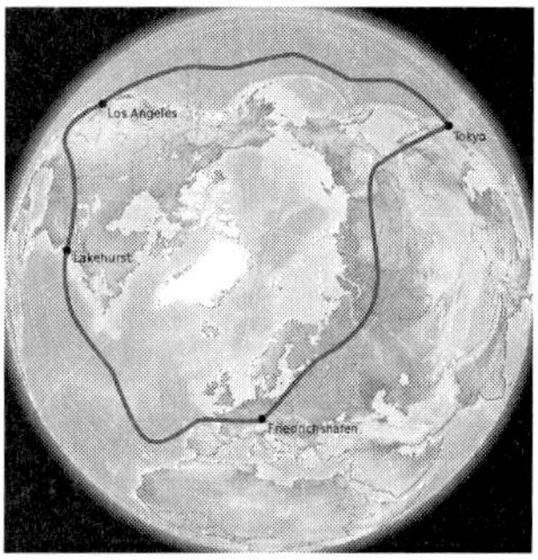

백작호의 세계일주 비행경로
출처: 위키피디아

시베리아의 허허벌판을 지나 동경으로 가는 길은 1만km가 넘는 최장거리의 여행이었다. 당시 한반도를 식민통치하고 있던 일본의 히로히토 왕은 이들을 극진히 대접했고 2만5천명이 넘는 사람들이 몰려와 유럽에서 날

9) 1929년의 $3,000은 인플레이션을 감안하여 2021년 기준 약$47,300에 해당됨.
10) 승무원 41명을 포함한 숫자이며, 일부는 특정 구간만 이용하였다. 예를 들면, 프리드리히스하펜-동경(4명), 동경-로스엔젤레스(3명)

아온 비행선을 신기한 눈으로 바라보며 탈아입구의 새 세상을 꿈꾸고 있었을 것이다.

	구간	기간	거리	비행시간
1	레이크허스트-프리드리히스하펜	8/7-8/10	7,068 Km	55시간 22분
2	프리드리히스하펜-동경	8/15-8/19	11,247Km	101시간 49분
3	동경-로스엔젤레스	8/23-8/26	9,653Km	79시간 3분
4	로스엔젤레스-레이크허스트	8/27-8/29	4,822Km	51시간 57분

체펠린 백작호의 세계일주비행(1929년)

태평양을 건너 샌프란시스코로 들어온 에케너는 골든 게이트에 내려앉는 석양을 등지며 날아가면서 지상에서 바라보는 사람들에게는 최대한 강한 인상을 남기려고 애를 썼다(당시는 금문교가 건설되기 전이었다).

로스엔젤레스에 도착한 백작호는 바로 그 다음날 동부로 향해 출발하였는데 가는 도중 크고 작은 도시 위를 날아가면서 독일의 힘을 마음껏 과시하였다. 시카고에서도 많은 시민들이 군집해 있었는데

세계일주 후 레이크허스트에 도착한 체플린 백작호(1929년 8월 29일, 뉴저지)
출처: Classic Airship[LZ127 Graf Zeppelin]

에케너는 도시 위를 선회비행 하면서 시민들의 뜨거운 환영과 갈채를 받았다. 드디어 8월 29일 체펠린 백작호는 레이크허스트에 도착하였다. 미국에서 출발한 사람들은 12일간의 세계일주가 된 셈이었다.

남아메리카 비행

1931년 여름부터 체펠린 백작호는 독일과 남미를 잇는 노선을 개척하였다. 브라질과 아르헨티나는 독일 이민자가 많은 곳이어서 비행선의 투입은 전략상 훌륭한 선택이었다. 우편물과 화물은 풍부하였고 기존에 개설되어 있는 선박은 대부분 뉴욕을 경유하는 일정이어서 수 주일씩 걸리는 먼 길이었다.

이 불편한 노선을 백작호가 단 5일만에 승객을 독일에서 리우데자네이루로 데려다 주었으니 당시로서는 상상하기 힘든 놀라운 사건이었다. 더군다나 호화로운 객실과 선박과 비할 바 못되는 훌륭한 탑승감은 빠른 소문을 타고 퍼져나갔다.

Luftschiffbau Zeppelin LZ Friedrichshafen, Germany
No.2

To South America by Zeppelin

1934 Time Table of the airship „Graf Zeppelin".

Friedrichshafen *	Pernambuco	Rio de Janeiro	Aeroplane connection of Syndicato Condor Ltda.		Rio de Janeiro	Pernambuco	Friedrichshafen *
Dep. Saturday evening	Arr. Tuesday evening	Arr. Thursday morning	Buenos Aires Arr. Friday	Buenos Aires D. Wednesd.	Dep. Thursday morning	Dep. Friday evening	Arr. Tuesday afternoon
6. 9.	6. 12.	6. 14.	6. 15.	6. 13.	6. 14.	6. 15.	6. 19.
6.23.	6.26.	6.28.	6.30.	6.30.	7. 1.	7. 2.	7. 6.
7.21.	7.24.	7.26.	7.27.	7.25.	7.26.	7 27.	7. 31.
8. 4.	8. 7.	8. 9.	8.10.	8. 8.	8. 9.	8.10.	8. 14.
8.18.	8. 21.	8.23.	8.24.	8. 22.	8.23.	8.24.	8. 28.

독일과 남미의 운항 스케줄을 담은 백작호의 광고 전단지
출처: 위키미디어

1934년부터는 2주마다 한번씩 출발하는 정기편으로 개편하였는데, 토요일 체펠린의 본사가 있는 프리드리히스하펜을 출발한 백작호가 브라질의 페르남부쿠에 급유를 위해 경유한 뒤 목요일에 리우데자네이루에 도착하는 식이었다. 그리고 백작호는 현지의 항공사와 합작하여 부에노스아이레스까지 연결시킴으로써 유럽과 남미의 주요도시를 연결시키는 중대한 역할을 하게 되었다.

백작호의 북극 탐험

1909년 미국의 해군소속 탐험가인 피어리(Robert E. Peary)가 인류 최초로 북극점에 도달(논란의 여지는 여전히 있지만)하였고 두 해 뒤인 1911년에는 아문센(Roald Amundsen)의 원정대가 남극점의 첫 방문자가 되면서 지구의 미개척지에 대한 관심이 증폭되고 있었다. 극점에 먼저 도착하고자 하는 경주는 끝이 났지만 이 지역에 대한 과학적 연구는 사실상 전혀 된 바가 없었으니 이를 위한 제2의 경쟁이라고 할까.

사실 비행으로 따진다면 북극은 이미 1926년 이탈리아의 탐험가 노빌레(Umberto Nobile)와 아문센이 반경식 비행선인 노르게(Norge)호를 타고 횡단에 성공한 바 있었다. 그들은 북극점 상공을 날아 알래스카에 도착함으로서 북극해와 아시아·미주대륙을 연결하는 항로의 개척자가 된 것이었다.

그런데 1928년에는 노빌레가 다시 비행선 이탈리아호를 타고 북극탐험에 나섰다가 추락하면서 대원의 절반을 잃고 고립되는 사고가 발생하였다. 사고소식을 접한 아문센은 자신의 탐험 동지이기도 한 노빌레를 구하기 위해 수상비행기로 수색에 나섰는데 정작 본인도 실종되어 버렸다. 안타깝게도 해상에서 발견된 비행기 부품 몇 점이 그간 남긴 마지막 흔적이 되었다. 그리고 6주 뒤 노빌레의 일행은 구조되어 돌아왔다.

이러한 사회적 분위기속에서 1931년 7월 북극으로 향하는 체펠린 백작호는 다분히 과학적인 임무를 띠고 떠나는 학술단의 모습이었다. 독일을 비롯해서 미국, 소련, 스웨덴의 과학자들이 타고 있는 이 비행의 목적은 기상관측과 북극점 부근의 자장 활동의 연구, 그리고 특수 카메라를 이용한 정확한 북극지도 작성 등 이었다.

프리드리히사펜을 출발한 백작호는 베를린에서 언론사의 기자들은 싣고 요란한 팡파르와 함께 공중으로 다시 떠올랐다.

탐험의 결행은 과학을 실천하는 한 방편이었고 독일정부는 패전의 상실감을 이러한 과학적, 또는 문화적사업과 이벤트를 통해서 벗어나려고 애를 썼다.

과학적인 북극 탐험을 하기 위해서 여러 종류의 무거운 장비가 필요하였는데 무게를 줄이기 위해 승무원의 숫자도 제한하기도 하고 객실도 뜯어내어 개조를 하였고 혹시나 모를 조난에 대비하여 비상용 텐트와 식량을 추가로 실었다. 당시 백작호 이 외에 그 어떤 교통수단으로도 가능하지 않은 규모의 탐사였지만 이제 막 성공한 대서양 횡단비행과 극한지역의 비행 성공여부에 따라 체펠린의 운명이 갈릴 참이었다.

지휘봉을 다시 잡은 에케너는 7월 26일 레닌그라드(지금의 상트페테르부르크)를 경유하여 곧장 북쪽으로 향하였고 그 다음날 오후에는 북극권으로 진입하여 프란츠 조셉 랜드(Franz Josef Land)[11]가 있는 후커섬(Hooker Island)부근의 바다에 내려 앉았다. 그리고 관광객을 싣고 여행중이던 소련의 쇄빙선 말긴(Malygin)호와 조우하여 약 5만 여장의 기념 우편물 등을 서로 주고받았다.

---

11) 북극해에 있는 현 러시아 령의 군도로서 192개의 크고 작은 섬으로 되어있다.

당시에는 우표 또는 우표와 관련된 우편물과 자료를 수집하고 연구하는 우취인들이 많았었는데 이번 체펠린 백작호의 여행경비는 상당 부분 말긴호와 공동으로 발행한 기념우표의 발행으로 마련된 것이었다.

그리고 그 쇄빙선에는 이탈리아의 탐험가 노빌레도 같이 타고 있었는데, 몇 년 전 자신이 북극탐험 중 조난사고를 당했을 때 그를 위해 그의 친구 아문센이 희생된 것은 앞서 밝힌 바와 같다. 노빌레와 일행은 작은 배를 타고 건너와 백작호의 인사들과 환담을 나누며 이 역사적인 현장의 또 다른 증인이 되었다.

본격적인 탐사가 시작되었고 부정확하고 지금까지 잘못 알려진 지역정보들이 속속들이 확인되었다. 기존의 지도에는 있었지만 아예 존재하지 않는다거나 섬 인줄 알았는데 반도로 밝혀지는 등 이었다.

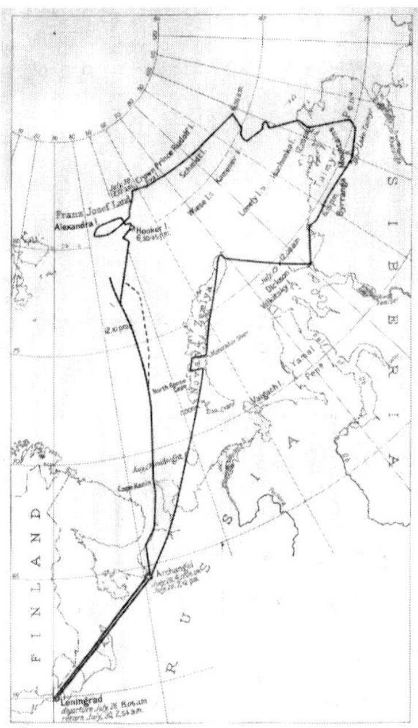

백작호의 북극탐험 경로
출처: Research Gate

백작호는 추가적인 임무를 성공적으로 완수하고 7월 30일 베를린으로 돌아왔다. 비행장에는 수많은 환영 인파로 꽉 차 있었고 과학적 지식의 한계를 극복한 영웅들의 귀환을 축하하고 있었던 것이다.

물론 그 위업의 달성에 가장 결정적인 역할을 한 것은 단연코 체펠린 백작호였다. 13,000km의 여정이었으며 136시간의 비행을 기록하였다. 사람들은 이제 체펠린을 완벽하게 검증된 교통수단으로 찬양하고 숭배하기 시작하였다.

LZ-129 힌덴부르크 호

1930년대는 미국의 월스트리트의 대폭락으로 야기된 대공황이 전 세계를 덮치고 있을 때였다. 역사상 유래가 없었던 이러한 경제적 재난의 여파로 비행선사업을 이어갈 자금은 메말라갔고 투자자는 국내는 물론 해외에서도 찾기 힘들어 졌다. 에케너는 내키지는 않았지만 정부에 손을 내밀 수밖에 없는 상황에 다다랐다.

1933년 1월에 아돌프 히틀러(Adolf Hitler)가 독일의 총통이 되면서 나치정권이 들어섰다. 선전부장관 괴벨스(Paul J. Goebbels)는 담박에 체제 선전용으로 비행선의 잠재력을 알아보았고 에케너가 새롭게 제작하려는 체펠린의 비행선 제작에 자금지원을 약속하였다. 이에 뒤질세라 나치의 항공국장 괴링(Hermann Goring)도 지원을 해왔는데 단 회사의 분할을 조건으로 내세웠다.

전통적인 보수주의자였던 에케너는 나치의 경제정책이나 유대인에 대한 정책에 반대하면서 정부와 각을 세워왔다. 하지만 괴링은 독일의 문화적 우상으로 추앙 받는 그를 함부로 손댈 수 없어 눈엣가시 같은 존재였다.

해결방안은 기존의 체펠린 사는 비행선의 제작에만 관여하게 하고 새롭게 만든 회사인 DZR(Deutsche Zeppelin Reederei)은 운영을 책임을 지는 이원 체제로 만들고 에케너는 DZR의 업무에서 배제시키는 것이었다.

에케너의 간섭에서 자유로워진 나치는 다소 유화적이고 친 정부 성향의 인사인 레흐만(Ernst Lehmann)[12]을 DZR의 책임자로 앉히면서

12) 체펠린 사의 선장 중의 한사람이며 독일 비행선의 역사에서 뺄 수 없는 인물. 에케너와 의견충돌이 잦았으며 1937년 미국 레이크허스트의 힌덴부르크 호의 사고시 희생되었다.

그의 입김은 힘을 잃게 되었다.

고급스럽고 우아한 세련미, 힌덴부르크

힌덴부르크 호의 동체번호는 LZ129인데 그 전작인 체펠린 백작호가 LZ127인 점을 생각하면 그 중간인 128은 어디로 간 것일까?

당초 LZ128은 대륙간 장거리 여객용으로 지어지고 있었는데 1930년 10월 영국의 대표적인 비행선인 R101이 자신의 식민지인 인도로 향해 날아가다가 극심한 폭풍우를 만나 프랑스의 상공에서 추락하는 사고가 발생하게 된다. 이 사고는 탑승자 56명 중 48명이나 사망하는 비극으로 기록되었는데, 특히나 자주 언급하였던 수소가스의 위험성이 다시 도마에 올랐다.

영국은 이 사건을 계기로 완전히 비행선에서 손을 떼게 되었고 체펠린 사는 건조 중이던 LZ128을 폐기하고 불연성인 헬륨가스를 사용하는 LZ129호를 다시 설계하게 된다.[13)]

헬륨가스는 물론 안전 하였지만 수소가스보다 무거워서 떠오르는 힘을 보충하기 위해서는 더 많은 량의 헬륨을 넣을 공간이 필요하였고 결국 동체의 크기가 커질 수밖에 없는 구조였다.

선전부장관 괴벨스는 이 비행선의 이름에 히틀러의 이름을 사용하려 하였지만 에케너가 강력하게 반대하였고 결국 그의 주장대로 힌덴부르크(Hindenburg)호로 불리게 되었다. 힌덴부르크 호는 동체 길이 245미터, 직경 41미터에 달하는 것으로 지금까지 건조된 비행선 중에서 가장 큰 규모였고, 현대의 대형 여객기와 크기를 비교하였을 때 그 압도적인 크기를 실감할 수 있다.

---

13) 하지만 헬륨가스는 여전히 미국의 전략물자였고 수입이 되지 않아 힌덴부르크 호에도 한번도 채워지지 않았다.

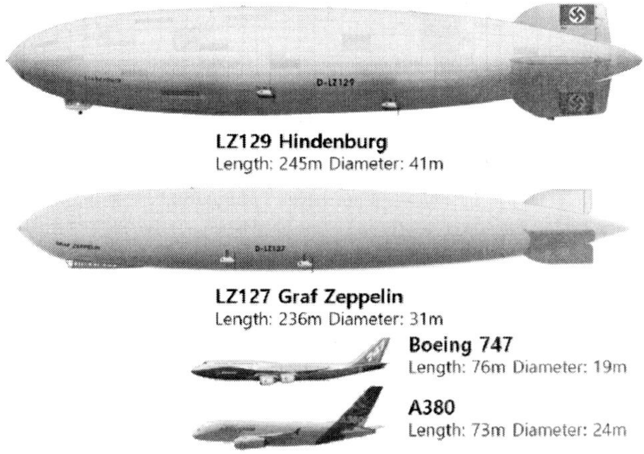

힌덴부르크 호와 항공기의 크기 비교
출처: AIRWAY

하지만 힌덴부르크 호가 비단 그 크기에서만 상대방을 압도한 것은 아니었다. 우아하고 미려한 유선형의 라인은 자칫 둔중해 보일 수 있는 몸통을 시원하게 만들었고 내부의 시설과 인테리어도 고급 호텔처럼 비싼 자재로 마감하는 등 세심하게 디자인되었다.

50명에서 70명의 승객을 수용할 수 있는 이 비행선에는 유명 작가의 작품으로 장식된 레스토랑과 라운지, 바(bar)등이 있었고 백작호와는 달리 엔진에서 발생하는 열을 이용한 난방시설도 설비되어 겨울철 승객의 편의를 제공하였다.

실내에서 들리는 엔진소음도 줄여 줄곧 정숙한 분위기를 유지하였는데 시속 135km의 속도를 제공하는 고성능 다임러-벤츠 사의 엔진 덕분이었다.

승객을 위해서 바에 피아노까지 설치해 놨다면 믿어지겠는가?

물론 무게를 줄이기 위해서 두랄루민(duralumin) 합금으로 특수 제작한 것이었지만 162kg이나 나갔는데 하늘 위에서 연주되는 이 미니 그랜드피아노의 존재는 힌덴부르크 호의 고급스럽고 우아한 세련미를 더하였다.

흡연실도 새롭게 생겼다. 위험한 수소가스 비행선에 흡연실이라 쉽게 납득하기 힘들지만 주변보다 높은 압력으로 설계된 방을 만들어 혹시나 새어 들어올지 모르는 수소가스를 원천 차단하였는데 승객들이 가장 즐겨 찾는 장소였다고 한다.

힌덴부르크 호의 라운지에서 창밖을 바라보고 있는 승객들
출처: 위키미디어

창가 쪽으로는 산책길 같은 통로를 내어 밖을 볼 수 있도록 하였다. 창문도 열수 있도록 하였는데 지상에 지나가는 사람들에게 손을 흔들거나 여유롭게 풍광을 감상하는 장소를 제공함으로써 선택된 자들의 프라이드를 만끽할 수 있도록 만들어 주었다.

힌덴부르크 호의 이데올로기화

1936년 힌덴부르크 호가 완공되었다.

그리고 그해 3월 독일의 선전부는 체펠린 백작호와 함께 비행선2

기를 라인란트 재무장[14]을 묻는 국민투표 독려캠페인에 참가하라는 지시를 내렸다.

곧 있을 대서양 횡단비행을 앞두고 시험비행을 해야 할 상황이었던 에케너는 격렬히 반대하였으나 DZR의 레흐만은 정부의 요구를 순순히 받아들였다. 체펠린의 나치화를 위한 작업이 시작된 것이었다.

항공국은 독일에서 운항하는 모든 비행기와 비행선은 꼬리날개의 왼쪽에는 나치의 상징인 갈고리 십자문양(하켄크로이츠)을 오른쪽에는 독일 삼색기를 그려 넣게 하였다. 그나마 그것도 곧 양쪽에 모두 나치의 상징으로 채워 넣게 하였다.

에커너가 미국의 시카고 박람회에 힌덴부르크 호를 몰고 갔을 때 지상의 사람들이 십자문양을 보지 못하게 의도적으로 오른쪽으로만 선회하였다는 일화가 있을 만큼 그는 나치정부를 탐탁치 않게 생각하고 있었다.

여하튼 나치의 선전 도구로 동원된 백작호와 힌덴부르크 호는 특별 제작된 스피커를 통해서 히틀러를 찬양하는 음악과 연설을 방송하거나 전단지를 뿌리면서 도시 위를 날아다녔다. 그 덕분이었는지 98.8%의 국민들이 히틀러의 정책을 지지하였고 나치는 곧 바로 득의양양 라인란트에 진주하면서 유럽에는 다시 제2차 세계대전의 전운이 서서히 드리우게 된다.

8월에는 베를린 올림픽경기에도 동원되었다.

3백만 명이 넘는 관중들이 운집한 경기장 위에 그 압도적인 존재자의 모습으로 나타나 나치체제의 우월성과 독일인의 우수성을 국

---

14) 라인란트 재무장(Remilitarization of Rhineland)은 1차세계대전의 승전국인 벨기에와 프랑스가 자국의 안전보장을 위해 독일의 옛 영토에 설정한 비무장지대이며 베르사유 조약에 명문화되었다. 이 지역에 독일군이 진주하면서 주변국의 긴장감이 고조되었다.

내외에 유감없이 뽐내었다.

대서양을 건너는 힌덴부르크 호

1936년 5월 6일, 힌덴부르크 호의 원래 지어진 목적인 미국을 향한 첫 비행이 이루어졌다. 언론인과 정치인들, 돈많은 기업가들과 유명인사 등 50여명의 승객들이 자리를 메웠고, 사상처음으로 공중에서 이루어지는 첫 가톨릭교의 미사도 NBC방송이 중계하면서 사람들의 관심이 집중되었다.

미국에서는 '이틀 반이면 유럽' 이라는 광고문을 만들어 뿌렸는데 당시 선박을 이용해 대서양을 횡단하려면 빨라야 5일, 그리고 일반적인 배로는 열흘까지 걸리던 시절이었으니 힌덴부르크 호의 등장은 경이로움 그 자체였다.

힌덴부르크 호 광고문
출처: Hindengurg brochure

그렇게 하여 그해 말까지 힌덴부르크 호는 대서양을 모두 34회를 오가며 3,500여명의 승객을 실어 날랐고 3만kg에 가까운 우편물과 화물을 배달하였다.

하지만 승객운임은 너무 높아서 동경의 대상일 뿐 대중의 교통수단과는 거리가 멀었다. 유럽과 미주를 연결하는 힌덴부르크 호의 편도 운임은 1936년과 1937년에 각각 $400와 $450[15]이었는데, 비교를 하자면 당시 포드사의 자동차 가격 1대 값에 육박하는 높은 금액이었다. 또 선박의

15) 1936년의 $400-$450는 인플레이션을 감안하여 2021년 현재 기준 약 $7,500-$8,500에 해당한다.

일등석 가격이 $157~$240 였고 삼등석은 $82정도였음을 감안한다면 이 시대에 체펠린을 탄다는 것은 사회의 선택받은 자들 이외는 꿈속에서만 만날 수 있는 그런 것이었다.

다행히 비행선은 아무런 사고 없이 대서양을 잘 날아 다니고 있었고 내년인 1937년에는 왕복 18회의 운항을 계획하고 있었다. 그리고 새로운 비행선 LZ130도 프리드리히사펜의 격납고에서 계획대로 건조되고 있어 체펠린 사의 순조로운 앞날을 보는 듯 하였다.

오 인류여! 힌덴부르크 호의 비극

1937년, 그해 첫 시즌의 첫 비행은 5월 3일이었는데 모두 36명의 승객과 61명의 승무원을 태운 힌덴부르크 호는 선장 프루스(Max Pruss)의 지휘아래 프랑크푸르트를 출발하였다.

지난해 이맘때부터 총 63회째의 운항을 하고 있는 힌덴부르크 호는 목적지인 미국 조지아주의 레이크허스트에 5월 6일 오전6시 도착예정으로 날아가고 있었다. 영국해협을 빠져나온 프루스는 기존의 북부항로를 따라서 가고 있었는데 그것은 그린란드(Greenland)의 남쪽 끝을 통과하여 캐나다 뉴펀드랜드(Newfundland)의 동부해안을 끼고 내려가는 노선이었다. 그러나 북대서양으로 진입하면서 기후가 좋지 않았는데, 궂은 날씨에 맞바람 까지 강하게 불고 있어서 제시간에 도착은 힘들어 보였다.

5월 6일 오후 3시경 겨우 보스턴에 다다른 힌덴부르크 호는 곧 이어 뉴욕의 맨해튼으로 진입하였고 남쪽방향으로 더 내려가 목적지 레이크허스트에 접근하기 시작하였다. 그러나 여전히 뇌우를 동반한 궂은 날씨 때문에 착륙은 불가능하였고 선장 프루스는 인근 해변의 상공을 오르내리면 날씨가 더 개이기 만을 기다렸다.

오후 6시경 기상상태가 약간 호전되기 시작했고 7시 지상으로부터 착륙해도 좋다는 신호를 받은 그는 고도를 낮추면서 비행장으로 접근하였다.

바람은 동쪽으로부터 불어왔는데 비행선은 타원형으로 길게 한 바퀴 돌아서 바람을 안고 착륙지점으로 내려갈 예정이었다.

현대의 비행기도 마찬가지 이지만 안전한 이착륙을 위해서 측풍이나 배풍을 피하고 정면에서 불어오는 앞바람을 이용하기 위해서 였다.

그런데 이유는 알 수 없지만 접근도중 선미부분이 무거워져 비행선의 앞뒤 균형이 맞지 않는 일이 발생하였다. 긴급하게 선두부분의 수소가스를 배출시켜 무게중심을 잡으려하였으나 효과가 없었고 급기야는 선미부분에 저장되어 있는 물(ballast water) 1톤을 밖으로 방출하였다. 그리고 승무원들 몇 명을 선두로 보내기까지 해서 선체의 균형을 잡기위해 애를 썼다.

그사이 바람의 방향이 갑자기 바뀌어 반대편인 남서풍이 불기 시작하였다.

날씨가 더 악화되기 전에 착륙을 시켜야 했던 프루스는 고민 후 S자로 급선회해서 계류장으로 들어가기로 결심하였다. 왼쪽으로 최대한 방향을 튼 힌덴부르크 호는 다시 오른쪽으로 급하게 선회하여 선체를 정박시킬 타워를 향해 내려갔고 비행선을 지상에 결박시킬 밧줄을 내렸다. 오후 7시 21분 상공 50m였다.

7시 25분, 선미부분의 위쪽에서 가스가 분출되는 것이 목격되었고 곧 이어 불꽃이 튀었다. 순간 꼬리날개 부분이 화염에 휩싸였고 몇 초간 그 상태로 정지해 있는가 싶더니 선체의 꼬리부분부터 내려앉기 시작하였다.

그와 동시에 하늘로 향한 선두부분에서는 비행선 내부의 통로를 타고 올라온 불이 뿜어져 나왔다. 비행선의 무게균형을 맞추기 위해 보냈던 직원과 승무원 등 20여명이 있던 자리였다.

온 선체에 불이 번진 힌덴부르크 호는 흉물스러운 뼈대를 내보이며 순식간에 내려앉았고 레이크허스트 비행장은 생과 사가 갈리는 아비귀환의 현장으로 바뀌었다. 불과 30여초 만에 일어난 일이었다. 선내에서 하선준비를 하던 승객들은 쏟아지는 가구와 집기들과 함께 아무렇게나 내던져졌고 곧이어 화염이 이들을 또 덮쳤다.

대부분 캐빈 깊숙한 곳에 있었던 승객이나 승무원들은 여지없이 화마의 희생자가 된 반면 바깥쪽이나 창가에서 착륙장면을 보기위해 모여 있었던 승객들은 창문을 뛰어내려 목숨을 건지기도 하였다. 이 사고로 전체 97명의 승선자 중에서 35명이 사망하였고 지상에서 착륙을 유도하던 직원 1명도 희생자가 되었다.

사실 이보다 더 많은 희생자를 낸 사고도 있었지만 유독 이 사건이 대중의 관심을 끈 이유는 거의 실시간으로 미디어의 카메라에 잡혀 전달되었기 때문이었다.

1937년 첫 시즌의 비행선을 취재하기 위해 나온 많은 언론사들은 궂은 날씨에도 12시간 가까이 도착이 지연되고 있는 힌덴부르크 호를 기다리고 있었던 것이었고 또 이들이 담은 사고 장면들은 세계 각국에 긴급으로 타전되었다.

특히 시카고 WLS 라디오방송국의 모리슨(Herbert Morrison)기자는 그 비극의 현장 앞에서 참착하고 정확하게 보도하여 듣는 이에게 힌덴부르크 호의 비극을 생생하게 전달하였다. 그 일부를 소개하면 다음과 같다.

비행선이 불타고 화염에 휩싸였습니다. 그리고 계류장 쪽으로 떨어지고 있습니다. 끔찍한 사고입니다. 여러분, 세상에서 가장 끔직한 재난사고입니다... 100여 미터의 상공에서 비행선이 추락하고 있습니다. 여러분, 연기가... 불덩어리가... 불덩어리가 땅으로 떨어지고 있습니다. 오 인류여! 승객의 비명소리들이 들립니다..(울먹이며) 차마 말을 못 붙이겠습니다. 그들의 친구들이 저 안에 있습니다. 오 오

모리슨 기자는 절규에 가까운 목소리로 현장을 담았고 '오 인류여(Oh humanity)'라고 하며 탄식하였다. 그에게 힌덴부르크 호는 인류가 쌓아올린 거대한 문명 그 자체였고 그것이 지금 눈앞에서 추락하고 있는 것이었다.

힌덴부르크 호의 선미에 불이 붙는 순간의 사진(1937, 레이크허스트)
출처: 위키미디어

에케너는 레이크허스트에서 들려온 소식을 도저히 믿을 수가 없었다.

더군다나 힌덴부르크 호는 지난 30여 년 동안 쌓아온 최첨단의 기술과 노하우가 집약된 비행선이 아니었던가? 선장 프루스는 가까스로 살아남았지만 심하게 화상을 입었고 같이 동승했던 레흐만은 긴급하게 병원으로 옮겨졌지만 이내 사망하였다.

사고의 원인을 두고도 의견이 분분하였다. 유대인에 의한 테러라고 도 하였고 나치의 전복을 위해 미국이 개입되었다고 도 하였지만 가능성은 희박 하였다.

에케너는 프루스와 레흐만이 날씨가 호전되기를 기다리지 않고 무리하게 운행한 것을 원망하였다. 스케줄에 쫓기고 있던 그들이 무리한 S자형 비행을 감행하면서 동체에 무리를 주었다는 것이었다.

이때 기낭이 찢어지면서 수소가스가 새 나왔고 그리고는 동체의 표면에 충전 되어있던 정전기의 스파크에 의해서 발화되었다는 그의 주장은 설득력이 있었고 공동조사단의 결과와도 크게 다르지 않았다.

하지만 더 이상 사고의 원인은 중요하지 않았다.

1900년 콘스탄체 호수에서 탄생한 LZ1은 1937년 힌덴부르크의 이름으로 공중에서 산화했고 그것은 바로 비행선 시대의 종언을 의미하는 것이었기 때문이었다.

불멸의 아이콘, 체펠린

그사이 대서양 서비스를 위해 추가로 제작했던 LZ130(얼마 후 '체펠린 백작 호 II'로 명명되었다)은 나치정권의 선전도구로나 동원되었고 사람을 신는 여객 수송은 아예 시작도 하지 못하였다.

에케너가 미국 루스벨트(Franklin D. Roosevelt)대통령을 만나가며 공을 들였던 헬륨가스의 수입 노력이 독일의 오스트리아 합병과 함께 물거품이 되어버렸기 때문이었다.

이제 수소가스로는 날 수 없었고 헬륨이 없는 비행선은 아무짝에도 쓸모가 없어져 버렸다. 반면에 비행기는 훨씬 빠른 속도로 멀리 날아다닐 수 있게 되었고 안전성도 입증되면서 비행선을 압도하기 시작했다.

그러면서 체펠린 사의 비행선들은 하나 둘 사람들의 뇌리 속에서 사라지는 듯 하였다. 하지만 독일인들의 체펠린 백작이 창조한 비행선에 대한 숭배는 독일의 정체성과 동일시되는 가치였음으로 그 기억은 쉽사리 사라지지 않았다. 그리고 백작의 사후 에케너가 물려받은 체펠린 사는 '독일의 정신'이라는 굳건한 이미지로 살아남았다.

체펠린은 이제 일반명사의 지위를 얻었다. 그것이 연식이든 경식이든, 소형이든 대형이든, 영국에서 만들었든 혹은 미국에서 생산되었든 일단 비행선처럼 생긴 것은 체펠린이라 불렸다. 식탁에, 손목위에 체펠린이 나타났고 손가락사이의 궐련으로도 나타나 뭉게구름을 띄어 올렸다.

1969년에는 영국의 젊은이들이 결성한 전설적인 록 그룹 '레드 제플린(Led Zeppelin)'이 나타나 세상을 흔들어댔다. 반세기 전 공포의 야간공습은 이미 잊혀 졌고 4인조 그룹의 음악만이 세상을 뒤덮고 있었다.

에케너는 1954년 86세를 일기로 체펠린의 본 고장인 프리드리히사펜에서 세상을 떠났다. 그리고 체펠린은 불멸의 아이콘이 되었다.

6 찰스 린드버그 _대서양을 건너다

찰스 린드버그(Charles A. Lindbergh; 1902-1974)는 1927년 최초로 대서양을 단독으로 횡단한 비행사라는 사실을 넘어서 1930년대 이후 서구 사회를 관통하는 아이콘으로 자리 잡았다.

미디어의 조명과 군중의 환호 속에서 시대의 요구를 받고 탄생한 25세의 청년 린드버그는 겸손했고 그럴수록 대중들은 더욱 더 열광하였다.

그는 인기 있는 작가이기도 했으며 발명가, 군 장교, 사회운동가로서도 왕성한 활동을 이어갔다. 이제 모험과 담대함의 아이콘으로 또는 굴곡으로 점철되기도 했던 린드버그의 세계로 들어가 보자.

곡예비행과 항공우편 배달

찰스 린드버그는 미국 미시건주의 디트로이트에서 1902년에 태어났다.

스웨덴에서 어릴 때부터 이민 온 아버지 찰스 어거스트 린드버그

(Charles August Lindburgh; 1859–1924)는 미네소타주의 상원의원을 지내기도 했으며 어머니 에반젤린(Evangeline Lodge Land Lindbergh; 1876–1954)은 고등학교 화학교사였다. 어릴 때부터 집에 있던 자동차나 오토바이 등 모터로 움직이는 기계에 많은 흥미를 느꼈던 그는 1920년 윈스콘신-매디슨 대학의 기계공학과에 진학하지만 중도에 포기하고 1922년 네브래스카의 비행훈련학교(Nebraska Aircraft Corporation's flying school)로 진로를 바꾸게 된다.

지금까지 비행기에는 근처에 가보지도 못했지만, 아마도 말로는 설명할 수 없는 몸속의 DNA는 이미 예정된 길로 그를 인도하고 있었던 것이다.

2인승 훈련기를 이용해서 본격적인 비행술을 배우기 시작하였다. 후일 첫 비행의 소감을 그의 책 '세인트루이스의 정신(The Spirit of St. Louis)에서 이렇게 소개하였다.

> 우리가 날아오르자 큰 나무들이 덤불숲으로 변하고
> 창고며 장난감, 소들이 토끼처럼 작아졌다.
> 과거의 모든 것과는 단절되고
> 이렇게 기이하고 영원한 공간과 아름다움으로 둘러싸인
> 하지만 단지 위험에 꿰어진 순간에 살고 있을 뿐

하지만 훈련생은 단독 비행은 허락해주지 않았는데 비행중 추락시 파손에 대한 보증금을 예치하여야 했기 때문이다. 돈을 벌기 위해서 여러 주를 돌아다니며 반스토밍(barnstorming)[1)]이라고 불리는 비행

---

1) 반스토밍(Barnstorming)은 곡예비행을 하는 조종사들이 동네의 넓은 대지 곁의 창고(barn)에 주민들을 불러놓고 즉석에서 위험한 공중곡예 등을 보여주면서 그 이름을 얻었다.

기 곡예를 하기도 하였는데, 날아가는 비행기의 날개 위를 걷는 다든지 낙하산을 타고 떨어지는 묘기 등을 보여주는 것으로 1920-30 년대에 선풍적인 인기를 끌었던 일종의 공중 쇼였다.

그 이듬해인 1923년에 세계1차대전 때 생산된 비행기인 커티스(Curtiss) JN-4라는 복엽기를 500달러[2]에 구입하게 된다.

제니(Jenny)라고도 불리는 이 비행기를 통해서 비로소 처음으로 단독 비행을 하게 되는데, 자신의 비행기를 '담대한 린드버그(Daredevil Lindbergh)'라고 명명하고 이제부터는 조종사로서 본격적으로 곡예비행을 하면서 비행경력을 쌓기 시작하였다.

린드버그가 처음으로 단독 비행을 한 비행기 커티스 JN-4
출처: WIKIMEDIA COMMONS

그 이후에 텍사스의 육군비행학교를 졸업하였고 1924년에는 육군의 군사비행단(USAAS, 미공군의 전신)에 입교하여 1925년에 우수한 성적으로 예비역 소위로 임관하였다.

훗날 린드버그는 그 1년의 시기가 진정으로 조종사가 되어야겠다

2) 당시의 500USD의 가치는 2020년 현재 약 7,600USD로 환산됨.

는 가장 강력한 목적의식을 갖는 결정적인 과정이었다고 술회하였다. 그는 제대 후 민간조종사로서 곡예비행과 비행 교관 생활을 이어갔지만 세인트루이스의 미주리 주방위군의 군사비행단에도 비정규군으로 소속되어 비행을 계속하였는데 나중에는 그 실력을 인정받아 1926년에 중위를 거쳐 대위로 특진하기도 하였다.

1925년에는 항공우편을 배달하는 회사에 취직하여 조종사로 활동하였다.

당시 미국정부는 항공우편사업을 민간업자들에게 노선을 입찰을 통해서 배분하고 있었는데, 그중에서 CAM-2 노선[3] 즉 세인트루이스에서 시카고 구간(447km)의 영업권을 따낸 알에이씨(RAC; Roberts Aircraft Corporation)회사에서 근무하게 된 것이다. 해당 노선은 일리노이주의 스프링필드(Springfield)와 페오리아(Peoria)를 둘러서 가는 노선이었는데, 열악한 장비와 착륙 시설도 제대로 갖추어지지 않은 상황에서도 99%의 우편물이 문제없이 정확하게 배달되어 주위를 놀라게 하였다.

(왼쪽) 1956.5.15 세인트루이스-시카고 구간의 항공우편 노선의 첫 취항일.
(오른쪽) 린더버그가 조종하던 항공우편 수송기가 추락한 모습
출처: National Postal Museum

3) Contract Air Mail Route 2를 뜻하며 각 항공사들은 정부가 제시한 노선에 응찰하여 노선권을 확보하였다.

시카고로 가는 야간비행 중에는 기기결함과 악천후 등으로 2번씩이나 낙하산으로 탈출해야하는 비상상황이 발생하였는데, 다행히 큰 부상은 입지 않았지만 우선적으로 우편물의 안전을 챙기고 지체 없이 배달을 완료하는 등 맡은 바 책임감이 뛰어났다고 전해진다.

대서양 횡단 시대의 개막

1903년 라이트형제의 동력비행이후 항공산업은 비약적인 발전을 하고 있었다.

불행하지만 때마침 불어 닥친 세계1차대전(1914–1918)의 광풍은 무기로서 항공기의 가능성을 확인하는 시험장이나 다름없었다.

정찰기의 수준에서 전투기로 변모하면서 대량의 포탄이 실리고 동조 장치가 달린 기관총이 탑재되었다. 비행기는 더 강력해지고 속도는 빨라졌다.

전쟁이 끝난 후 한 사나이가 나타나 이번에는 장거리비행에 불을 지폈다.

오티그(Raymond Orteig; 1870–1939)였다.

그는 호텔의 웨이터로 시작해 뉴욕과 파리에 여럿 호텔을 소유한 자수성가한 사업가였다. 전쟁 후 여러 프랑스 조종사들과 친분을 가지면서 자연히 항공산업에 관심을 가지게 되었고 1919년 5월 30일에는 뉴욕타임즈에 다음과 같은 광고를 내게 된다.

> 뉴욕–파리 구간을 횡단하는 연합국의 첫 용기 있는 비행사에게 $25,000[4]의 상금을 드리고자 합니다. 오티그

4) 2020년 기준으로 약 4억2천만원 정도

하지만 오티그가 제안한 5년내 별다른 활동이 보고되지 않자 1925년 기간 연장을 하면서 '비행사의 국적과 관계없이 무착륙으로 횡단에 성공하는 자'로 조건을 바꾸게 되는데, 그때부터 도전자들의 시동이 걸리기 시작하였다.

사실 당시의 항공 기술로 대서양을 넘는다는 것은 무모한 도전이었지만 목숨을 건 도박은 줄을 이었다. 오티그의 상금도 물론 도전의 큰 요인이 되었겠지만 대중에게 주목받고 싶은 인간의 욕망과 명예욕이 그들을 조종실로 이끌었으리라.

아래는 주요 도전자들의 리스트이다.

날짜	탑승자	기종	비고
1926.9.21	Fonck 외	Sikorsky S-35	이륙 중 사고로 2명사망
1927.4.16	Byrd 외	Fokker	착륙 중 사고로 전원부상
1927.4 24	Chamberlin 외	Bellanca	랜딩기어문제로 사고
1927.4.26	Davis 외	Keystone Pathfinder	이륙 후 사고로 2명사망
1927.5.8	Nungesser, Coli	Levasseur PL-8	실종(2명 사망추정)
1927.5.20	Lindbergh	Ryan	성공

대서양횡단 오티그 상 주요 도전자

퐁크(시코르스키 S-35)

퐁크 대위(Rene Fonck)는 세계1차대전 때 맹활약을 했던 프랑스의 공군 조종사였는데 자연히 오티그 상에 관심을 가지고 팀을 구성하게 되었다. 그는 기류의 흐름을 이용하기 위해서 미국에서 출발하여 유럽으로 날아가기로 결정하고 미국의 뉴욕 롱아이랜드에 있는 시코르스키 항공5)를 찾아가 비행기 제작을 의뢰하게 된다. 세계 최초로

5) 시코르스키 항공(Sikorsky Aircraft Corporation)는 1925년 러시아계 미국인인 이고르 시코르스키가 미국 롱아일랜드에 설립한 항공회사이다. 러시아의 우크라이나에서 태어났으나 1917년 러시아혁명이 일어나면서 볼세비키의 탄압을 피해 미국으로 건너갔다. 헬리콥터 개발 역사의 선구자로 불리운다.

4발 엔진을 단 비행기를 만든 시코르스키 항공은 이미 신뢰할 만한 항공기 제작사로 명성이 나 있었고 이번 도전을 위해서는 3개의 엔진을 장착한 항공기를 퐁크 대위에게 제안하였다.

제작은 진행되었고 모든 것은 순조로워 보였다.

내구성을 위해 듀랄루민과 강철로 만든 이 비행기는 객실에 8개의 좌석과 마가호니 테이블 그리고 방탄유리로 호화롭게 마감되어 있었는데 비행기 무게만 24,200 파운드(약 11톤)에 달하는 꽤 큰 규모의 비행기 였다.

시코르스키 S-35의 모습
출처: Bureau of Aircraft Accidents Archives

수차례의 시험비행[6]은 성공적으로 마무리 되었고 조종사, 부조종사, 항법사, 무선 통신사, 그리고 항공사의 기술자까지 총 5명을 태운 비행기는 1926년 9월 21일 이륙을 준비하고 있었다.

하지만 비행기의 성능을 너무 믿었기 때문이었을까?

프랑스 파리에 도착해서 대접할 음식이며 각종 물품들이 마구 실

6) 실제 시험비행시의 비행기무게는 20,000파운드로 실시했다고 함

렀고 급기야 출발 시점의 비행기무게는 28,000파운드(약 12.7톤)를 넘게 되었다.

결과는 여러분들이 예상하는 바와 같다.

날씨도 도와주지 않아서 바람이 불고 있었고 평탄하지 않은 활주로를 달리는 동안 노면에서 전달되는 충격은 이미 적정한 무게를 넘어선 비행기의 균형을 잃어 버리게 하였다. 무게를 견디지 못한 바퀴는 떨어져 나갔고 비행기는 활주로 끝에서 화염에 휩싸였다. 무선통신사와 항공기술자는 결국 구조하지 못하고 대서양 횡단의 시도는 실패로 끝나고 말았다.

버드(The Fokker, America)

북극 비행에 성공한 비행사 버드(Richard E. Byrd)는 이에 만족하지 않았다. 훗날 남극비행까지 마치게 되는 그는 1927년 3월에 그의 후원자 워너메이커(Lewis Rodman Wanamaker; 1863–1928)[7] 그리고 북극 비행 때 같이 동참하였던 베넷(Floyd Bennett)과 함께 대서양횡단의 도전에 공식적으로 선언하게 된다.

그가 이용할 비행기는 고민할 것도 없이 그가 북극 비행 때 몰았던 포커 C-2(Fokker C-2)[8]로 낙점 되었고 비행기의 이름은 아메리카로 명명하였다.

하지만 불운하게도 1927년 4월 어느 날 시험비행을 하는 도중 추락사고가 발생하여 탑승자 4명중 비행기 설계자인 포커(Anthony Fokker)를 제외한 베넷과 일행들이 크게 다치는 사고를 당하게 된다.

---

7) 워너메이커는 백화점 사업가이며 예술, 교육, 골프를 비롯한 스포츠에 후원 사업을 많이 하였고 초기의 항공산업에 투자가로 활동하였다.

8) 포커(Fokker)는 네덜란드의 항공기 제조회사이다. 1912년 설립되었으며 세계1차대전 때 단엽기, 복엽기, 삼엽기 등의 전투기 생산을 많이 하였다.

출전 날짜를 미룰 수밖에 없었고 같이 비행에 도전할 새로운 인물의 물색에 나서게 된다. 이윽고 포커의 추천으로 발첸(Bernt Balchen)을 영입하게 되는데 그는 포커사가 생산한 비행기를 시험 운전하는 노르웨이 출신의 유능한 조종사로서 대서양횡단의 임무에 적합해 보였다.

그런데 그때 1927년 5월 8일 찰스 린드버그의 라이벌로 잘 알려진 프랑스의 조종사 샤를 낭주세(Charles Nungesser)가 동료 프랑수와 콜리(Francois Coil)와 함께 파리에서 뉴욕을 향해 날아오른 후 실종되는 사건이 발생하였다.9)

버드의 후원자인 워너메이커는 이 사건의 진상파악이 될 때까지 출전을 만류하였고 이에 따를 수밖에 없었다. 그리고 열흘 뒤 항공우편을 배달하던 찰스 린드버그라는 신인 조종사가 단독으로 33시간의 비행 후 5월 22일 파리에 안착 하였다는 소식을 접하게 된다. 오티그의 상과 상금이 그에게로 넘어 가버린 것이었다.

이미 경기는 끝나버렸지만 1927년 6월 29일 버드가 탑승한 아메리카가 뉴욕의 루즈벨트공항에서 이륙준비를 하고 있었다. 오티그상을 넘어 대서양횡단의 가치와 과학적인 실험은 계속되어야 한다는 신념에 따른 결정이었다.

우여곡절 끝에 미국과 프랑스간의 항공우편 서비스를 개설하게 되었고, 그 첫 임무를 위해 버드와 발첸 그리고 그의 동료들 모두 4명이 파리를 향해 날아가게 된 것이다.

너무 서둘러서 일까? 기후가 좋아지기를 기다리다가 출발하기 했

---

9) 이들이 날아오른 뒤 아일랜드 상공에서 잠깐 모습을 보인 후 사라졌다. 뉴펀드랜드(캐나다)나 메인주(미국)에 추락했을 것으로 파악하지만 여전히 미스터리로 남아있다. 이들의 사고 2주 뒤 뉴욕을 출발한 찰스린드버그가 파리에 안착하게 된다.

지만 여전히 날씨는 그들의 편이 아니었다. 40시간의 비행 후 파리 상공에 도달하였지만 짙은 안개 때문에 착륙이 불가능하였고 무려 6시간 동안 선회 후 서쪽 노르망디 해안가에 연료부족으로 비상착수하게 된다.

기적적으로 살아난 버드의 일행은 프랑스 정부의 뜨거운 환대를 받았으며 귀국 후 미국정부도 목숨을 건 이들 영웅들의 대접에 결코 소홀하지 않았다.

프랑스 노르망디 해안가 Ver-sur-Mer에 추락한 Fokker F-7 DK, 아메리카(1927.7.1)
출처: Bureau of Aircraft Accidents Archives

찰스 린드버그(라이언, The Spirit of St. Louis)

1926년 9월 프랑스 비행사 퐁크(Rene Fonck)의 사고소식을 접한 린드버그는 대서양횡단을 결심하게 된다.

항공우편 비행보다 위험하지 않을 것이란 판단으로 세인트루이스의 여러 독지가들을 설득하였고 드디어 비행기 구매에 필요한 자금 지원을 약속 받게 되었다. 그 뒤 비행기를 주문하기 위해 그가 찾은 곳은 캘리포니아의 샌디에고(San Diego)에 있는 라이언 항공제작사(Ryan Aeronautical Company)였다.

린드버그는 처음부터 단독비행을 고집하였는데 대서양횡단의 가장 큰 관건은 비행기의 무게라고 생각했기 때문이다.

그래서 '나는 사람보다는 차라리 기름을 더 싣겠소' 라는 그의 소신은 그대로 제작사에게 전달되었고 엔진1개와 단엽기의 비행기는 60일간의 시한을 두고 제작에 들어갔다.

더 많은 연료를 적재하기 위해 연료통을 조종석 앞에 추가로 설치하였는데 막히는 시야를 확보하기 위해 잠망경을 만들어 문제를 해결하기도 하였다.

무게가 나가는 모든 것은 허용하지 않았는데 예를 들어 비상시 탈출용으로 사용될 낙하산이며 무선교신기도 싣지 않았다. 비행사의 편의보다는 비행기의 효율성이 무엇보다 더 중요하였기 때문이었다.

10,580달러[10]로 발주된 비행기의 이름은 후원자들의 지원에 답하기 위해 '세인트루이스의 정신(The Spirit of St. Louise)으로 명명하였고 마침내 1927년 4월 25일 비행기가 완성되었다. 그리고 5월 20일 새벽 그는 뉴욕의 루즈벨트공항[11]에서 출발을 준비하고 있었다.

이 비행에 앞서 벌써 6명의 유명한 비행사들이 목숨을 잃었고 불과 열흘 전에는 프랑스의 낭주세와 콜리가 실종된 직후라 그가 온통 세계의 관심사 중심에 있는 것은 지극히 자연스러운 일이었다.

아침 7시50분, 충분한 연료를 주입한 비행기는 울퉁불퉁한 진흙길을 따라 전 속력으로 활주하기 시작했다. 비행기는 가볍게 두어번 튕기더니 활주로 맨 끝에서 부양하기 시작했고 앞에 가로놓인 전신줄을 겨우 6미터를 남겨두고 상승했다. 순조로운 이륙이었다.

---

10) 2020년 화폐기준으로 약1억7천만원

11) 뉴욕 롱아이랜드에 있는 루즈벨트공항(Roosevelt Field)은 1916-1951년 사이에 사용되었으며 미공군의 훈련장으로 주로 이용되었다.

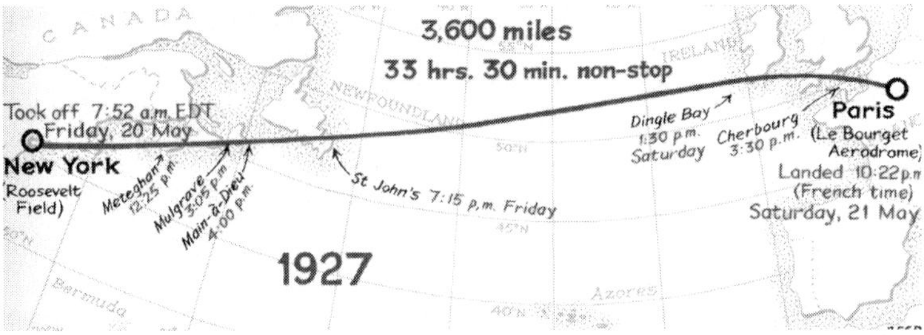

린드버그의 대서양횡단 노선
출처: Smithsonian National Air and Space Museum

33시간 30분의 대장정이 시작되었다. 린드버그는 뉴잉글랜드의 해안가를 따라 캐나다의 뉴펀드랜드[12)]쪽으로 올라갔다. 곧 어둠이 내려앉았고 짙은 안개와 진눈깨비까지 몰려와 순간 방향을 잃기도 하였다.

하지만 졸음은 가장 대적하기 어려운 상대였다.

루즈벨트공항을 출발한지 27시간 만에 발아래 희망의 불빛을 발견하였다. 아일랜드 연안의 고깃배들이었는데 드디어 대서양의 반대편에 접근한 것이었다.

그를 발견한 미디어들은 그의 뉴스를 재빨리 유럽과 미국으로 타전하였고 파리시민들은 그를 보기 위하여 공항으로 몰려가기 시작했다.

칠흑같이 어두울 것으로 생각했던 파리 르부르제공항(Le Bourget Aerodrome)[13)]은 수많은 사람들이 가져온 등불로 환하게 밝혀졌고 린드버그는 현지시간 5월 21일 밤9시22분에 성공적으로 도착하였다.

15만 여명으로 추산되는 군중들은 린드버그를 에워싸고 열광하며 밤새 떠날 줄을 몰랐다.

---

12) 뉴펀드랜드(Newfoundland)는 캐나다 래브라도 반도 남쪽에 있는 섬이다.

13) 프랑스 파리의 북동쪽 11km지점에 있는 공항이며 현재는 범용 항공(비즈니스 제트기)과 에어쇼에만 이용된다.

린드버그를 축하하기 위해 르부르제공항에 모여든 군중들
출처: Iconic Photos

뉴욕5번가에 쏟아져 나온 린드버그의 환영 인파
출처: San Diego Air and Space Museum

건너편 미국도 열광의 도가니에 빠졌다. 정치인도 빠질 수 없었다.

당시 대통령이었던 쿨리지(John C. Coolidge, JR; 1872–1933)는 그와 그의 비행기를 프랑스에서 가져오기 위해서 해군 순양함을 즉시 파견하였다.

뉴욕타임즈는 첫 페이지 전면에 '린드버그가 해냈다! (LINDBERGH DOES IT!)'라고 제목을 실었고, 디트로이트에 있는 모친의 집에는 천여 명의 사람들이 몰려들었다.

신문이며 잡지사 라디오방송사에서는 그와 인터뷰를 하기 위해 몸이 달았고 대학과 기업, 싱크탱크로부터 러브콜이 쇄도했다.

훈장과 돈도 무더기로 쏟아져 들어왔다.

프랑스의 훈장 중 가장 명예로운 레지옹 도뇌르(Legion d' honneur)가 수여되었고 미공군 무공십자훈장과 의회의 명예원자격을 얻었다. 육군대령으로 승진되었으며 오티그의 상금 외에도 비행 상금으로 250만 달러[14)]를 받았다.

개인사의 명암, 유럽으로

린드버그는 이미 그 시대의 영웅이 되어 있었다.

국내뿐만 아니라 유럽, 남미 가는 곳마다 사람들은 환호했고 그의 인기는 절정에 달했다. 1927년 겨울 주 멕시코 대사 이기도 하고 금융재벌 모건(J. P. Mogan; 1837–1913)의 동업자였던 드와이트 모로(Dwight Morrow; 1906–2001)는 린드버그를 멕시코로 초청하였다.

그리고 그때 만난 그의 딸 앤 스펜서 모로(Anne S. Morrow; 1906–2001)와

14) 인플레이션을 감안하여 2020년 기준 약410억원의 가치임.

는 2년 뒤 결혼하였다. 처음 그를 만났을 때 스미스 대학교(Smith College) 재학 중이었던 그녀는 일기에 이렇게 기록하였다.

> 그는 다른 사람들 보다 키가 컸다. 사람들 속에서도 머리가 보였고 그의 눈빛은 누구보다도 더 날카롭고 맑고 밝게 보였고 강렬한 불빛이 일었다. 내가 이 소년에게 뭐라고 말해야 할까? 시시하고 재미없는 말들뿐이겠지. 그의 앞에서는 이 세상 모든 것이 가볍고 추상적이고 덧없이 느껴졌다.

모험심이 컸던 그녀는 결혼 후 여성 최초로 단독 비행에 성공하고 남편의 부조종사로 비행기를 몰고 아프리카와 남미, 아시아, 유럽 등 세계 각지를 여행하기도 하였다.

여성으로서 처음으로 글라이더 조종사 면허를 획득한 그녀는 20여 편의 시와 논픽션, 그리고 회고록 등을 쓴 유명작가인 동시에 사회운동가였다.

여성의 가사노동 문제와 여권의 신장을 촉구하는 글들을 발표하였고 1995년 논픽션 '바다의 선물(Gift from Sea, 1955)'은 여성특유의 섬세함과 깊은 사색이 돋보이는 작품으로 국내에도 번역되어 소개되었다.

조종사와 부조종사로 전세계를 누빈 린드버그 부부
출처: WIKIMEDIA CONNONS

하지만 호사다마라고 했던가.

대서양 횡단 만큼이나 충격적인 사건이 일어났다.

1932년 3월, 19개월 된 그들의 첫 아이 찰스 주니어가 유괴되는 사건이 일어난 것이다. 2층 창밖으로 사다리가 걸쳐져 있었고 몸값을 요구하는 쪽지가 발견되었다. 요구하는 금액 5만 달러가 전달되었으나 아이는 죽은 채로 집 가까운 숲에서 발견되었다.

'세기의 범죄'라 불리며 대대적인 공분이 일었고 의회는 일명 '린드버그법' 이라 불리는 '연방납치법'을 즉시 제정하여 앞으로 주 에서 발생한 유괴범죄도 연방수사국(FBI)에서 관할하도록 하였다. 범인은 2년 뒤 몸값으로 받은 돈으로 차량에 주유를 하다가 덜미를 잡혔다.

34세의 독일 이민자 하우프트만(Richard Hauptmann; 1899-1936)의 집에는 쓰다 남은 돈 13,760달러와 증거물 등이 발견되었고 재판에 넘겨져 사형이 구형되었고 1936년 4월 전기의자를 이용한 사형이 집행되었다.

찰스 주니어의 사건은 영국의 추리소설 작가 애거사 크리스티(Agatha Christie; 1890-176)의 작품 '오리엔트 특급살인'[15]의 모티브가 되기도 하였고 훗날 유괴사건의 전모를 다룬 영화[16]가 제작되기도 하였다.

그의 비행이 성공한지 30년이 되는 해에 '세인트루이스의 정신(The Spirit of St. Louise)'이라는 이름을 단 영화가 개봉되기도 하였다. 국내에서는 '저것이 파리의 등불이다'라는 제목으로 소개되었다. 이 영화는 '우리는 아직 린드버그를 잊고 있지 않다고' 웅변하고 있는 것 같아서 미국인들의 그에 대한 뜨거운 관심과 열정을 엿볼 수 있다.

---

15) 1934년 발표된 추리소설. 원제목 'Murder on the Orient Express'. 찰스 린드버그 주니어의 유괴사건에서 착상을 얻어 집필 되었으며 그녀의 대표작 중에서도 순위권에 들어가는 명작이다.

16) 'The Lindbergh Kidnapping Case'라는 제목으로 1976년 미국에서 제작, 배포되었다.

린드버그의 역은 제임스 스튜어트(James M. Stewart; 1908-1997)가 맡았다. 그 역시 미 공군 비행사 출신이었고 평소 린드버그를 존경하였던 인물이기도 하였다. 대서양 횡단 당시 25세였던 젊은 린드버그의 모습을 연출하기 위해 47세인 스튜어트는 혹독한 다이어트와 머리 염색 등을 감행해야 했다고 한다. 영화는 젊은 날 자신의 비행에 대한 회상과 대서양 횡단을 위해 세인트루이스의 정신호(Spirit of St. Louise)를 직접 제작하고 준비하는 과정 등이 사실적으로 담겨 있다.

영화 '세인트루이스의 정신' 포스터
출처: IMDb

넘쳐나는 숭배자들과 일거수 일투족을 감시하는 언론과 대중, 그리고 찰스 주니어의 사고와 기자들의 취재경쟁 사이에서 린드버그와 그들의 가족들은 점점 지쳐갔다.

이제 둘째 아들과 가족의 안전을 위해서라도 조치가 필요했다. 그들은 1935년 12월 22일 새벽 극비리에 뉴욕에서 영국 리버풀로 가는 화물선에 올라탔다. 정부의 도움으로 외교관 여권에 이름까지 가명으로 바꾸었다. 하루 뒤에야 세상에 알려졌지만 1936년부터 약 4년간의 유럽 생활이 시작된 것이다.

줄곧 영국의 교외 지역과 프랑스 서북지역의 외딴 섬에 거주하면서 연구와 저작 활동을 하며 가족들과 모처럼 시간을 가질 수 있었다. 특히 프랑스의 노벨 의학상 수상자인 카렐(Alexis Cerrel; 1873-1944)과의 만남은 린드버그의 사상에 큰 영향을 미친 듯하다.

카렐은 혈관과 조직의 이식에 대한 위대한 연구업적을 남긴 외과의사

겸 생물학자로서 지금까지도 의학 분야에서 존경의 대상이 되고 있다.

하지만 그의 사상에 대한 평가는 크게 엇갈리고 있었다. 1935년 발표한 '미지의 인간(Man, The Unknown)[17]에서 그 당시 의학 분야에서는 거의 논의되지 않았던 인간의 육체와 정신의 합일성에 대한 이론을 세워 그의 사상이 대중적으로 알려지게 되는 계기가 되었다.

그러나 독일이 프랑스를 점령한 이후 그가 보여준 행적은 완전히 달라져 있었는데 독일협력정부였던 비시정부[18]가 지원하는 연구소에서 독일나치 정책에 따른 우생학[19] 프로그램을 개발하는데 주도적인 역할을 하였다는 점이다.

이는 곧 유대인 인종 학살을 방조한 독일협력자로 연결되었고 우생학자로서도 비난을 받게 된 것이다.

그의 영향이었는지 린드버그 또한 이러한 우생학과 나치즘, 그리고 반유대주의(antisemitism)에 있어서 카렐과 같은 공감대를 형성하고 있었고 이는 또 후일 미국정부와 언론으로부터 공격을 받는 근거가 되었다.

1938년 주 독일 미국대사의 초청으로 베를린을 방문하면서 나치 돌격대 대장 헤르만 괴링(Herman Goring; 1893-1946)을 만날 기회가 있었는데 뜻밖에도 아돌프 히틀러(Adolf Hitler; 1889-1945)로부터 전달된 명예 훈장을 받게 된다.

---

17) 인간을 정신과 육체를 동시에 지닌 양면성의 피조물이라는 전제하에 생리학과 철학을 고찰한 책. '인간과 과학', '인간의 삶과 수명이라는 생존시간', '환경의 격변에 따른 인간과 동물의 적응차이' 등 10여개의 장으로 되어있다. YES24.COM

18) 비시정부(Régime de Vichy)는 2차세계대전 중에 나치 독일의 점령하에 있던 남부 프랑스를 1940년부터 1944년까지 통치한 괴뢰정권을 말한다.

19) 우생학(Eugenics)은 종의 개량을 목적으로 인간의 선발 육종을 찬성하는 학문으로 1883년 영국의 프랜시스 골턴(Francis Galton; 1822-1911)이 처음으로 창시하였다.

찰스린드버그와 헤르만 괴링(Wikimedia)
출처: 위키피디아

린드버그의 진정한 속마음은 알 수가 없으나 항공산업의 발전에 기여한 점을 들어 수여한다는 괴링의 말을 듣고 수락한 훈장은 그의 사상적 정체성을 확연하게 보여주는 사건이 되었다.

그런데 공교롭게도 그 해 11월 유대인에 대한 폭력이 독일 전역에서 일어나게 된다. '산산조각 난 유리의 밤'[20]이라 불리는 이 사건은 마치 유대인 청년이 독일 관리를 살해한 것에 대한 독일인의 분노에서 촉발된 우발적인 사건처럼 보였으나 사실은 독일 선전부와 나치들이 주도면밀하게 획책한 프로그램이었다.

불과 이틀 만에 250여개의 예배당과 7,000개 이상의 유대인 상점들이 방화 약탈되었고 3만 명 이상이 체포되는 등 유대인들이 수난

20) 수정의 밤(독일어 Kristallnacht)이라고도 불리며 1938년 11월 9일과 10일 사이에 나치 돌격대와 독일인들이 유대인의 상점과 예배당을 파괴한 사건이다. 이 명칭은 사건 당시 수많은 유리창이 깨졌다고 해서 붙여졌다.

을 당했다.

이 사건을 계기로 유대인들에 대한 박해는 정점을 향해 치닫게 되고 나치와의 협력을 의심받는 린드버그는 언론의 집중공격을 받게 된다.

다시 미국으로

1939년 9월 1일, 독일 나치가 폴란드를 침공하였다.

세계2차대전의 시작을 알리는 서막이었다. 미국으로 다시 돌아온 그는 유럽에서 일어난 전쟁에 참전하는 것을 반대하는 고립주의정책을 수십 차례의 라디오 연설을 통해서 활발하게 전개하게 된다. 이는 당시 루즈벨트 대통령(Franklin D. Roosevelt; 1882–1945)의 정책과 충돌하는 지점이기도 하였다.

세계전쟁에 불개입을 강론으로 하는 '미국우선위원회'[21]에도 가입하여 수차례의 연설을 이어갔다. 한 강연에서는 '우리나라를 전쟁으로 내모는 3그룹이 있는데 바로 영국과 유대인, 그리고 루즈벨트 정부'라고 강하게 주장하였다. 다소 길기는 하지만 당시의 상황을 좀 더 이해하기 위해 그의 연설 일부를 소개하면 다음과 같다.

> (중략) 우리나라를 전쟁으로 내모는 3그룹이 있는데 바로 영국과 유대인, 그리고 루즈벨트 정부입니다. (중략) 첫 번째 그룹인 대영제국은 미국이 그들의 편에 서서 도와주기를 바라는 것이 명백해 보입니다. 영국은 지금 절실한 상황에 놓여있습니다. 인구도 그리 많지 않고 선전포고한 독일과 싸워 이길 만큼 강하지도 않습니다. (중략) 두 번째 그룹은 유대인입니다. 왜 유대인들이 나치 독일이 패망을 원하는지 이해하는 것은 어렵지 않습

21) 미국우선위원회(America First Committee)는 미국정부가 세계2차대전에 개입하지 않도록 압력을 행사하기 위해 1940년에 결성되었다. 1941년 12월 일본의 진주만 습격 이후 미국이 전쟁에 돌입하면서 해산되었다.

니다. (중략) 유대인들이 미국에 위험한 이유는 그들이 소유하고 영향력을 미치고 있는 영화사와 언론사, 라디오방송 그리고 우리정부에 대한 입김 때문입니다. (중략)전쟁으로 내보는 세 번째 그룹은 루즈벨트 정부입니다. 그는 전시상황을 이용해서 미국 역사상 처음으로 세 번째 임기를 노리고 있습니다. 그는 이미 최고치에 달한 국가부채에 더 많은 부채를 얻으려고 하고 있습니다. (중략)이들 3그룹이 전쟁 선동을 멈춘다면 미국의 전쟁 개입의 위험은 없으리라 믿습니다.[22] (중략)

그의 연설에 대해서 미국 전역의 신문들은 비판을 쏟아내었고 곧이어 정치인들도 가세하였다. 루즈벨트 대통령은 침묵을 지켰으나 얼마 후 '마치 며칠 전 나치 독일이 발표했던 내용과 극히 유사하다'는 백악관 홍보관의 발표가 나왔다. 많은 사람들은 린드버그가 반유대주의라고 비난하였고 그의 연설을 둘러싼 논쟁은 그동안 추구하였던 고립주의에 회복할 수 없는 상처를 남겼다.

진주만 공습과 미국의 참전

1941년 12월 7일 일본이 진주만(Pearl Harbor)을 공격하였다.

미 정부가 파놓은 함정에 빠진 것일까?

태평양 전쟁을 일으켜 동남아시아로 전선을 확대하던 일본제국은 미국으로부터 수입하던 철과 원유의 수입이 금수조치로 묶이자 행동으로 나선 것이다. 루즈벨트는 그토록 원하던 참전의 명분을 찾았고 일본과 독일 그리고 이탈리아 추축국을 대상으로 전쟁을 선포하였다. 자연히 린드버그가 주장해왔던 고립주의도 미국우선위원회에서의 활동도 멈출 수밖에 없었다.

---

22) 1941년 11월 Des Moines, Iowa에서 '누가 전쟁을 선동하고 있는가?'라는 연설 중 일부

전쟁으로 모든 생산공장은 군수물자를 대느라 바빠졌고 포드(Henry Ford; 1863-1947)또한 자동차 생산보다는 항공기 제작에 집중하여 폭격기 B-24의 생산에 돌입했다.

2차대전 중 포드자동차는 무려 8,685대의 B-24폭격기를 생산하였는데 매 1시간마다 완제품이 쏟아져 나오는 양산 체제였다.

포드는 린드버그를 이 회사의 기술고문으로 초빙하였다. 또다른 항공기 제작사인 유나이티드 에어크랩프트(United Aircraft)를 설득해서 남태평양에서 실제 전투중인 아군기의 성능을 점검하는 기술자문관으로 파견되어 활동을 하였다.

비록 민간인 신분으로 전쟁에 참가하였지만 정찰비행의 임무를 띠고 전투에 참가하기도 하고 때로는 젊은 비행사들을 대상으로 장거리 비행의 요령 등을 지도하기도 하였다.

작가, 그리고 발명가로서의 린드버그

린드버그는 대서양을 횡단한 비행가로 잘 알려져 있지만 작가로서 그리고 발명가로서도 결코 작지 않은 행적을 남겼다.

대서양 횡단에 성공한 1927년 그 해 자서전적인 이야기를 '우리(WE, 1927)'라는 책에 담아 출판하였는데, 첫 해에 650,000부가 팔려나가 베스트 셀러의 반열에 올랐다. 그리고 그의 친필 사인이 들어있는 한정판도 10배나 비쌌지만 진열장에 책이 꽂히기도 전에 사라졌다.

자신의 생애에 일기를 쓴 기간이 한번 있었는데(1938-1945), 약 7년간의 그 기록을 편집하여 '린드버그의 전시 중 일기(The Wartime Journal of Charles Lindbergh, 1970)을 발간하였다.

또 다른 그의 자서전 '세인트루이스의 정신(The Spirit of St. Louise, 1953)'은 14년의 집필 과정이 필요하였는데 그의 어린시절과 초기 비행사 시절을 회상하면서 성공적인 도전의 이야기를 담아내어 퓰리처상(Pulitzer Prize)을 수상하였다.

빠뜨리지 않아야 할 점은 그의 아내 앤(Ann Morrow Lindbergh)도 전문적인 작가로서 자서전과 소설, 시집 등 총13권의 책을 펴냈다.

Charles Lindbergh	Anne Morrow Lindbergh
WE, 1927	Dearly Beloved, 1962
The Culture of Organs, 1939	Earth Shine, 1966
Of Flight and Life, 1948	Gift from the Sea, 1955
The Spirit of St. Louise, 1953	North to the Orient, 1935
The Wartime Journals of Charles A. Lindbergh, 1970	The Unicorn and Other Poems, 1935-1955
Beyond on the Upper Mississippi, 1972	The Steep Ascent, 1944
Autobiography of Value, 1976	The Wave of the Future: A Confession of Faith, 1940

린드버그 부부가 발간한 대표작

앞서 이야기한 프랑스의 노벨의학상 수상자인 카렐은 장기이식수술의 선구자로 평가받고 있는데 그것은 린드버그와 카렐이 공동으로 개발한 관류펌프(Perfusion pump)의 덕분이라 할 수 있다.

장기이식을 위해서는 적출한 장기를 외부에서 일정시간 살려 놓을 수 있어야 하는데 이 펌프의 힘으로 장기이식의 난관을 하나씩 극복해 나갈 수 있었던 것이다.

인공심폐기의 원조로 불릴 만한 이 기기는 부인 앤의 동생이 심하게 앓았던 심장병을 고쳐주기 위해서 카렐을 만나 연구가 시작되었지만 안타깝게도 그녀는 개심수술의 혜택을 받지 못하고 사망하였다.

그와 카렐의 공저인 장기배양(The Culture of Organ, 1939)은 이들의 공동 연구를 보고한 책이다.

린드버그는 항법시스템을 한 차원 발전시켜 비행 시각과 경도를 동시에 확인할 수 있는 시계가 필요하였고 시계 제작사인 론진(Longines Watches)을 찾아갔다. 그의 아이디어와 드로잉을 바탕으로 1931년 그의 이름을 딴 '린드버그 아워 앵글(Lindbergh Hour Angle)이 탄생되었다.

1938년 관류펌프의 발명으로 주간지 TIME지에 실린 린드버그와 코렐(왼쪽),
린드버그가 직접 설계한 시계 도면(오른쪽)

기존 시계와는 달리 현재 시각은 물론 외부의 회전 베젤의 간단한 조작으로 현재의 위치와 균시차, 경도까지 추산할 수 있는 발명품이었다.

그 이후의 삶

그가 최고의 영광을 누렸던 미국의 30년대는 어떤 시대였던가?
아니 그보다 한 세대 전인 20년대를 살펴볼 필요가 있겠다.

1차세계대전 이후 미국은 세계 최고수준의 경제대국으로 급부상했다. 미국은 전쟁터로 변한 유럽에 온갖 군수품과 생필품을 조달하는 생산기지로 바뀌었고 그 결과로 경기는 유례없는 호황을 맞고 있었다.

주식시장은 급등하고 생활수준은 윤택해졌다. 하지만 소위 '으르렁거리는' 또는 '광란의 20년대'(Roaring Twenties)는 10년을 넘기지 못하고 과열을 양상을 띠고 있었고 이미 대공황[23]의 그림자가 어른거리고 있었다.

근대 역사상 가장 길고 깊은 대공황을 통과하던 30년대에 불현듯 나타난 미국 청년 린드버그를 정치인들과 언론들은 그냥 놓아두지 않았고 약간은 과장된 그들의 선전에 대중들은 열광하였다.

하지만 후일 전쟁 개입을 결심한 루즈벨트는 고립주의를 주장해 왔던 그를 사악한 나치의 협력자로 지목하고 공개적으로 비난을 멈추지 않았다.

이렇듯 '정치적 폭격'이 가해지고 시간이 흐르면서 이전의 린드버그 우상화는 '미디어 이벤트'였음이 분명해졌다.

그는 1940년대엔 거의 잊혔고 1950년대엔 사람들의 뇌리에서 완전히 지워진 것처럼 보였다."[24] 1957년 제임스 스튜어트가 주연을 맡은 영화 '세인트루이스의 정신'도 700만달러의 예산을 들여 260만달러 밖에 못 거둬들였으니 흥행에서도 실패하였다.

만년에 그는 환경운동가로 변모해 있었다.

과학과 자연의 균형 있는 발전을 희망했던 그는 '앞으로 우리 인류의 미래는 과학적 지식과 야생의 지혜를 결합하는 능력에 달려있다'고 말하기도 했다.

---

23) 대공황(Great Depression)은 검은 화요일로 알려진 1929년 10월 29일 월스트리트의 대폭락을 시작으로 1929년부터 1929년까지 지속된 세계적인 경제위기

24) 미국사 산책, 6권(강준만, 2010)

자연주의 철학자인 소로(Henry D. Thoreau; 1817–1862)[25]의 '야생에 있는 것이 세상을 보존하는 것'이라는 말에 공감하고 1960년부터 사망할 때까지 미국, 유럽, 남미, 아프리카, 아시아 등 전세계의 환경운동가들과 만나며 멸종위기 동물의 보호를 위해 활동했다.

세계야생동물기금(World Wildlife Fund)[26] 의 위원으로서 위기에 처해있는 고래와 동물, 그리고 서식지보호를 위해서 노력하기도 하였다.

그는 하와이의 마우이(Maui)섬으로 돌아와 조용히 죽음을 맞았다.

키파훌라 만(Kipahula Bay)이 내려다보이는 곳에 본인이 원했던 대로 가장 자연스러운 방식으로 묻혔다. 그의 나이 72세였다.

평범한 그의 비석에는 이렇게 쓰여 있었다.

> 찰스 린드버그 1902년 미시간에서 태어나고 1974년 마우이에서 사망하다.
> 내가 새벽 날개를 치며 바다 끝에 가서 거주 할지라도…(시편 139편9절)
> (If I take the wing of the morning, and dwell in the uttermost part of +the sea…)

---

25) 헨리 데이비드 소로는 실천적 초월주의자이며, 철학자 시인 수필가이다. 대표작 '월든-숲속의 생활'은 2년2개월에 걸친 숲에서의 삶을 정리한 것인데 그의 사상은 이 후 시대의 시인과 작가에게 큰 영향을 주었다.

26) 현재 세계자연기금(World Wide Fund for Nature)의 전신.

7 팬암 _하늘 위의 제국

지금은 이미 역사속으로 사라졌지만 팬 아메리칸항공(Pan American Airways)이라는 전설적인 항공사가 있었다. 팬암(PanAm)이라고도 불리는 이 항공사는 1903년 라이트형제의 첫 비행 이후 비약적으로 발전하고 있던 항공산업의 최전선에서 도전과 개척의 정신을 유감없이 보여준 항공사이다.

창업자 후안 트립(Juan Trippe; 1899-1981)과 동의어와도 같은 팬암은 선구자적 정신으로 새로운 노선을 개척하고 항공기의 개발에도 적극적이었으며 향후 항공서비스 산업의 표본과도 같은 가이드라인을 제시하였다.

20세기 세계 항공사의 제국으로 우뚝 솟았던, 그리고 홀연히 역사속으로 이름만 남기고 사라진 팬 아메리칸항공의 세계로 들어가 보자.

팬암의 탄생, 키웨스트

될성부른 나무는 떡잎부터 알아본다고 하지 않았던가?

팬암의 창업자 후안 트립
출처: 위키피디아

은행원이었던 트립의 아버지는 트립의 열 번째 생일에 즈음해서 그를 뉴욕으로 데려갔다. 그곳에서는 자유의 여신상 주위를 팔자(숫자8)비행하며 온갖 묘기를 부리는 비행쇼가 열리고 있었는데, 우리가 이미 알고 있는 숙적 윌버 라이트와 그린 커티스가 그 주인공들이었다.

수천 명의 관중들이 환호하며 운집한 맨허턴강가에서 트립은 자유자재로 날아다니고 있는 비행기의 모습에 완전히 압도당했고 하늘을 동경하는 소년의 운명은 그렇게 시작되고 있었다.

비교적 부유한 동부의 집안에서 태어난 트립은 사립명문인 예일대학에 입학했다. 하지만 입학하자마자 1917년 미국이 세계대전 참가를 결정하였고 그는 자원입대를 하였다. 시력이 그리 좋지 않았던 트립은 시력검사 차트를 외우는 편법을 동원했는데, 그런 열정은 오로지 군대에서 비행기를 몰고 싶은 욕심에서 한 행동이었다. 하지만 원하는 비행기를 제대로 몰아 보지도 못하고 전쟁은 끝이 났다. 그리고 학교로 복학한 트립이 20세가 되던 해에 아버지가 세상을 떠났다.

생전 사업은 부진했고 물려받은 유산없이 졸업한 트립은 아버지의 업을 이어받아 월가(Wall Street)로 진출하였지만 2년을 견디지 못하고 되돌아왔다.

20대의 청년은 자신의 미래에 대해서 진지하게 고민했다.

자신이 걸어가고자 했던 항공업은 당시에는 일반인들은 존재자체도 알지 못하던 시기였다. 그만큼 리스크가 많은 사업이었지만, 죽든 살든 항공사업 만이 자신이 걸어가야 할 운명이라는 것을 믿기로 하였다.

1923년, 그의 모교인 예일대학교의 동문들에게 주식을 발행해서 모은 돈을 가지고 롱아일랜드항공(Long Island Airways)[1]를 설립했다.

세계1차대전 후 남아돌던 해군비행기를 매입해 부유한 뉴요커들의 휴양지로 각광을 받고 있던 롱아일랜드(Long Island)로 가는 전세기 사업이었다. 이때 경매에서 사들인 7대의 수상비행기는 대 당 약 $500[2]였는데 엔진 하나짜리에 비행사 1명과 승객은 달랑 1명만 태울 수 있는 수준이었다.

여기에서 트립의 기지가 발휘되기 시작한다.

그는 달려있는 90마력짜리 엔진을 220마력으로 바꿔달아서 탈 수 있는 승객 수를 2명으로 늘렸다. 그는 항상 이런 지점에서 전략적인 고민을 하였고, 내려진 결정은 과감하게 행동으로 옮겼다.

그가 항공 사업에 투신해 있던 수십 년 동안 일관되게 밀고 나갔던 것, 그것은 '무슨 일이 있든 좌석 수를 늘려라! 그것이 매출과 연결될지니' 였다.

하지만 그의 헌신적인 노력에도 수지는 좀처럼 개선되지 않았고 항상 수입보다 지출이 앞서 나갔다.

결국 1924년 롱아일랜드항공은 부도가 났고 그 이듬해에 서비스를 중단하였다. 그리고 상업적인 항공사를 성공적으로 경영하기 위

---

1) Long Island Airways (i) was started by Juan Trippe of Pan Am fame in 1923, He, along with former members of the Yale Flying Club, used surplus warplanes to fly New York socialites to their country retreats. Ceased operating in 1925

2) 1922년 기준 $500는 인플레이션 등을 감안해 2023년 기준 약1천만원 정도 이다.

해서 꼭 필요한 중요한 교훈을 얻게 되었다. 밀리지 않는 직원들의 급여와 항공기 정비기술, 그리고 자금력이었다.

캐리비안지역에 관심이 있었던 그는 4년 뒤인 1927년 플로리다주의 키웨스트(Key West)에 항공사를 설립하게 되는데 후일 팬암이라고 불리는 팬아메리칸항공이다.

마침 미 정부는 국제항공우편 수송을 희망하는 사업자들에게 계약을 통해서 수송권을 배분하게끔 되어있었다.

이른바 항공우편법(Air Mail Act)3)이 정식으로 법령으로 채택된 것인데, 사업자로 선정이 되면 정부가 고시한 가격으로 안정적으로 수익을 남길 수 있는 절호의 기회가 되었다.

그런데 이 수송권을 따기위해서는 통과해야 될 관문이 하나 있었는데, 마이애미의 키웨스트에서 쿠바의 하바나까지 우편물을 10월 19일까지 배달해야하는 조건을 하나 던져주었다.

당시 항공우편물의 수송량은 세계대전 후 폭발적으로 늘어나고 있는 추세였다. 이젠 육로나 해상을 통하지 않고 항공을 이용해 전달할 수 있는 새로운 방법이 생겼으니, 지금으로 치면 마치 이메일이 처음으로 도입되는 것과 같은 대전환기로도 비유할 수 있을 것이다. 지정되는 개인항공사업자에 대해서는 정부의 재정적인 지원도 주어지니 사업자들 간의 경쟁도 당연히 치열하였다.

당연이 팬암도 이 사업에 지원을 하게 되었다.

팬암은 당시 이 사업의 수주를 따기 위해서 포커 F-VII(Fokker F-VII)라

---

3) 미국 항공우편법은 1925년 법령으로 채택되었는데 우편당국과 개인 항공운송사업자간 계약을 통해서 이루어졌으며 이후 미국 초기 항공사들이 속속 생겨나는 계기가 되기도 하였다.

는 기종의 항공기를 주문해 놨었는데 불행히도 키웨스트에 도착이 지연되고 있었다. 그 이유는 바로 폭우로 인해 도착지의 활주로 노면이 정비가 제대로 되지 않아 착륙이 불가능하였기 때문이었다.

시간은 흘러가고 희망이 사라지는 순간이었다.

하지만 운명의 여신은 팬암을 향해 미소를 지었다.

페어차일드 FC-2(Fairchild FC-2)라는 수륙양용기가 도미니카(Dominican Republic)의 새로운 항공사의 주인에게 양도되기 위해 팬암이 있는 마이애미(Miami)를 거쳐 간다는 정보를 입수한 것이다.

팬암은 이 절호의 순간을 놓치지 않았다.

우편물의 수송을 위해 그 비행기의 전세(charter)를 의뢰하였고 마침 같이 동행을 하고 있었던 항공사의 새 주인과 협상을 통해 계약이 순조롭게 성사되었다.

10월 19일 아침 키웨스트의 해변에 페어차일드가 약속대로 대기하고 있었다. 하바나행 3 만통의 우편물이 실렸다. 키웨스트에서 하바나까지 불과 한 시간 남짓의 짧은 비행이었지만 향후 60여 년 간의 역사를 써 내려가게 되는 팬암의 여정이 시작된 것이다.

정부의 사업자로 선정된 후 그의 사업은 탄력을 받기 시작하였다. 키웨스트의 공항도 항공승객을 맞을 수 있도록 모습을 갖추어 갔다. 막사모양의 터미널도 지어졌고 격납고도 생겼다.

1928년 1월 16일에는 미국항공사상 최초의 정기국제선인 팬암이 키웨스트에서 유료승객을 태우고 하바나로 떠났다. 90마일의 비행거리에 항공요금은 1인당 50달러[4]였다.

---

4) 인플레이션등을 감안하여 2020 년 현재의 가치로 환산해 보았을 때 약 780 달러에 해당

중미, 남미로!

진정으로 원하면 우주가 나서서 돕는다고 했던가?

트립은 자신의 운명을 바꿀만한 뜻밖의 사람을 만나게 된다. 바로 '행운아 린디(Lucky Lindy)'라고 불리던 찰스 린드버그였다. 그가 누구인가?

1927년 대서양을 무착륙으로 횡단하고 지금 막 세계적인 스타로 떠오른 미국의 영웅이 아닌가. 트립의 팬암 합류제안에 린드버그는 수락하였고 향후 그들은 40여 년간 국제비행사업의 확장과 개발에 둘도 없는 동반자가 된다.

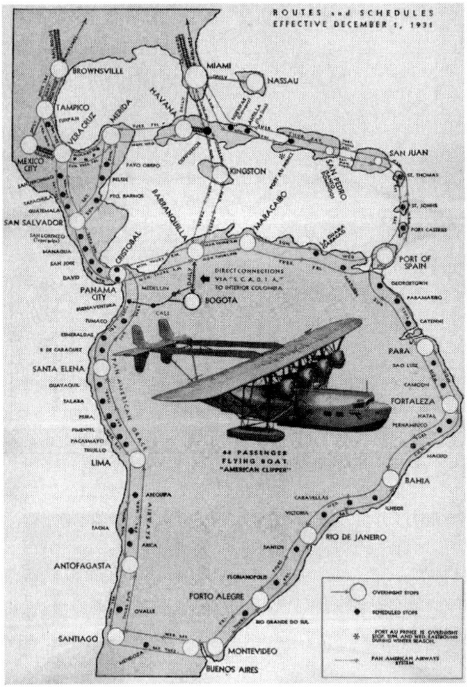

마이애미를 기점으로 뻗어나간 중남미 노선그림(1931년)
출처: 위키피디아

트립은 쿠바에 이어 중미와 남미로 사업을 확장하여 라틴아메리카 전체 시장을 장악하고 싶었다.

자문 역할을 맡은 린드버그는 이 지형에 적합한 비행기의 제작이 필요하였고 판단하였고 결론적으로 수륙양용형 비행선를 트립에게 추천하였다. 그도 그럴 것이 아직 중남미에는 비행기가 이착륙할 수 있는 비행장의 시설이 많이 부족하여 부두시설을 이용하는 것이 훨씬 유리하였기 때문이었다.

린드버그는 필요한 비행선의 제작을 위해 이고르 시코르스키(Igor Sikorsky)를 만났다. 그는 러시아계 미국인으로 러시아혁명이 일어나면서 미국으로 넘어와 롱아일랜드에서 항공제작사를 운영하고 있었다.

팬암이 필요한 비행선의 주문제작을 의뢰받은 그는 승객 8명까지 실을 수 있는 수상 비행기 S-38라는 첫 작품을 내놨다.

생긴 모습 때문에 못생긴 새끼오리라는 말도 들었지만 곧 당대 최고의 성능을 가진 항공기임을 확인하는데 많은 시간이 걸리지 않았다.

곧 이어 더 훌륭한 성능을 가진 S-40 가 배치되었는데 전작보다 엔진이 2개나 더 많은 4개가 장착되었고 승객은 무려 38명까지 실을 수 있었으며 식당칸과 화장실, 그리고 바(Bar)까지 설치되어 있었다.

팬암은 비행선의 이름에 클리퍼(Clipper)라는 이름을 주로 붙여서 명명하였다.

클리퍼는 원래 19세기에 다수의 돛이 달린 쾌속범선을 일컫는 말이었는데, 팬암의 클리퍼는 하늘 위를 더 빠른 속도로 날아가면서 쾌적하고 호화스러운 서비스를 제공한다는 의미를 품고 있었다.

1930년대 남미를 주름잡았던 클리퍼의 모습
출처: Simanitis Say

당시에는 바다건너 대륙 간을 이동할 때에는 선박이 유일한 교통수단이었으니 경쟁대상을 바다위의 배로 상정한 것은 어쩌면 당연한 일 일수도 있겠다.

클리퍼를 이용한 다양한 남미여행상품들이 출시되면서 여유 있는 사람들의 고급스러운 여행문화도 자리를 잡아갔다. 마이애미에서 브라질의 리오까지 가는 12일짜리의 패키지 여행상품은 $865[5)]에 팔려나갔다.

사업이 호황을 이루면서 클리퍼 시리즈는 계속 생산되었는데, 아메리칸클리퍼(American Clipper), 서던클리퍼(Southern Clipper), 캐리비안 클리퍼(Caribbean Clipper)의 별명을 가진 팬앰의 비행선 28대가 1931년부터 1946년까지 라틴아메리카를 휩쓸고 다녔다.

이른바 클리퍼(Clipper)의 시대의 시작이었다.

태평양을 넘어 아시아로

중미, 남미로 가는 사업은 순조로웠다.

당시 미국은 국제항공우편물을 계약을 통해 민간업자에게 배분하고 있었는데 린드버그는 남미로 가는 거의 모든 우편물의 계약을 다 따내고 있었다.

하지만 그의 이름값을 감안하면 그리 크게 놀랄 일도 아니었다. 어느 공무원이 감히 린드버그 앞에서 계약서에 서명을 주저할 수 있었을까. 이미 영웅의 반열에 올라간 그에게 필요한 것은 단지 절제된 매너와 언행정도였지 않았을까?

---

5) 인플레이션을 감안하여 2022년 기준 약 1,700만원 정도이다.

가끔 트립과 린드버그의 부부는 S-38 비행선를 타고 라틴 아메리카를 순회 방문할 기회가 있었는데, 가는 곳곳 마다 세계적인 유명인사가 된 그를 보기위해 사람들이 모여들었다. 대대적인 환영과 함께 팬암기업의 인지도는 거침없이 상승하고 있었다.

아울러 남미 현지의 항공사들과도 전략적 협상 또는 합병을 통해 기업의 몸짓도 점차 키워나갔다.

그러나 여기에 안주할 수는 없었다. 더 큰 시장을 원했던 트립은 대서양을 건너 유럽을 제2의 목적지로 생각했지만 그곳은 아직 영공권, 착륙권 등의 협상이 교착상태에 빠져 진행이 더디었다.

마냥 기다릴 수 없었던 트립은 태평양으로 눈을 돌렸다. 그는 중국을 연결하는 태평양 노선을 만들고 싶었다. 그러나 태평양횡단은 라틴 아메리카와는 전혀 다른 도전이었다.

1만4천km의 망망한 바닷길을 넘어가기 위해서는 중간 중간에 급유를 하면서 이동할 수박에 없는데 당시 알려진 유일한 곳은 호놀룰루밖에 없는 상황이었다.

그야말로 태평양은 그냥 대책 없이 펼쳐진 큰 바다였다. 트립은 지도를 펼쳐 들었다. 그리고 징검다리처럼 찍고 갈 수 있는 섬들을 물색했다. 출발지인 샌프란시스코에서 하와이까지는 2,400마일 정도 되는데 그 정도의 거리는 지금 준비하고 있는 비행기로 도달할 수 있을 것 같았다. 그리고 그 곳 하와이에서 북서쪽 1,400마일 부근에 있는 미국령 미드웨이 섬(Midway Island)[6]까지도 충분히 비행선으로 도달할 수 있는 거리였다. 중국(마카오)측에서는 필리핀의 마닐라(Manila)를 거쳐 괌(Guam)까지도 역시 도달할 수 있는 거리였다.

---

6) 태평양에 위치한 미국령 산호초 섬. 하와이 제도의 북서쪽에 위치하고 있으며 태평양 전쟁의 전황을 바꿨다 평가되는 미드웨이 해전으로 유명하다.

그렇다면 문제는 괌에서 미드웨이 섬까지의 거리가 2,600마일에 달하는데 그 중간에 기착할 수 있는 무엇인가 있어야 했다.

심각하게 지도를 유심히 살피다가 트립은 작은 점처럼 찍혀있는 웨이크 섬(Wake Island)[7]이라 불리는 지명을 발견하였다.

너무 작은 섬이어서 지도에서 조차 제대로 보이지 않는 섬이었다. 이 섬에 대해서 추가적인 사실들이 필요했지만 있을리가 없었고 별 수 없이 트립은 해군청에 비밀리에 지역에 대한 정보를 의뢰를 하였다.

얻을 수 있는 정보는 다음과 같았다.

> 웨이크 섬: 10여 년 전 우리 과학자들이 방문한 기록이 있는 무인도이며 너비 2 평방마일, 해발 12 피트의 작은 산호섬. 산호가 둘러싸인 내해 쪽은 호(lagoon)이 형성되어 있어 외해와 달리 파도가 없이 잔잔함.

트립은 직감적으로 알아차렸다. 그의 태평양횡단의 성공여부는 이 작은 산호섬에 달려있다는 것을.

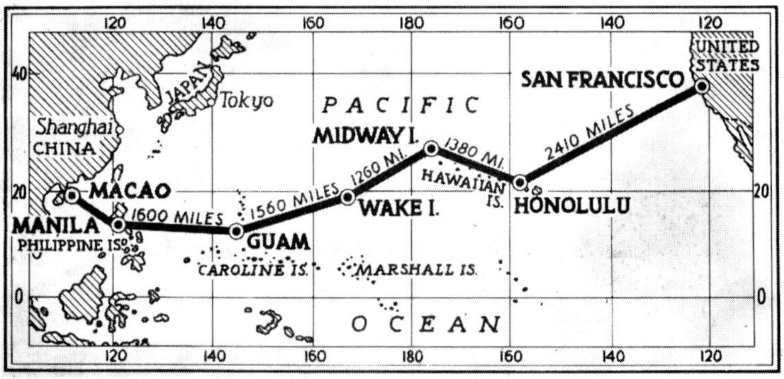

팬암의 태평양 노선

출처: National Air and Space Museum

7) 미드웨이 섬 남서쪽에 위치한 해안선 길이가 19Km 에 불과한 미국령의 산호섬이다.

신의 한 수, 웨이크 산호 섬

트립은 우정청장인 파알리(James Farley; 1888-1976)에게 편지를 썼다. 지금 우리는 하와이를 경유해서 미드웨이, 웨이크, 괌, 마닐라를 거쳐서 중국대륙을 항공으로 연결하고자 한다.

그리고 연결된 이 항공노선을 이용해서 아시아지역으로 국제항공우편사업을 시작하고 싶다는 의사를 밝혔다.

반대할 리가 없는 파일리는 트립의 계획을 크게 환영하며 반겼다.

미 해군청도 팬암의 계획을 적극 지지한다는 의사를 밝혀왔다.

사실 당시 루즈벨트 대통령은 아시아지역에서 일본의 심상치 않은 행보를 예의주시하고 있었다.

일본은 1차세계대전을 종결하는 베르사유 강화회의에 전승국으로 참가하여 한때 독일군의 점령지였던 태평양의 마샬 군도(Marshall Islands), 마리아나 군도(Mariana Islands), 캐롤라인 군도(Caroline Islands)[8)]를 차지하고 있었다. 그리고 여기에 진지를 구축하여 해군력을 빠른 속도로 증강시키고 있었다. 미국의 심기가 편할리 없었다.

그리고 한술 더 떠서 동남아시아와 중국본토에도 역시 세력을 확장하고 있는 중이었다.

따라서 미국정부의 입장은 민간항공사를 앞세워 미드웨이와 웨이크 섬 등에 비행기가 이착륙할 수 있는 시설을 만들 수 있게 해줌으로써 일본에 대한 자극을 최소화시키고 동시에 비상시에는 전초기지로 사용하려는 속셈이 깔려있었던 것이다.

이러한 사실을 간파한 일본은 강력한 항의를 하였다. 하지만 트립

8) 후일 일본은 이 군도들을 교두보로 삼아 1941년 12월 7일 하와이의 진주만(Pearl Harbor)를 기습공격하게 된다.

은 이에 아랑곳하지 않고 항공기의 기착을 위한 시설건설에 바로 들어가 버렸다. 위태로운 상황을 거치기는 하였지만 실로 웨이크 섬에 대한 트립의 구상이 없었더라면 적어도 그의 태평양횡단노선 사업은 흐지부지되거나 십수 년이 지나서야 가능하지 않았을까.

트립은 1935년 하와이, 미드웨이 섬, 웨이크 섬, 괌, 그리고 마닐라 5군데에 비행기가 접근할 수 있는 기지를 건설하기로 결정하고 그루치(Bill Grooch)를 불러 선단을 꾸리게 하였다.

샌프란시스코의 선착장에 화물선 노스헤이븐(North Haven)이 도착하였다. 트랙터와 발전기를 비롯한 온갖 종류의 건설장비와 무선교신장비, 그리고 무인도에서 필요할 수 있는 잡다한 것들이 실렸는데 어떤 이는 당시의 선적현장을 보고 현대판 노아의 방주를 떠올렸다고도 했다.

얼마나 많은 시간이 걸릴지 모르는 이 공사를 위해 77명의 기술자가 승선하였는데 사실 이 현장을 지켜보고 있는 트립의 마음도 착잡하였을 것이다. 망망대해 속에 떠있는 한 톨의 산호초 섬을 찾아내고, 또 그 위에 비행선의 이착륙장을 지으려는 것은 차라리 무모한 도박에 가까웠기 때문이다.

그리고 따지고 보면 이 이후에 사업을 위해 준비된 것도 없었다. 국제우편물수송을 위한 당사국과의 계약도 체결되어 있지 않았고 그 거리를 소화할 수 있는 비행기도 마련되어 있지 않았다.

더군다나 웨이크섬이 과연 비행장의 역할을 할 수 있을지에 대한 확신도 없었다. 만약에 이 세 가지 중에서 한 가지라도 문제가 생긴다면 팬암의 미래는 장담하기 어려웠다.

하지만 트립은 과감한 결정을 내렸고 단장 그루치는 선단을 이끌고 제국건설의 첫 발을 조심스럽게 내딛었다.

첫 도착지인 하와이 호놀룰루에 노스헤이븐이 접안하였다.

항공기와의 교신을 위한 대형 안테나가 내려졌고 하와이 기지의 건설은 순조롭게 진행되었다.

하와이의 다음 목적지는 미드웨이섬이었다. 그곳에서 사용될 다량의 다이너마이트를 싣고 하와이를 출항하였다. 산호초로 둘러싸인 미드웨이 섬은 배가 접근할 수 있는 지역이 아니었다. 별수 없이 해안에서 5-6km 떨어진 바깥쪽에 정박한 후 바지(barge)선을 이용해 장비들을 끌어내렸다. 한 치의 앞길도 예견할 수 없는 절해의 고도에 안테나를 세우고 밤낮으로 공사가 이루어 졌다.

하지만 그 다음 목적지인 웨이크 섬에 비하면 미드웨이 섬은 차라리 수월한 편이었다.

웨이크 섬은 해발 4m도 채 안 되는 3개의 섬으로 이루어져 있었는데, 섬 외부의 산호초들이 섬으로 들어가는 입구를 요새처럼 빙 둘러 막고 있는 형국이었다. 노스헤이븐 호는 산호초 때문에 접안의 어려움이 있어 위키스 섬(Wikes Island)의 남단에 배를 정박하고 그 섬에 기지를 세우려고 접근하였다.

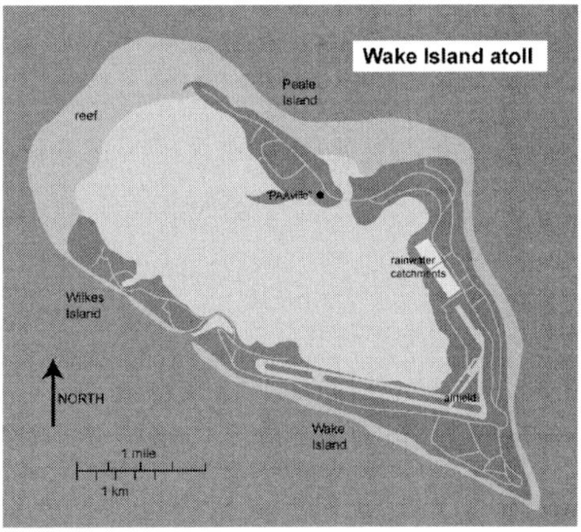

웨이크 산호섬
출처: 구글맵

하지만 위키 섬은 지대가 너무 낮아 침수의 위험이 있어 필스 섬(Peals Island)으로 변경하게 되는데 문제는 배에서 물자를 섬까지 이동하는 것이 큰 난관이었다.

다행히 웨이크 섬과 위키스 섬 사이에 좁은 해협을 하나 발견하였다. 그러나 조그만

배로 바꿔 타고서도 지나가려면 해협의 바닥이 너무 낮아서 필스 섬까지 배를 밀고 올라가야 했으니 그 작업이 얼마나 힘들었는지는 미뤄 짐작할 수 있다.

내해의 호(lagoon)는 파도가 없어 호수처럼 잔잔하여 비행선이 착륙하기는 최적의 장소로 보였다. 하지만 바닥의 산호가 또 문제였다.

비행선의 바닥과 충돌할 만큼 산호초가 크게 자라 있어서 키가 큰 산호초는 일일이 제거하는 방법 이외에는 별다른 수가 없어보였다.

하와이에서 챙겨온 다이너마이트를 꺼내왔다. 물속에 들어가 산호의 윗부분에 폭약을 장착하고 나서 하나하나씩 폭파해 나갔다. 이렇게 수중 폭파 작업이 3개월 동안 이루어졌고 제거한 산호초는 100여개에 달하였다. 수시로 진척상황을 보고 받으면서도 트립은 좌불안석이었다.

웨이크 섬은 태평양노선의 운명을 가르는 매우 중요한 작업이었기 때문에 하루라도 빨리 결과를 보고 싶었다.

트립은 설리번(Sullovan)을 불렀다. S-42를 내어주며 웨이크 섬을 직접시찰하고 착수가 가능한지 확인하기를 명령하였다. S-42는 시코르스키가 제작한 S-40의 후속 모델로 원래 유럽노선에 배치하기 위해 제작한 비행선이었다. 그래서 조금 모자라는 항속거리를 더 늘리기 위해 승객좌석을 뜯어내고 연료통을 추가로 달아 몇 개월 전에는 샌프란시스코-하와이구간의 시험비행을 무사히 마친 상태였다.

웨이크 섬 주변에 도착한 설리번은 상공에서 선회하며 착수해야 할 지점을 유심히 살펴보았다. 그리고 내해의 필스 섬쪽으로 미끄러지듯 내려가며 바닷물을 갈랐고 산호초 앞에 멈춰 섰다.

성공적인 착수였다. 태평양 한 가운데 다섯 개의 디딤돌, 즉 하와이-미드웨이-웨이크섬-괌-마닐라를 딛고 미국과 아시아(중국)대륙을 연결할 수 있는 가능성을 확인하는 역사적인 순간이었다.

노스헤이븐 호와 그루치 일행은 괌과 필리핀의 작업을 마저 마치고 4개월 전에 출발하였던 샌프란시스코로 무사히 돌아옴으로써 그들의 임무를 완수하였다.

마침내 아시아로_차이나 클러퍼(China Clipper)

이제 태평양횡단을 위한 모든 준비가 완료되었다.

주문한 비행선 M-130도 도착하였다.

차이나 클리퍼(China Clipper)라고 이름 붙여진 이 비행선은 당시 현존하는 최대 크기로 시속 150마일의 운항속도로 3,000마일을 날아갈 수 있는 4발의 엔진이 장착된 고성능 비행선이었다.

1935년 11월 22일, 샌프란시스코의 알라미다(Alameda)부두의 팬암 터미널 주변에는 20만 명이 넘는 사람들이 운집하였다. 우편물을 실은 차이나 클리퍼의 첫 태평양횡단 비행선의 출발을 보기 위해 빽빽하게 모여든 것이다.

먼발치에서는 성공적인 출발을 기원하는 10만여명의 사람들이 초조하게 비행선의 이륙을 기다리고 있었다. CBS, NBC 라디오 방송은 출발 1시간 전부터 전세계에 생방송으로 현장을 소개하고 있었다.

루즈벨트 대통령의 축전이 전달되고 축포와 애국가가 울려 퍼졌다.

트립은 축사에서 다음과 같이 연설하였다.

> (중략) 지구 전체거리의 1/3에 걸쳐 뻗어있는 바다를 오늘 첫 정기편으로 운항할 수 있게 된 것은 전적으로 미국정부와 미국 비행기 제작사 그리고 우리 미국 승무원의 도움으로 시작될 수 있었습니다. 그런 면에서 매우 중대한 의미를 가지고 있다고 생각합니다(중략).

트립은 이 출범식을 마치 '미국의 이벤트'로 바꾸어놓는 기민함도 보여주었다. 당시 대공황을 겪고 있었던 미국민들은 자신들의 위대한 기술이 자랑스러웠고 그리고 그곳에서 다시 떠오르는 듯한 일말의 희망도 보았을 것이다.

후일 한 평론가는 '마치 60 년대에 달나라로 쏘아 올렸던 아폴로 11호의 이륙을 지켜보던 사람들의 감격과 환호가 이와 다르지 않았다' 라고 적었다.

하지만 이 비행은 여전히 위험한 도박 그 자체였다.

15톤이 넘는 육중한 비행선 M-130은 이제 막 생산된 기체여서 성능과 안전성이 완전히 검증되지 않은 상태였고, 또 지구의 1/3거리만큼이나 걸쳐있는 태평양은 지금까지 누구도 비행하지 않은 미지의 공간이었다.

제대로 된 항법 장치도 없이 태평양 한 가운데에 먼지처럼 작은 섬을 찾아 비행한다는 것은 무모하기 짝이 없는 도전이었기 때문이다.

차이나 클리퍼(M-130)의 출발을 지켜보고 있는 사람들(1935 년 샌프란시스코 알라미다)
출처: Alameda Sun

정박해 있는 비행선에 10만여 장의 항공우편물이 실렸다.

곧이어 직원들이 탑승하였고 조종사 에드 뮤직(Ed Musick; 1894-1938)은 천천히 비행선을 출발시켰다.

전 세계가 숨죽이고 지켜보고 있는 가운데 차이나 클리퍼는 서서히 물보라를 일으키며 물위를 날기 시작했다. 하지만 우편물과 적재물의 무게를 합하여 25 톤의 무게가 버거워서 인지 비행선은 좀처럼 높이 날지 못하고 있었다.

눈앞에는 당시 현수교 형태의 오클랜드 베이브릿지(Oakland Bay Bridge)가 건설 중이었는데 차량이 다니는 도로없이 위에서 아래로 늘어뜨린 금속 줄만 대롱 대롱 매달려 있는 상태였다.

원래 계획대로라면 다리위로 날아가기로 되어 있었으나 비행선이 떠오르는 양력이 충분치 않아 다리 밑으로 날아갈 수밖에 없었다.

이를 지켜보던 사람들은 그것도 마치 쇼의 일부인 것처럼 생각하고 환호를 질렀지만 군중 속에 있었던 트립의 일행은 가슴을 쓸어내려야했다.

곧 충분한 양력을 받은 비행선은 정상적인 고도로 올라갔다.

한창 공사 중이던 금문교(Golden Gate Bridge)가 발아래 보였고 드디어 태평양을 향해서 속도를 높였다. 모든 것이 순조롭게 진행되었다.

하와이의 호놀룰루를 거쳐 미드웨이 섬으로 그리고 웨이크 섬에도 정상적으로 도착 한 후 괌으로 향하였다.

그런데 완벽한 가운데 한 가지 웃지 못할 실수를 범하였는데 태평양을 넘나들 때 고려해야할 날짜변경선을 빠뜨려 괌에서 하루를 더 보내야만 했다. 필리핀에서 예정된 행사의 날짜와 맞추기 위해선 어쩔 수 없는 조치였다.

샌프란시스코를 출발한지 6일 만에 필리핀에 성공적으로 도착하였다. 이륙 후 59시간 48 분간의 비행이었다.

필리핀 마닐라 만에 도착한 차이나 클러퍼의 모습
출처: Manila Nostalgia

필리핀 만 가까이에는 미국에서보다 더 많은 사람들이 환호하며 기다리고 있었다. 거리에는 떠들썩한 축제분위기 속에서 시가행진이 이어졌으며 모두들 교통혁명이 이루어졌다며 감격해했다.

완벽한 비행을 주도한 조종사 뮤직은 겨우 군중을 헤치고 단상위로 올라갔다.

루즈벨트 대통령이 보낸 첫 국제항공 우편물이 필리핀의 퀘손(Manuel L. Quezon)대통령에게 전달되었다.

퀘손 대통령은 연설에서 감격스러운 목소리로 이렇게 말하였다.

(중략)오늘을 기해 위대한 미대륙과 아름다운 태평양의 섬나라 사이에 있어왔던 '거리'라는 장애가 영원히 사라졌습니다(중략).

사실 과장된 표현도 아니었을 것이다.

고립된 섬나라 필리핀은 스페인의 오랜 식민지시대와 미 군정시대를 마무리하고 이제 막 독립한 신생 국가였다. 그리고 오늘 이 비행선 한 편으로 인하여 지금까지 어디에도 연결되지 않은 '섬나라'라고하는 고립에서 벗어나 보다 큰 바깥세상과 연결되는 한 줄기의 희망을 보았을 법하다.

그로부터 30년이나 더 지나 발간되는 책 '거리의 폭정'[9](The Tyranny of Distance, 1966)은 남반구 끝자락에 위치한 호주의 지리적 고립이 한 나라에 어떠한 영향을 미치는지를 사실적으로 보여주고 있는데 필리핀의 상황이 그와 별반 다르지 않았을 것이다.

캘리포니아로 돌아온 뮤직은 벌써 린드버그에 버금가는 유명인사가 되어있었다.

그가 몰았던 비행선 차이나 클리퍼 또한 세상의 화젯거리 그 이상으로 '클리퍼 광풍(Clipper Craze)'이 되어 미국사회의 대중문화 속으로 파고들고 있었다.

음울한 대공황의 터널 속에서 차이나 클리퍼는 한 줄기 희망이었고 본 받아야할 도전 정신이었다.

차이나 클리퍼모형의 어린이 장난감이 불티나게 팔려나갔고 레스토랑과 카페의 이름도 차이나 클리퍼로 앞 다투어 바꿔 달기 시작했다.

워너 브라더스(Warner Brothers)는 '차이나 클리퍼(China Clipper, 1936)'라는

9) 호주의 작가 지오프리 블레이니(Geoffrey Blainey)의 1966 년 작품. 유럽, 미국, 일본의 경제권 중 어디에도 속하지 않은 호주의 고립의 문제를 다룬 책.

영화를 올렸는데 트립의 역은 팻 오브라이언(Pat O'Brien)이 뮤직의 역은 당시에는 신인이었던 험프리 보가트(Humphrey Bogart)가 맡았다.

에드 뮤식(Ed Musick; 1894–1938)
출처: 위키피디아

팬암은 마닐라까지 우편물을 실어 나르기 시작한 1년뒤인 1936년부터 여객도 본격적으로 수송하기 시작했고, 고객의 편의를 위해 미드웨이 섬과 웨이크 섬에 호텔도 세웠다.

그 이듬해인 1937년에는 홍콩까지 노선을 연장시켰는데, 이로서 미 대륙과 중국 대륙의 연결이 드디어 완성되었다.

하지만 불행하게도 뮤직의 생은 그리 길지 않았다.

샌프란시스코에서 사모아 클리퍼(Samoan Clipper)에 우편물과 승무원 6명을 태우고 출발한 뮤직은 경유지인 사모아의 파고 파고(Pago Pago)를 이륙하여 뉴질랜드의 오클랜드로 향하고 있었다.

출발한지 1시간도 안되어서 4번째 엔진에 기름이 새는 것을 발견하고 회항을 시도하였으나 바다 위에 추락하고 말았다. 안타깝게도 탑승인원 전원이 실종되는 사고가 일어났다.10)

실종자 수색은 무위로 끝났고 수심이 깊어 비행선의 잔해 몇 점을 제외하고는 기체 인양도 실패하였다. 1938 년, 뮤직 그의 나이 43 세였다.

---

10) 1937년 1월 11일 당시 그가 몰았던 비행선은 4발 엔진이 장착된 S-42B 였다. 문제를 발견하고 회항하였고 비행선의 무게를 줄이기 위해서 연료를 방출하고 있다는 교신을 마지막으로 통신이 두절되었다. 비행선의 잔해 몇 점이 인근 바다 위에서 발견되었지만 수심이 깊어 인양을 하지 못하였다.

이코노미 클래스의 출현

1941년 일본의 진주만습격은 미국을 세계대전으로 순식간에 끌어들였다.

라틴아메리카를 시작으로 아시아 태평양지역, 그리고 유럽과 아프리카 지역까지 광범위한 항공망을 가지고 있었던 팬암은 자연스럽게 미 정부의 절대적인 파트너가 되었고 연합군을 승리로 이끄는데도 적지 않은 공헌을 하게 된다.

미군은 군수품의 보급을 위해 항공기가 절대적으로 필요하였다.

전투기들이 이착륙할 수 있는 활주로와 무선통신을 위한 시설구축과 기술 등이 필요하였는데 팬암은 지금까지 축적된 기술과 인력, 그리고 인프라를 제공하면서 미정부의 든든한 후원자가 되었던 것이다.

극비리에 전략물자를 수송하는 작전에도 투입되었는데, 일례를들면 아프리카 가봉(Gabonese Republic)[11]에서 채취한 우라늄(Uranium) 수 톤을 비밀리에 들여와 미정부에 전달하기도 하였다.

당연히 이 물질은 원자폭탄의 제조원료로 사용되었는데 일본 히로시마에 투하된 원폭의 제조에 사용된 우라늄의 75%가 팬암이 수송한 물량이었다.

그리고 실상은 각국의 수뇌들과의 정상회담을 위해 루즈벨트를 각 나라로 실어 나름으로서 공군 1호기와 같은 역할도 도맡아 하고 있었다. 미국인들에게 그리고 외부세계에 팬암은 이미 성조기와 독수리처럼 미국을 대표하는 상징과도 같은 존재로 부각되었던 것이다.

---

11) 당시에는 벨기에의 지배를 받고 있어서 Belgian Congo 에 속해있었다.

마침내 전쟁은 끝이 났다.

두 번의 세계대전을 거치면서 항공 기술은 획기적인 발전과 진보를 거듭하였고 탑재량과 항속 거리도 비약적으로 증가하였다.

팬암의 성공적인 이륙을 도왔던 '비행선'은 이제 은퇴를 하고 2개 또는 4개의 프로펠러를 단 '비행기'가 하늘을 채우기 시작했다.

특히 전쟁을 치르고 돌아온 군용기를 개조한 DC-4[12] 또는 DC-6은 높은 신뢰도와 성능으로 항공사들의 각광을 받고 있었다.

미국의 더글러스 사(Douglas Aircraft Company)[13]에서 제작한 이 비행기들은 최대 7,500km까지 날아갈 수 있었으며 좌석수를 100석까지 늘리 수 있어서 대양을 넘나들 수 있는 중장거리 노선에 투입되었다.

이제 사람들의 마음에는 항공여행에 대한 동경과 이국적 문화에 대한 호기심이 조금씩 싹트고 있었다.

트립은 생각하였다.

현재의 항공승객은 대부분 돈 많은 엘리트층에만 국한되어 있었고, 그 수요 또한 비교적 안정적이기도 하여서 대부분의 항공사들은 만족하고 있는 편이었다.

하지만 그는 항공사의 수익창출을 위해서는 더 큰 비행기에 더 많은 승객을 싣고 더 많은 목적지로 날아가야 한다고 생각하였다.

그는 1943년 5월, 뉴욕의 어느 한 연설에서 이렇게 주장하였다.

---

12) 민간용으로 제작 중이던 더글러스 DC-4(Douglas DC-4)는 미국이 2 차 세계대전 참전을 결정하면서 강제적으로 군용기로 조달되기 시작하였으며 그 후속작인 DC-6 도 마찬가지이다. 1942 년 초도 비행 후 50 년 이상 군용기와 민간기로 활약하면서 현대적 의미에서 항공 수송의 시대를 열었으며, 전 후 민간항공노선의 부흥을 주도하였다. 국내에서는 1953 년 대한항공공사가 도입하여 사용하기도 하였다.

13) 더글러스 사(Douglas Aircraft Company)는 1921 년 설립된 미국의 항공기 제조회사이며 1967 년 맥도널 사와 합병하여 맥도널 더글러스 사로 운영되다가 1997 년 보잉에 다시 합병되었다.

'항공 승객의 수송은 아주부유한 사람들에게 비싼 금액을 받고 고급스러운 서비스를 제공하는 방법과 일반사람들이 지불할 수 있는 금액을 받고 일반적인 서비스를 제공하는 2 가지의 방법이 있다고 생각합니다.'

지금의 관점에서는 지극히 당연한 생각이지만, 당시의 기준에서는 항공기는 그야말로 최고의 특권층만이 누릴 수 있는 혜택이었다.

팬암은 두 번째의 방법에 골몰하였고 이를 위해서는 엘리트 계층뿐만 아니라 일반인들로 부터 수요의 저변확대가 절대적으로 필요하다고 판단하였다.

당시 팬암은 민간항공사들의 모임인 국제항공운송협회[14]를 주도하고 있었는데, 트립은 협회의 담합을 통해 고정된 뉴욕-런던 구간의 편도요금 375 달러를 대폭 할인하여 수요를 획기적으로 더 늘리고 싶었다.

할인의 근거이유는 오늘날 우리가 부르는 '이코노미 클래스' 또는 '투어리스트 클래스'라는 새로운 개념의 도입이었다. 그러나 높은 금액을 안정적이고 균일하게 받고 싶어 하는 협회의 대부분의 항공사들은 완강하게 반대하였다. 심지어 영국은 '이코노미 클래스'좌석이 있는 팬암 비행기의 착륙을 불허하기까지 하였다. 하지만 결국 수년간의 트립의 설득 끝에 1952년 '이코노미 클래스'의 좌석이 자유롭게 시장에 진입할 수 있게 되었다.

뉴욕-런던 왕복요금이 486달러[15], 그러니까 기존의 고정된 금액의 약 1/3금액으로 제공되기 시작한 것이다.

---

14) IATA (Int'l Air Transport Association)는 1945 년 설립되었다. 국제항공업계의 정책개발, 항공운송에 관한 각종 절차와 규정을 심의하고 결정하는 순수 민간 국제협력단체로 캐나다 몬트리올과 스위스 제네바에 본부가 있다.

15) 인플레이션을 감안하여 2020 년 기준 약 4,775 달러에 해당.

팬암의 이코노미 좌석(The Rainbow) 광고 유인물

출처: 팬암

팬암은 바로 DC-6의 개량형인 DC-6B를 전진배치하고 팬암 그들의 특허기술을 적용시켜 유연하게 시장을 파고들었다. 즉, 기존의 50여석의 디럭스좌석을 82석의 '이코노미 클래스'로 서로 손쉽게 재배치할 수 있는 기술이었는데 작업 소요시간은 불과 90분이었다. 수요가 쏟아져 나왔다. '레인보우(The Rainbow)'라고 불리던 '이코노미 클래스'좌석은 출발하기도 3개월 전에 마감이 될 정도로 선풍적인 인기를 끌었다.

사실 당시 '이코노미 클래스'좌석이라고 해도 앞뒤 좌석 간의 공간(pitch)이 38인치에 달해서, 현재 대부분의 항공사들이 제공하는 28~30인치에 비하면 오히려 지금의 일등석에 가까운 넓은 여유 공간을 제공하고 있었다.

제트엔진과 항공여행의 대중화

트립은 여기에 만족하지 않았다.

100명 남짓의 승객을 태우고 날아가는 프로펠러 비행기로는 분명 시장의 한계가 있어보였고 더 많은 사람을 싣고 더 멀리 날아가기 위해서는 좀 더 강력한 엔진이 필요하다고 생각하였다.

1952년, 영국의 항공기 제작사 드 하빌랜드(de Havilland Aircraft)는 영국해외항공사[16] 에게 코멧(Comet)이라는 항공기를 납품하였다. 혜성처럼 나타난 이 첨단 비행기는 터보제트엔진 4개를 장착하고 상용운항에 들어간 사상 최초의 민간항공기로 기록되었다.

제트엔진은 피스톤엔진으로 공기를 고압으로 압축하여 연료와 함께 연소시켜 이때 발생하는 폭발력으로 추력을 얻는 방식이어서 기존의 프로펠러 방식의 한계점을 일거에 해소하였다.

객실에는 여압장치가지 설비된 이 항공기는 고고도의 비행이 가능하여 날씨의 영향을 덜 받아 정시 운항율이 높아졌고, 정숙비행과 더불어 비행 속도도 2배나 빨라져 항공업계의 기대를 잔뜩 받고 있었다.

그런데 뜻하지 않은 사고로 1953년-1954년 사이에 코멧 3대가 공중폭발하여 탑승자 전원(99명)이 사망하는 불운이 닥쳐왔다.

정확한 사고의 원인은 밝혀지지 않았고 신기술이라고 격찬을 아끼지 않았던 제트엔진에 대한 의구심과 기피로 사람들의 관심에서 막 벗어나려던 참이었다.

하지만 제트엔진의 충분한 미래 가능성을 알고 있었던 트립과 린드버그는 집요하게 사고원인을 파고들었고 결국 영국정부의 사고조사단도 그들의 주장을 받아들이기에 되었다.

사고의 원인은 비행기가 고고도와 저고도를 오가면서 압력차이가 발생하였고, 이는 곧 비행기체에 수축과 팽창을 발생시켜 금속의 피로도가 누적된 것이었다. 당시 항공기의 창은 사각형으로 설계되어

---

16) 영국해외항공(British Overseas Airways Corporation; BOAC)은 지금의 영국항공(British Airways)의 전신이다.

있었는데 이 사각형의 모서리에 집중된 부하가 급증하면서 기체의 균열로 이어졌다는 것이다. 결국 창문의 형태를 부하가 가장 적게 받는 원형으로 개선하면 해결할 수 있는 디자인의 문제였던 것이다.

하지만 창문의 개선만으로 트립의 숙제가 해결된 것은 아니었다. 코멧 제트기는 운항거리도 짧았고 탑승 가능한 승객은 50여명에 불과해 트립의 욕구를 충족시키기에는 턱없이 부족하였다. 더 크고 강력한 제트엔진이 필요하였다.

당시 미국의 항공기제작사는 보잉 사와 더글러스 사가 경쟁하고 있는 구도였는데, 여전히 소형비행기와 프로펠러 비행기에서 못 벗어나고 있었다.

그는 200명 정도의 승객을 태우고 대륙간 중간 기착 없이 날아갈 수 있는 제트엔진 비행기의 제작을 수차례 간청하였지만 양사로부터 거절당했다.

보잉과 더글러스는 그 정도의 출력을 내려면 50% 더 높은 성능의 제트엔진이 필요하였고, 설령 그것이 기술적으로 가능하다 하더라도 불확실한 사업에 모험을 걸고 싶지는 않았던 것이다.

발상의 전환이 필요하였다.

트립은 주저주저하는 항공기 제작사들을 뒤로하고 그대신 항공기 엔진을 만드는 회사로 가서 직접 설득하기로 마음을 바꾸었다.

그는 미국의 대표적인 항공기 엔진 제작사인 프랫앤드위트니(Pratt & Whitney)[17]와 영국의 제작사 롤스로이스(Rolls-Royce)[18]를 오가며 끈기있게 줄다리기를 하면서 왜 이러한 고성능의 제트엔진이 필요한지

17) 프랫앤드휘트니(Pratt & Whitney)는 1925 년 창립되었으며 GE, 롤스로이스와 함께 세계의 시장을 이끌고 있는 미국의 항공기 엔진 제작회사이다.

18) 롤스로이스(Rolls-Royce)는 영국의 항공기 엔진 제작 회사이며 1906 년 설립되었다.

를 협박과 회유를 하면서 주장을 이어갔다.

두 회사는 서로 눈치를 보면서도 팬암이 혹시 상대방 회사로 결정하면 자칫하면 잃어버릴 수 있는 어마어마한 기회비용을 고민하였고 결국 프랫앤드위트니 사가 선점을 하였다.

트립은 120개의 제트엔진을 프랫앤드위트니 사에 주문하였다. 엄청난 주문량이었다. 더군다나 아직 엔진을 장착할 비행기도 없는 상태이지 않은가. 하지만 이제부터 트립이 기획한 두번째 협상전략이 시작된 것이었다. 이미 비행기에 달 엔진을 손에 쥐고 다시 접근하는 그를 보면서 보잉과 더글러스는 어떤 심정이었을까?

초기에는 그의 제안을 사업가들이 흔히 하는 허풍 정도로 여겼겠지만 이젠 그의 모든 것을 걸고 나오는 대담함 앞에 할 말을 잃었을 것이다. 더 이상 그의 제안을 거부할 수가 없었고 오히려 보잉과 더글러스는 이제 선두를 서로 빼앗기지 않으려는 경쟁자의 신세가 되어 버렸다. 이렇게 해서 완전히 새로운 개념의 비행기가 세상에 나왔다. 모두 제트엔진을 단 보잉 707, 그리고 더글러스 DC-8 이었다.

1958년부터 투입된 보잉 707과 DC-8은 항공여행의 문화를 완전히 바꾸어 놓았다. 30년 전인 1927년, 뉴욕에서 파리까지 린드버그는 대서양을 홀몸으로 사투를 벌이며 33시간을 날아야 했지만, 지금의 제트여객기는 150여명을 태우고도 7시간이면 파리에 도착할 수 있는 시대가 되었다. 세상은 한층 더 가까워졌고 막 소개된 이코노미 클래스의 등장으로 중산층도 손쉽게 여행할 수 있는 항공여행의 대중화가 시작된 것이다.

60년대는 2차세계대전의 참혹한 전쟁터 위에 피해복구가 일어나면서 경제가 활발히 되살아났고 대중문화도 국경을 넘어 소비되기 시작했다. 대중의 시선을 잡기위해서 팬암은 당시 세계 대중음악계를 평정하고 있었던 영국의 4인조밴드 비틀즈(The Beatles)를 활용하기로 했다. 그들의 첫 미국 순회공연을 영국해외항공사(BOAC) 대신 팬암을 이용하게 한 것이다.

1964년 2월 7일 존 레논(John Lennon)과 그 일행이 탄 팬암 101편이 런던을 출발해 뉴욕공항에 도착하였다. 3,000여명의 열광적인 팬들의 환호가 그들을 기다리고 있었고 가는 곳마다 넘쳐나는 군중 뒤에는 철저하게 기획된 팬암의 로고가 따라다녔다. 이틀 뒤 그들이 등장하는 TV쇼의 시청률이 무려 40%에 달하였다고 하니 그들의 높은 인기를 미루어 짐작할 수 있고 팬암이 거두었던 광고효과는 기대 이상이었다.

팬암의 B-707 을 타고 뉴욕에 도착한 비틀즈(The Beatles)1964년
출처: AIRLINERS.NET

'영국의 침공(British Invasion)'이라고도 불리던 이들의 공연은 매회 인산인해를 이뤘고 그들의 헤어스타일과 패션을 흉내 내거나 거칠고 반항적인 매너를 따라하는 등 비틀즈 문화현상이 일어났다. 팬암의 브랜드는 자연스럽게 그 대중 속으로 스며들었다.

제트엔진을 단 B-707과 DC-8은 거침없이 세계를 날아다녔다.

60년대 말쯤에는 6대륙의 85개 국가를 넘나들면서 늘어나는 운항편 만큼 회사의 수익은 가파르게 치솟아 올랐다.

팬암은 취항하는 대도시에 호텔도 직접 운영하였는데, 인터컨티넨탈호텔(Intercontinental Hotels)사업부는 초기의 남미지역에서 벗어나 중동, 아시아, 아프리카, 유럽지역에서 성업 중이었고 마지막엔 미국 내에서도 사업을 이어갔다.

뉴욕의 맨해튼에는 59층짜리 빌딩을 발주해 1963년에는 팬암빌딩으로 불려지는 세계에서 가장 큰 사무용 건물로 본사를 옮겼다.

하지만 트립의 야망은 충족되지 않았고 여전히 더 큰 출력의 제트엔진에 목말라 했다. 트립은 보잉의 CEO인 앨런(William Allen)을 다시 찾았다. 지금보다 2배 이상의 승객을 실을 수 있는 비행기가 필요하다고 설명하였다. 무려 500명의 승객을 한 비행기에 실을 수 있는, 그리고 후일 점보(Jumbo)라는 애칭으로 불리던 B-747의 대형비행기의 그림을 그리고 있었다.

알래스카에서 연어 낚시를 하며 서로 나누었다는 이 둘의 회자되는 전설적인 대화를 소개하면 다음과 같다.

트립: 만들어 주면 사겠소. (If you build it, I'll buy it)
앨런: 사주면 만들어 주겠소. (If you buy it, I'll build it)

보잉 747과 규제완화법

팬암은 이 혁신적인 모델의 비행기 25대를 주문하였다.

1대당 가격이 2천만 달러로 총지불대금은 5억2,500만달러에 달하는 초대형 계약이었다. 분명 트립에게도 그리고 보잉의 앨런에게도 리스크가 있는 도박이었다.

시애틀의 북쪽 50km에 위치하고 있는 보잉사는 기존의 공장 킹 카운티(King County)에서는 보잉747과 같은 대형기의 제작이 도저히 불가능해 인근의 에버렛(Everett)에 새 공장을 짓고 회사의 운명을 건 프로젝트에 돌입했다.

사업규모가 워낙 커서 자칫 잘못하면 회사가 부도가 날 수도 있는 위험한 계약이었다. 하지만 이 모든 우려를 비웃기나 하듯이 계약 후 약 4년 뒤인 1970년 1월 22일, 보잉은 약속한 항공기를 팬암에게 인도하였다.

항공여행의 판도를 바꾼 B-747. 트립(오른쪽)과 보잉의 CEO 앨런
출처: Simple Flying

첫 비행은 승객 335명과 승무원 20명을 싣고 뉴욕에서 런던 히드로공항을 날아가는 스케줄이었다. 활주로에서 출발을 준비하는 동안 긴장감이 흘렀고 관제탑에서 신호를 받은 거대한 몸집의 보잉은 활주로를 힘차게 달리기 시작했다.

순간 바퀴가 활주로에서 떨어졌고 기내에서는 축하와 감격의 박수가 터져 나왔다. 가히 항공기술의 혁명이라 부를만 했고 제트항공시대가 개막된 것이었다.

그 후 팬암은 이 기종을 총 65대나 운영하며 승객들을 세계 곳곳으로 실어 날았고 이에 자극을 받은 타 항공사들도 뒤질세라 구입에 나섰다.

단박에 '보잉 747'은 보잉사의 최고의 베스트셀러가 되었고 동시에 시대를 앞서가는 첨단 항공기의 대명사가 되었다.

하지만 전술 하였듯이 새로운 항공기에 대한 트립의 억척스러운 개척정신과 앨런의 결단이 없었더라면 항공산업은 지금 분명 또 다른 길을 가고 있을 것이다.

널리 알려져 있듯이 '하늘의 여왕'으로 불리는 보잉 747은 500명을 넘는 승객을 실을 수 있는 초대형 항공기였다. 2개의 복도를 사이에 두고 좌석배열을 한 광동체(wide-body)[19]여서 훨씬 높은 천장과 넉넉한 공간으로 여행의 안락함을 더해주었다.

그리고 무엇보다 중요한 것은 대량운송이 가능해지면서 항공승객 1인당 운임이 대폭 떨어져 여행의 대중화를 불러왔다는 것이다.

이제 세상은 더 작아졌고 중산층의 여행기회는 예전보다 훨씬 많아졌다.

---

19) 기내의 통로가 2개인 보잉 747이 생기면서 구분이 필요하게 되었다. 기존의 통로 1개를 중심으로 2-2 또는 3-3 의 좌석배열이 된 것을 협동체(narrow-body)라고 한다.

트립이 고집스럽게 추구해왔던 그의 철학이기도 하였다.

그러나 트립 그의 역할은 여기까지였다. 1968년 그는 돌연 사퇴를 선언하였다. 그의 나이 68세였다.

이에 더하여 두 번째 메가톤 급 충격이 팬암에 가해졌다.

1978년은 항공사의 역사에 있어서 획을 긋는 큰 변화가 있었는데 바로 미국의 '항공규제완화법(Airline Deregulation Act)'[20]의 발표였다.

규제완화법은 소비자들에게는 환영받는 조치였지만 기득권을 가지고 있었던 기업에는 극심한 시련의 시작을 의미했다.

지금까지는 민간항공위원회(Civil Aeronautics Board; CAB)에서 항공사가 취항하는 노선과 횟수, 운수권, 운임등을 엄격하게 통제하며 비교적 안정적으로 사업을 유지할 수 있었으나 이제는 시장이 완전 자율화되면서 무한경쟁에 돌입하게 된 것이다.

정책의 주요 골자는 '노선참가의 자유화'와 '운항자격 제한의 철폐', 그리고 '운임의 자유화'였는데 어느 것 하나 팬암에게는 이로울 것이 없는 재앙과 같은 조치였다.

세계가 주목했던 이 획기적인 조치로 항공사들의 희비가 엇갈렸다. 정부의 규제철폐로 지금까지 소외당해 왔던 중소형 항공사들은 물론 유나이티드, 아메리칸, 델타등의 메이저항공사들의 시장진입이 쉬워진 반면 '보호' 도 '장벽'도 사라진 팬암은 이제 완전히 달라진 게임의 룰에 힘겹게 적응해야만 했다.

규제완화법이 불러온 영향은 결코 간단치 않았는데, 하나같이 팬암에게는 위협적 이었는데 몇 가지 간추려보면 다음과 같다.

---

20) 이 규제완화로 지금까지 정부의 보호아래있던 대형항공사들이 불리하게되고, 반면 중소규모의 신규항공사들도 시장에 진입할 수 있게 되면서 양적인 면에서 항공산업의 급속한 팽창이 이루어졌다.

첫째, 극심한 가격전쟁이다. 일반화하기는 곤란하겠지만 항공사업의 주요 상품인 '서비스'는 얼추 평준화 되어 있어서 경쟁수단은 결국 가격으로 귀결될 수밖에 없었다. 이러한 상황에서 운항가격제한의 철폐와 시장참가의 자유화로 운임이 경쟁적으로 낮아지게 된 것이다.

둘째, 신생항공사들의 허브앤드스포크(Hub & Spoke)노선망 전략 도입이었다. 허브앤드스포크 시스템은 취항하는 도시군의 중심에 허브를 두고 연결하는 2차 도시에 방사형으로 스포크를 설치하여 각 도시를 연결하는 전략인데 사용기재와 인원을 효율적으로 운영할 수 있어서 경쟁자들의 노선망이 한층 강화되었다.

셋째, 운항편공유(Code Sharing)의 탄생이다. 제한된 기재와 노선망을 극복하기 위해 경쟁사들은 서로 힘을 뭉쳤는데 운항편과 공항시설 등을 제휴하고 공유하면서 불필요한 중복투자를 피할 수 있었고 이러한 방법으로 경쟁력을 높힌 경쟁사들은 독자적으로 구축해온 팬암의 입지를 무력화 시켰다.

창의적이고 혁신적인 아이디어로 줄곧 하늘길을 개척해왔던 팬암은 이제 조직이 비대해지면서 외부시장의 변화에 둔감해졌다.

그리고 정부의 보호막이 걷히면서 촉발된 무한경쟁의 시대에 제대로 대응하지 못하였다. 불행하게도 원대한 비젼을 가지고 주도하였던 B-747은 결국 기업에 부담이 되어 돌아왔던 것이다.

그 이후에도 행운은 좀처럼 팬암 곁에 있어주지 않았다.

70년대 두 차례의 오일쇼크(Oil Shock)로 인해 원유가격이 최고 400%나 올라 승객의 숫자는 줄어들고 있었고, 항공사의 운영비는 급상승하여 2중고를 겪고 있었다. 특히 대형기 위주의 선단을 꾸린 팬암은 경영에 적지 않은 압박을 받기 시작하였다.

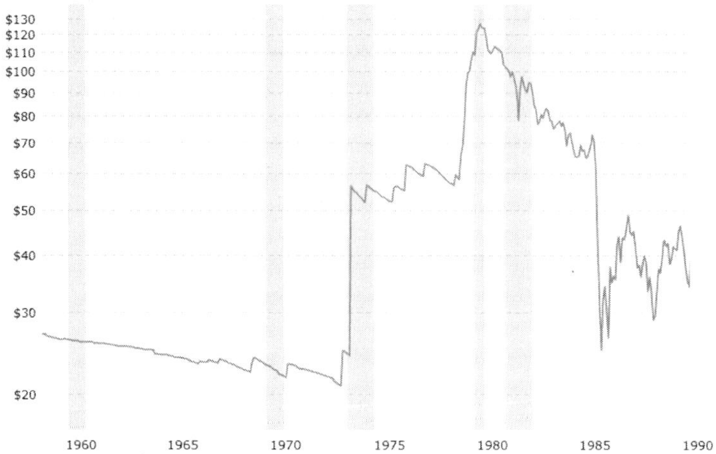

1 배럴 당 원유가격 추이(2020 년 기준 인플레이션 반영)
출처: macrotrends

위기의 시작

당시 팬암은 뉴욕과 마이애미, 로스앤젤레스와 샌프란시스코 등지에서 출발하는 국제선만 운영하고 국내선은 정부(CAB)의 허가를 받지 못한 상태였다.

따라서 국제선에 필요한 국내 내륙의 승객들은 국내선을 운영하는 타 항공사에의 공급에 의존하고 있었는데, 정부가 일체의 시장간섭을 하지 않는 규제완화법이 시행되자 팬암은 국내선 사업을 직접 할 수 있는 좋은 기회로 여겨졌다.

숙원사업이기도 하였던 국내선을 확보하기 위해 1980년 팬암은 플로리다 주에 거점들 두고 있던 내셔널항공사(National Airlines)를 평가액보다 높은 금액에 덜컥 사들였는데 이 또한 여러 가지 면에서 전략적 실패로 거론된다.

우선 팬암이 각 관문도시에서 출발하는 국제선을 수익성 높은 승객으로 채우려면 연결되는 내셔널의 도시들이 큰 상업도시이어야 하는데 라스베이거스, 뉴올리언스, 템파 등과 같은 휴양지 일변도여서 시너지의 한계가 있었다는 점이다.

그리고 양사가 보유하고 있는 항공기의 기종은 물론 운행방식도 달라 교육과 유지에 많은 경비가 소요되었다. 저비용으로 수익을 내고 있던 내셔널직원들의 급여가 팬암수준으로 올라가자 단박에 적자로 돌아서기도 하였고 고공행진 하는 원유가는 안정될 기미가 보이지 않았다.

각종 사고와 테러도 이어졌는데, 1977년 3월에는 사상 최악의 항공기 충돌사고가 테네리페(Tenerife)에서 일어났다. 아프리카 서해안 카나리아제도의 라스팔마스로 향하던 KLM(네델란드항공사)과 팬암은 현지공항이 테러의 위협으로 폐쇄되었다는 연락을 받고 인근에 있는 아주 작은 테네리페공항에 임시착륙하게 된다.

부활절 휴가기간이어서 두 항공사의 B-747 비행기는 휴양객으로 북적거렸는데 불과 몇 시간 후면 일어날 끔찍한 사고를 과연 상상이나 하였을까.

사고는 참으로 어처구니없이 활주로위에서 일어났다. 안개가 짙어 시계가 좋지 않은 상태에서 이륙허가를 받는 KLM 은 전속으로 활주하고 있었고, 그 활주로의 중간쯤 팬암은 유도로(Taxiway)로 진입하기 위해 큰 몸통을 회전하고 있는 중이었다.

뒤 늦게 팬암을 발견한 KLM 은 급상승을 시도하였으나 충돌을 피하지 못하였다. 583 명이 사망하는 비극적인 사고였다.

팬암은 비공식적이기는 하지만 미국을 대표하는 항공기로 인식되었기 때문에 줄곧 테러리스트들의 공격대상이 되어왔다.

1988년 12월에는 런던 히드로우 공항을 출발해 뉴욕으로 향하던 팬암 103편이 스코틀랜드의 로커비(Lockerbie) 상공에서 폭파되어 지상에 있었던 11명을 포함해 총 259 명이 사망하였다. 이 사고는 테러리스트들이 폭탄이 들어있는 수하물을 몰래 기내로 반입시켜 공중에서 폭파시켰는데, 팬암은 수하물 검사를 소홀히한 책임을 물어 유죄판결을 받았다. 이 외에도 크고 작은 사고들이 일어나면서 팬암에 대한 신뢰도는 점점 추락하고 있었다.

위기에 처한 팬암은 자산처분 외엔 달리 방법이 없었다. 뉴욕시의 명소이기도 하고 항공업계 번영의 상징이었던 맨해딘의 팬암빌딩을 매각하였고 세계적인 호텔체인으로 성장한 인터콘티넨탈호텔도 내어놓았다. 항공사의 생명줄인 노선권도 매각하였는데 태평양 황금노선은 유나이티드항공사에 유럽노선은 델타항공사에 넘어갔고 마지막 남은 중남미노선도 경매에 넘어갔다.

팬암의 종언

1991년 1월 팬암은 더 이상 내다 팔 자산도 다 떨어져 결국 파산보호신청을 하고 재기를 노렸다. 미국의 자존심과도 같은 회사를 살리기 위해 정부는 세제혜택과 금융지원 등의 처방을 하였지만 그해 12월 팬암의 시계는 완전히 멈췄다. 1930년대 부터 반세기동안 하늘 높이 쌓아올린 하늘의 제국은 힘없이 무너져 내렸다.

2011년, 사라졌던 팬암의 모습은 ABC 방송의 드라마 속에서 화려하게 부활했다. 드라마의 제목은 바로 회사 이름인 '팬암'이었는데 60년대 항공사 승무원들의 이야기를 14회의 에피소드에 다채롭게 담아냈다.

회사의 이름과 로고까지 실존했던 항공사의 것을 그대로 가져와서 사용했다는 것이 현재의 관점에서는 좀처럼 믿어지지 않는다.

다만 6-70년대에 팬암이라는 거대한 항공제국을 운영했던 한 기업에 대한 뜨거운 애정과 애착의 표현이라고 생각해두자.

ABC 방송의 드라마 'PAN AM'
출처: ABC

드라마 '팬암'이 방영되기 10여 전인 2002년에는 영화 '캐치 미 이프 유 캔'이 상영되어 팬암 항공사의 향수를 다시금 자극했다.

스티븐 스필버그 감독에 레오나르도 디카프리오와 톰 행크스 등의 굵직한 인물들이 출연한 이 영화를 보면서 제국은 사라졌지만 그 화려했던 흔적들을 추억하는 이가 많았으리라.

세계적인 항공사로서 선구자적인 표준과 기준을 남겼던 팬 아메리칸항공사. 그러나 어쩌랴. 그 거인의 어깨를 딛고 세상의 모든 항공사들은 경쟁과 각축을 통해서 앞으로 나아가고 있을 뿐이다.

8 콩코드
_소리를 제압하라

속도[1]는 인간을 비롯한 모든 살아있는 동물의 생존에 기여해왔다. 포식동물의 위협으로부터 벗어나기 위해서는 기민하게 움직여야했고, 따라서 경쟁자보다 더 빨리 획득하고 선점하기 위한 속도는 종족의 번영에 필수적인 요소로 작용해왔을 것이다. 속도숭배의 DNA를 물려받은 인간은 이제 빛의 속도로 관계를 맺고 해체하는 초연결의 시대를 살아가고 있다.

헨리 포드의 자동차는 온전히 자신의 근육으로 감당해야 했던 인간의 속도를 극복하게 했고, 라이트형제의 날으는 기계(Flying machine)는 3차원의 새로운 속도의 공간으로 안내하였다 그리고 급기야는 음속[2]을 뛰어넘는 비행기(Aircraft)의 모습을 인류에게 선사하였다.

실제로 1970년대 첫 초음속 여객기로 화려하게 등장했던 콩코드

---

1) 물리학에서는 속도(변위/걸린시간)와 속력(이동거리/걸린시간)을 구분하여 사용하지만 항공기는 기본적으로 직선운동를 전제하므로 구분없이 사용하도록 한다.
2) 음속은 마하(Mach)의 단위로 표시하기도 한다. 매질과 온도에 따라 차이가 나지만 소리는 보통 초속 340m로 전달되며 이는 시속 1,223Km정도(마하1)이다. 음속을 뜻하는 마하는 오스트리아의 물리학자 에른스트 마흐가 고안한 개념이다.

는 숱한 승객들을 싣고 대서양을 수십 년 동안 횡단하곤 하였다.

그러나 당시에는 항공기술의 금자탑과도 같았던 초음속 여객기는 기술적 보완이 필요했고 땅으로 내려온 그는 기나긴 동면에 들어갔다.

그로부터 20여 년이 지난 오늘날 인간들은 그를 잠에서 다시 깨웠다. 창의적이고 혁신적인 기술이 몸체에 이식되었고 기지개를 켠 초음속이라는 녀석은 조만간 하늘높이 다시 날아오를 태세이다.

지구는 더 좁아지고 역설적이게도 사람들은 더 바빠질 것이다. 이번 장에서는 초음속 여객기와 동의어격인 콩코드가 어떻게 태어나고 살아갔는지 그의 일대기를 소개하고자한다.

비행속도의 변천사 100년

1903년 라이트형제가 개발한 플라이어(Flyer)호는 시속 11Km의 속도로 12초를 날았다. 속도보다는 오직 동력을 이용해서 얼마나 오랫동안 체공할 수 있느냐가 최대의 관건이었기에 인간의 뜀박질에 불과한 수준임에도 항공역사의 신기원으로 기록될 수 있었다.

공식적으로는 1905년부터 국제항공연맹(FAI)[3]이 결성되어 항공기록을 심사하고 공인하기 시작하였는데, 지난 100년 동안 각 시대별로 제작된 민간항공기들의 순항속도(Cruising speed)는 다음의 그림과 같다.

---

3) Fédération Aéronautique Internationale 는 국제항공연맹은 기록비행의 국제적 규칙을 제정하고 이에 따라 수립한 항공기록을 심사 또는 공인하는 기관이다.

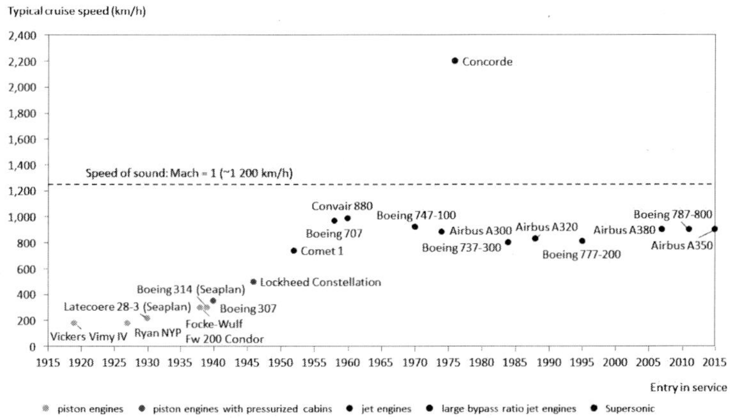

항공기 기종별 비행속도의 변천사 100년

출처: Emerton[4)]

여실히 세계대전으로 항공기의 제작기술은 비약적으로 발전하였다. 노벨(Alfred Nobel: 1833-1896)이 발명한 다이너마이트가 불행히도 그가 원치 않는 살상용으로 쓰여 졌듯이, 새처럼 훨훨 날고 싶었던 인간의 욕망은 상대방을 파괴하는 흉기로 돌변했다.

더 높이 날고 더 빠르게 날아야 죽임을 피할 수 있었다. 1920년대에 항공기들은 시속 200Km 정도의 속도로 날아다녔는데, 폭격기로서 활약했던 비커스 비미(Vickers Vimy)와 찰스 린드버그(Charles A Lindbergh: 1902-1974)가 대서양을 타고 건넜던 라이언 NYP(Ryan NYP)[5)]등을 예로 들 수 있다.

비커스 비미(Vickers Vimy)

비커스 비미는 시속 161Km로 날아다녔다.

---

4) https://www.emerton.co

5) '세인트루이스의 정신(Spirit of St. Louis)'으로 더 잘 알려져 있으며 1927년 린드버가 뉴욕-파리를 무착륙 단독비행에 성공하였다.'

세계1차대전 중 영국의 중폭격기로 제작되었으나 전쟁이 바로 끝나면서 실전에 제대로 배치는 되지 못하였다.

1919년에는 대서양을 무착륙 횡단하면서 장거리 비행기로서의 위력을 보여주었다. 이 비행기에는 영국인 존 알콕과 아서 브라운이 타고 있었는데, 캐나다령인 뉴펀들랜드에서 출발하여 아일랜드에 도착한 대서양 횡단비행으로 유명하다.

그렇다면 린더버그보다 10년 앞서 횡단에 성공한 셈인데 어떤사유로 린드버그가 첫 횡단자로 기록된 것일까? 그것은 아마도 그의 도착지가 프랑스의 파리여서 더 많은 미디어와 사람들의 관심을 받은 것이라 할 수 있다. 그들의 입장에서는 다소 억울할 수도있는 비행이었다.

1920년대 줄곧 영국왕실비행단(RAF)의 핵심적인 역할을 하였으며 1930년대까지 군사용과 민간인용으로 사용이 되었다.

비커스 비미(1919년)
출처: 위키피디아

라이언 NYP(Ryan NYP)

1927년 린드버그는 홀로 '세인트루이스의 정신(Spirit of St. Louise)'을 몰고 뉴욕의 롱 아일랜드에서 프랑스의 파리까지 성공적인 비행을 하였다.

시속 214km의 이 비행기는 기존의 '라이언 NYP'를 횡단비행을 위해 개조한 것인데, 여기서 NYP는 New York - Paris를 뜻하는 말이다. '세인트루이스의 정신' 또한 그를 지지해준 미주리 주의 세인트루이스 시민들에게 감사의 뜻으로 개명한 것이다.

33시간 30분의 비행 후 그는 일약 세계적인 스타의 반열에 올랐다.

파리의 르부르제공항에서 불을 밝히며 기다리고 있던 15만 명의 시민들은 열광적으로 그의 성공적인 도착을 축하하며 떠날 줄을 몰랐다.

당시에도 세계에서 제일 큰 도시 뉴욕은 단 한 사람을 영접하기 위해 인산인해를 이루었다. 마천루에서 뿌려진 색종이는 하늘과 도시를 뒤덮었고 400만 명으로 추정되는 환영인파에 싸여 생애 최고의 날을 보냈다. 그 공은 오롯이 그가 택한 라이언 NYP의 덕이었다.

'세인트루이스의 정신'의 전신인 라이언 NYP
출처: thisdayinaviation.com

포케불프 Fw200 콘도르(Focke Wulf Fw200 Condor)

포케불프 Fw200 콘도르
출처: 위키피디아

하늘의 지배자인 맹금류 '콘도르'의 이름을 가진 독일산 전투기이다.

2차세계대전에 맹활약하였으며 시속 360Km의 빠른속도와 우수한 성능으로 영국의 대표적인 전투기인 스핏파이어(Spit Fire)에게는 공포의 대상이었다. 초기에는 26명 정도의 승객을 실을 수 있는 여객기로 개발되었으나 나중에 수송기를 거쳐 전투기로 변경되었다.

몸 전체를 금속으로 처리해서 튼튼하게 제작되었으며 장거리 정찰기 및 대함 폭격기로 활약하였다. 당시 영국공군은 속수무책으로 밀리면서 고전을 면치못했는데, 윈스턴 처칠 영국수상은 '대서양의 재앙(Scourge of Atlantic)'이라고 불렀다. 2차대전 내내 유럽하늘의 지배자로 군림했다.

록히드 컨스텔레이션(Lockheed Constellation)

미국의 록히드사에서 1954년 제작되었으며 시속 540Km의 성능에 4개의 엔진장착이 장착되었으며 추진력은 피스톤을 사용한 프로펠러를 이용했다.

항공기가 기상의 영향을 덜 받으면서 더 빨리 비행하려면 구름위로 높이 올라가는 것이 유리한데, 이때 기온과 기압이 떨어지고 산소도 희박해지므로 별도의 여압장치가 필요하다.

세계최초의 여압기술(Pressurization)이 적용된 항공기는 1938년에 제작된 B-307 이지만, 컨스텔레이션으로부터 장거리의 국제선여객기에도 범용으로 사용되기 시작했다. 높은 고도에서 비로소 비행이 가능해지면서 속도는 더 빨라졌고 더 안전하고 편안한 항공여행이 가능해졌다. 여러버전이 있지만 공통적으로 돌고래의 몸체를 닮은 동체(Fuselage)와 수평으로 배치한 3중꼬리날개가 특징이다.

록히드 컨스텔레이션 C-69(공군용)
출처: 위키피디아

코멧 106(DH 106 Comet)

프로펠러에서 제트엔진으로

영국의 드 하빌랜드(de Havilland Comet)에서 제작한 세계최초의 상업용 제트여객기로 1949년 첫 비행을 하였다. 제트엔진의 장착으로 당시 프로펠러 항공기의 2배 정도인 시속 740Km로 비행이 비로소 가능해졌다.

코멧에는 터보제트엔진 4기가 장착되고 여압장치를 갖춘 36인승 최신에 여객기로, 기내의 진동도 획기적으로 줄여 쾌적한 환경을 선사해 승객들의 큰 환영을 받았다. 그리고 1952년에는 영국해외항공(BOAC)[6]이 런던-요하네스버그[7]에 취항시키면서 제트여행의 신세계를 화려하게 열어 제쳤다.

앞서 소개하였지만 영국의 자존심과 같았던 코멧은 2년 뒤 일련의 사고로 무너지고 말았다. 1954년, 불과 3개월을 사이에 두고 2대의 항공기가 운행 중 공중 폭파되는 비극적사고가 발생한 것이다. 충격에 빠진 영국은 처칠 수상까지 나서서 철저한 사고규명을 요구하기에 이르렀다.

사고조사를 위해 실제 항공기가 들어갈 수 있는 규모의 대형수조가 만들어졌고, 그곳에 물을 넣고 빼고 하면서 외부압력이 동체에 미치는 영향관계 등을 실험하였다. 조사결과 고고도를 운항하면서 지속적인 가압과 감압이 동체의 금속에 피로감을 누적시켰을 가능성을 제기하였고, 제작당시 드릴작업 없이 리벳을 박으면서 외피에 발생한 미세한 균열이 원인일 수 있다고 분석하였다.

그리고 당시에는 창문의 모양이 사각형이었는데 각진 모서리부분에 응력이 집중되면서 균열이 더 쉽게 일어났다고 설명한 바 있다.

값비싼 교훈이었고 곧이어 개선된 항공기가 발 빠르게 만들어졌지만 발길을 돌린 항공사들은 쉽게 코멧으로 돌아오지 않았다.

안타깝지만 누군가는 지불해야 될 희생을 결국 코멧이 먼저 안은 셈이었고 반면 제트항공시대의 공학적인 측면에서는 기술적으로 진일보하는 사건이기도 하였다.

---

6) BOAC(British Overseas Airways Corporation)는 현재 영국항공(British Airways)의 전신이다.

7) 약 7,000마일을 기존의 절반인 23시간만에 비행하였는데, 런던에서 로마-베이루트-카르툼-엔테베-리빙스턴을 경유해서 요하네스버그에 도착하였다.

런던 히스로-요하네스버그 첫 취항(코멧106_1952)
출처: 위키피디아

보잉707

보잉707은 보잉에서 개발한 700번대 시리즈의 첫 작품으로 4발 제트엔진이 장착된 협동체[8] 여객기이다. 코멧 이후 제트여객기가 다수 있었지만 현대적인 면모를 갖춘 첫 제트여객기로 평가되며 170석의 좌석으로 대서양과 태평양을 넘나드는 압도적인 수송력을 자랑했다.

팬암은 일찌감치 707의 탁월한 잠재성을 감지하고 20여 대를 미리 주문하기도 하였는데, 1958년 10월에는 미국항공사로서는 처음으로 뉴욕-파리 구간을 제트 여객기로 취항하면서 본격적인 제트여객기시대를 열었다.

순항속도는 시속 919km까지 끌어올렸다.

사실 B-707 이후 50여 년동안 제작된 B-747, B-737, B-777 그리고

---

8) 객실내부의 통로가 1개이며 가로 한 줄당 좌석 수가 2-6석인 여객기의 동체를 일컫는다. Narrow Body라고도 하며, 통로가 2개인 것을 광동체 혹은 Wide Body라고 부른다.

B-787 등의 속도가 현재까지 음속의 80%수준에 머물고 있다는 점을 감안한다면, 여객기는 속도 면에서는 지난 반세기 동안 답보상태에 있다고 할 수 있을 것이다.

보잉707의 모습
출처: 위키피디아

그리고 1970년대부터 여객기를 생산한 에어버스(Airbus)의 사정도 크게 다르지 않았다. 1972년 첫 비행을 시작한 A300부터 최근의 A350까지 이르면서 눈부신 공학적 발전에도 불구하고 비행속도는 시속 1,000Km를 크게 넘지 못하고 있는 것 같은데 그 이유는 무엇일까?

이에 대한 답변을 미리 서둘러 하자면 다음과 같다. 보통의 제트 여객기가 주어진 속도보다 더 빨리 비행하지 않거나 또는 못하는 것은 경제성과 항공기의 구조적인 한계 때문이다. 그래서 비행기의 속도를 원하는 만큼 더 올리기 위해서는 결국 처음부터 음속을 돌파할 수 있게끔 설계하고 제작해야 하는 것이다.

초음속 여객기의 등장과 퇴장

1957년 소련이 쏘아올린 세계최초의 인공위성이 미국을 비롯한 서방세계를 공포에 떨게 하였다. 이른바 스푸트니크의 충격이었다.

미국 땅 하늘위로 농구공만한 위성이 날아다니며 미국을 샅샅이 정찰하고 있다는 사실은 생각만 해도 끔찍한 일이었다.

막 취임한 젊은 존 F. 케네디(John F. Kennedy)대통령은 항공우주국(NASA)을 만들어 우수한 인재를 모으고, '우리는 달에 가기로 했습니다[9]'라는 유명한 연설을 하며 소련과의 우주개발경쟁에 뛰어들었다.

이러한 미-소의 냉전 틈바구니에서 영국과 프랑스가 택한 항공육성 전략은 초음속 여객기의 개발이었다.

제트여객기는 이미 미국의 보잉이 싹쓸이 하다시피 했고 초음속기에 대해서는 미국도 별 관심이 없어하니, 앞날 유럽의 먹거리를 위해서라도 피할 수 없는 숙명으로 여겼다.

사실 미국도 보잉을 앞세워 초음속기를 만들 계획을 세우기도 했으나, 개발기간이 턱없이 길어지고 또 개발비의 75%를 지원하기로 한 안이 상원에서 부결됨에 따라 사업이 좌초된 상태였다.

이에 반해 소련은 1960년대 초부터 초음속 여객기 개발계획을 발표하고 이 사업에 꾸준히 매달려왔는데, 1968년 12월에 투폴레프의 Tu-144가 첫 초음속비행에 성공하면서 세계 최초라는 타이틀을 가져가게 되었다.

그로부터 불과 2개월 뒤인 1969년 3월에 영국과 프랑스가 합작으로 만든 콩코드 역시 첫 비행에 성공하면서 투폴레프와 콩코드는 대결국면으로 돌입하게 되었다.

---

9) 1962년 케네디대통령이 텍사스 휴스턴에 있는 라이스대학교(Rice Univ.)에서 한 연설로 "We Choose to Go to the Moon-Speech"이다.

	투폴레프 Tu-144	콩코드
제작사	소련 투폴레프	영국과 프랑스
첫 비행	1968.12.31	1969.03.02
도입시기	1977.11.01	1976.01.21
탑승인원	140명	120명
순항속도	2,120Km	2,158Km
생산시기	1968-1983	1965-1979
생산댓수	16	20

투폴레프와 콩코드의 비교

하지만 소련의 투폴레프에서 만든 Tu-144는 세계최초라는 타이틀이 무색하게 수차례의 사고가 발생하였고 또 그 문제점을 제대로 해결하기 못하면서 많은 신뢰를 잃고 말았다. 결국 1977년에 첫 상업적 취항을 한 투폴레프의 Tu-144는 그 이듬해인 1978년에 바로 퇴역하면서 짧은 생을 마감했다.

그리나 1976년부터 정기편으로 운항하기 시작한 콩코드는 파란만장한 우여곡절이 있었지만 2003년 10월 퇴역할 때까지 30년 가까이 대서양을 오가며 승객을 실어 날랐다. 물론 이제는 더 이상 하늘에서 볼 수 없게 되었지만 여전히 한 시대를 풍미했던 초음속 여객기라는 추억의 아이콘으로만 남아있다.

마하 2.0으로 날아다녔던 콩코드는 땅으로 내려왔고 초음속 여객기의 시계는 20년이 지난 오늘날까지 멈춰서있다. 이제 그때 그 시대로 돌아가서 콩코드의 역사에 대해서 알아보도록 하자.

초음속 여객기 콩코드의 발달사

사람이 처음으로 초음속으로 비행을 한 것은 척 예거(Chuck Yeager)에 의해서였다.

미국의 육군항공대 소속인 그는 세계2차대전에 참전하여 혁혁한 공을 세운 에이스였다. 그는 미국의 Bell사가 제작한 항공기를 몰고 마하 1.06(시속 1,130Km)의 비행을 성공함으로써 처음으로 음속을 돌파한 인간으로 역사에 이름을 남기게 되었다. 초음속은 불가능하지 않다는 것을 몸으로 보여준 것이다.

하지만 당시까지 초음속비행은 가능하지 않다는 것이 일반적인 상식이었다.

비행기는 초기의 프로펠러에서 제트엔진으로 진보하고 있었고 속도는 점점 더 빨라지고 있었지만, 음속에 가까워지면 기체가 폭발하는 사고가 발생하고 있었기 때문이었다.

비행기가 음속을 돌파할때 날개의 전면에 공기분자가 심하게 압축되면서 발생되는 충격파(Shock waves) 때문 이었는데 이에 대한 연구가 한창 이루어지고 있는 시점이었다.

하지만 누구도 직접 경험하지 않고서는 알 수 없는 미지의 영역이었다.

그러던 중 미군이 초음속기 개발에 본격적으로 나서게 되는데 8명의 지원자 중 24세의 젊은 대위 척 예거가 시험비행 조종사로 발탁되었다. 2차대전에서 12기의 적기를 격추한 베테랑으로서 그의 명성은 벌써 자자했다.

그가 몰고 갈 비행기 X-1은 모선(Mother ship)인 B29의 밑에 매달려 상공 6Km에서 분리될 예정이었다.

X-1은 초음속비행에 적합하도록 알루미늄합금으로 제작되었는데 짧은 날개와 로켓엔진으로 장착되어 있었고 동체의 대부분은 추진제인 액체산소와 에탄올이 가득 채워져 있었다.

Bell X-1과 척 예거
출처: 위키피디아

적정고도 다달았을 때 예거는 X-1으로 연결되는 통로로 내려가 조종석에 앉았다.

곧 이어 모선에서 아래로 자유낙하 하면서 떨어져나간 X-1은 항공기의 기수를 약간 아래로 향하게 하면서 4개의 로켓엔진을 점화시켰다. 그리고 속도가 마하 0.8에 도달하자 기수를 올리고 가속하기 시작했다. 마하 0.9…1.0, 그리고 1.06 까지 속도를 최대한대로 끌어올렸다.

1947년 10월 14일, 인간이 최초로 음속을 돌파하면서 항공역사의 새 이정표를 세우는 날이었다.

또한 '초음속비행은 불가능하다'는 당시의 고정관념을 깬 날 이기도 하였다.

훗날 그는 그의 회고록에서 이렇게 썼다.

> "초음속을 달성한 순간에 대한 모든 예상을 뒤로하고 실제로는 너무 허탈했다. 진짜장벽은 하늘에 있는 것이 아니라 초음속 비행에 대한 우리의 지식과 경험에 있었다."

이 비행을 성공한 이후 그는 공군에서 우주비행사 훈련에 참여하고 전투비행단의 지휘관으로 베트남전에 참여하기도 하면서 항공발전에 힘을 보탰다.

대서양을 처음으로 횡단한 찰스 린드버그, 달에 처음으로 발을 내딛은 닐 암스트롱과 함께 미국의 항공우주개척을 상징하는 인물로 기록된 그는 2020년 12월 세상을 떠났다. 향년 97세였다.

초음속으로 경쟁

척 예거의 초음속비행 후 확신을 얻은 전세계는 초음속으로 뛰어들었다. 영국과 프랑스, 소련 그리고 미국이 그 선두에 섰는데, 마치 스푸트니크 또는 아폴로11로 각각 소련과 미국의 존재감을 과시하였듯이, 초음속의 개발 역시 모두 국가의 명운을 건 경쟁이 벌어진 것이다.

존 F. 케네디는 초음속 비행기는 우리가 가야할 '다음단계(Next step)'라고 역설하며 국운을 다해 밀어붙였고, 그러한 기조는 린든 존슨(Lyndon Johnson)과 리처드 닉슨(Richard Nixon)대통령까지 이어졌다.

미국의 초음속 여객기 개발의 우선 사업자로 선정된 보잉은 보잉 2707로 명명된 모델을 선보였다.

미정부와 보잉은 영국과 프랑스의 합작품이 될 콩코드를 의식하였는지 최고 300명의 승객을 싣고 마하 3.0의 속도로 날아가는 초음속기를 만들겠다고 허세를 부렸다.[10] 지금와서 생각해봐도 너무 요원한 목표요 객기에 가까운 주장이었다.

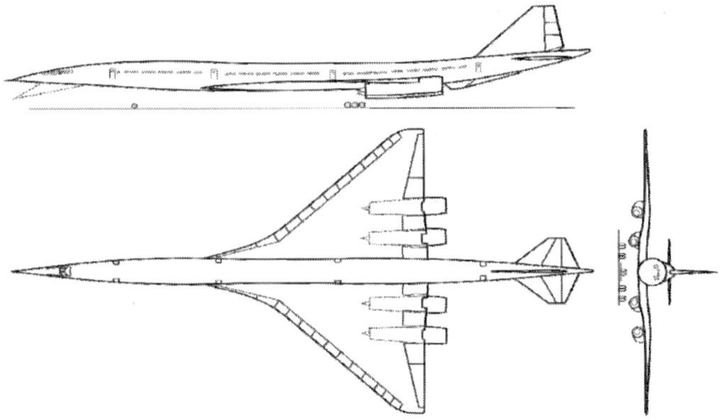

보잉의 초음속 여객기(B2707-300) 도면
출처: 위키피디아

하지만 이러한 의욕에도 불구하고 1963년에서 1971년 사이에 무려 누적 투자금액 8억6,300만 달러의 75%를 댔던 미국정부는 1971년 보잉2707에 대한 연구비 지원을 중단을 전격 결정하면서 사업에서 발을 뺐다.

이 결정의 주도적 역할은 '강력한 예산낭비 감시자'를 자처한 상원의원 윌리엄 프록시마이어(William Proxmire)가 하였는데, 이 사업이 너무 비생산적이고 오존층을 파괴하는 환경문제 등을 야기한다는 이유에서였다.

졸지에 NASA의 개발 파트너였던 보잉은 7,500명의 직원을 해고하고 벌써 선주문 받아놓은 122대의 처리를 두고 골머리를 앓았다.

그러한 와중에 영국과 프랑스는 소련과 미국이 벌이고 있는 우주항공 경쟁의 틈바구니에서 벗어나려고 애를 썼다. 2차세계대전 후 피폐해진 내수경기도 살리고 국제무역수지의 개선을 위한 킬링아이

10) 1976년 첫 상업적 비행을 시작한 콩코드는 200석 미만의 좌석에 마하 2.0으로 운항을 하였다.

템이 필요했는데, 요즘으로 치면 차별적인 상품으로 초음속 여객기를 선택하게 된다.

날씬한 삼각형 날개모양

영국은 1954년, 왕립항공재단(RAE)[11]의 주문으로 결성된 위원회를 중심으로 초음속 여객기에 대한 연구를 해오고 있었다.

위원장은 모건(Morien Morgan)[12]이 맡고 있었는데 연구실에서 벗어나 현실적으로 비행기의 날개 모양을 어떻게 해야 초음속비행이 가능할지에 대해서는 이렇다 할 돌파구를 찾지 못하고 있었다.

이러던 차인 1955년, 웨버(Johanna Weber)와 구첸맨(Duchemann Kuchenmann)이 참신하고 획기적인 아이디어를 가져왔는데 바로 날개의 모양을 길쭉한 삼각형 모양으로 만드는 것이었다.

오늘날 우리가 익히 알고 있는 그런 형태의 날개였다.

당시 모건은 그들이 제출한 제안을 "이단아"적인 아이디어라며 크게 반겼다.

높은 받음각[13]을 가진 삼각형 모양의 날개의 윗면에는 아주 강력한 소용돌이 현상이 일어나는데, 이 현상이 그 부분의 공기압력을 크게 감소시켜 비행기가 뜰 수 있는 힘, 즉 양력을 발생시킬 수 있다는 것이었다. 사실 이 현상은 일찍이 척 예거의 초음속 비행에서도 관측되었지만 충분히 검토되지 않았을 뿐이었다.

---

11) Royal Aircraft Establishment(RAE)는 영국의 연구재단으로 후에는 영국국방부에 소속된다.

12) 모건은 영국의 항공공학자로 RAE에 근무하면서 영국의 콩코드 제작사업을 진두지휘했으며 기술적이고 정치적인 문제들을 해결하며 '콩코드의 아버지'라 불렸다.

13) 항공기의 날개가 받는 바람의 각도(Angle of attack)를 말한다.

그리고 이 힘을 최대한 활용하기 위해서는 날개의 길이가 길수록 효과적이라고 하였는데 그렇게 하기 위해서는 기체의 몸통을 따라 최말단 까지 늘어뜨림으로써 극대화할 수 있는 것이었다.

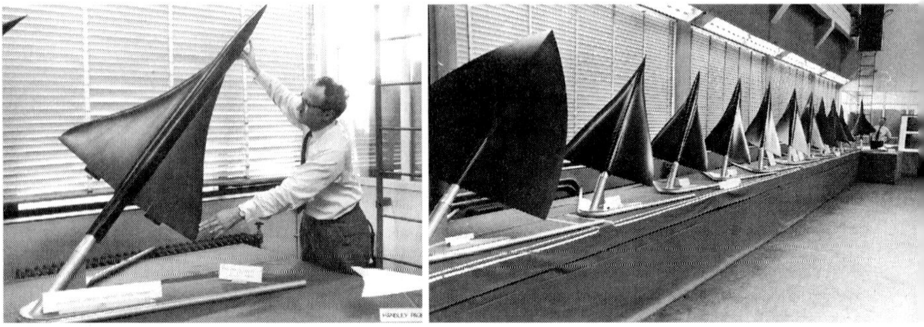

웨버와 쿠첸맨이 제안한 삼각형 날개모양과 변천과정
출처: www.heritageconcorde.com/sir-morien-morgan---engineering-heros

단, 그러한 소용돌이를 통한 양력을 충분히 얻기 위해서는 이착륙시 빠른 비행속도와 동시에 몸통을 높이 치켜세우는 포즈가 필요했고, 또 활주하면서 필요한 높은 받음각을 얻기 위해서는 랜딩기어가 껑충하게 높은 것이 유리하게 작용한다고 하였다.

이러한 웨버와 쿠첸맨의 논리는 초음속디자인에 대한 생각을 하룻밤사이에 완전히 바꾸어놓았다. 모건이 가지고 있었던 초음속에 대한 숙제가 해결되었고 어떤 이는 훗날 "콩코드사업의 진정한 탄생의 순간"이라고 적었다.

웨버와 쿠첸맨은 독일에서 건너온 과학자들이었다.

웨버는 독일의 나치정권하에서 불우한 청소년기를 보낸 여성 수학자였다. 1910년 독일에서 태어난 그녀는 아버지가 세계1차대전 때 독일군으로 징집되어 전장에서 사망하면서 어릴 때 부터 편모슬하에서 자랐다. 정부의 지원으로 겨우 교육의 기회를 얻은 그녀는 초등학교 때 부터 수학에 재능을 보여 초기에는 교사의 꿈을 가졌다고한다. 쾰른 대학에서 화학, 수학, 그리고 물리학을 공부하였고 그 후에는 고등수학으로 평판이 높은 괴팅겐 대학에서 공부하였다.

자연과학 박사학위를 취득하고 자신의 희망대로 교사로서 생활을 하였다. 그러나 1933년 나치당이 집권하면서 당가입을 거부한 그녀의 직을 박탈해버렸다.

세계2차대전이 일어나기 몇 개월 전인 1939년 초, 괴팅겐에서 공기역학에 관한 실험을 주로 하는 한 재단에서 수학자를 모집하는 공고를 보고 지원하게 된다. 여기에서 그녀는 평생의 학문적 동반자이며 유망한 물리학자이기도 한 쿠첸맨을 만나게 되는데 여기에서 둘은 왕성한 연구를 공동으로 해 나가게 된다.

독일의 패전 후 영국은 독일의 유능한 인재들이 소련으로 빠져나갈 것을 우려해 서둘러 웨버와 쿠첸맨에게 구애의 신호를 보냈고, 제의를 받아들인 그들은 그렇게 영국의 왕립항공재단에 합류하게 되었다. 그 이후로도 그들의 연구활동과 우정은 오랫동안 지속되었는데, 웨버는 쿠첸맨의 임종까지 지켜보고 2014년 104세의 나이로 세상을 떠났다.

영국과 프랑스의 첫 만남

1962년 11월 29일 영국과 프랑스는 초음속 여객기의 공동개발과 제작에 합의하고 서명하였다. 앵글로-프렌치 협정서(Anglo-French Agreement)라고 불리는 이 계약서는 7개의 조항으로 이루어져 있는데 기본적으로 양 국가는 프로젝트 전반에 대해서 동등하게 책임을 진다고 명시하였고, 수입과 지출, 그리고 항공기의 판매에 대해서 마찬가지였다.

영어와 불어로 만들어진 문서는 서명 후 각기 나누어 가졌다.

한 기업은 고사하고 한 국가도 감당하기 어려운 엄청난 규모의 프로젝트여서 양 국가가 힘을 합하여 협력하면 이룰 수 있으리라는 기대감으로 행사장은 충만하였다.

그리고 영국의 입장에서는 정치적인 목적도 없잖아 있었다. 당시 영국은 유럽경제공동체(EEC)[14]에 가입하려 애를 쓰고 있었는데 프랑스의 샤를 드골(Charles de Gaulle)대통령은 탐탁치 않게 바라보고 있었다. 애초에 이 공동체의 목적이 미국과 소련의 세력에 맞설 제3세력으로 유럽을 통합하려는 시도인데 영국은 미국과의 특별한 관계이니 곤란하다는 것이었다. "영국은 유럽내 미국의 영향력 확보를 위한 '트로이의 목마'다"라는 말도 서슴지 않았으니, 2차대전 때 독일 나치에 점령된 프랑스의 독립을 위해 병력과 물자를 아끼지 않았던 영국의 입장에서는 배신감이 들었을지도 모른다.

하지만 사실 영국은 전통적으로 "영예로운 고립(Splendid Isolation)"을 외교노선으로 삼고 유럽대륙과는 적절한 거리를 두면서 필요할 때 접근하여 이익을 극대화해왔으니 의심의 눈초리를 거둘 수가 없었을 것이다.[15]

이와 별개로 영국은 프랑스와 초음속 여객기 개발이라는 국가간 계약을 통해서 조금이라도 대륙에 근접하려고 노력하였다.

그리고 사업 중 어느 한 국가가 먼저 포기하면 완전한 개발이 이

---

14) 유럽경제공동체는 회원국들 간의 경제통합을 이루기 위한 한 지역 기구였으며, 1957년 로마 조약에 의해 창설되었다. 1993년 유럽 연합이 형성되자 EEC가 통합되어 유럽공동체로 개칭되었다.

15) 결국 드골은 1963년 1월에 영국의 유럽경제공동체(EEC)의 가입에 대해서 거부권(veto)을 행사하였고 1967년에도 2번째의 거부권을 행사하였다.

루어 질 때까지 드는 비용 모두를 부담하게 하는 조항도 영국의 주장으로 포함시켜서 중도포기가 사실상 불가능하게 만들었다.

앵글로 프렌치 협정_1962.11.29일
출처: Rare Historical Photos

하지만 항공산업계의 반응은 복잡 미묘했다.

초음속 여객기가 현실과 동떨어진 무모한 한 짓이라며 냉담한 반응을 보이는가 하면 또 어떠한 이들은 새로운 것에 대한 호기심이 발동한 것도 사실이었다.

여하튼 지난 200여 년간 도버해협을 사이에 두고 줄곧 라이벌 관계를 유지해왔던 영국과 프랑스는 공동의 목표를 위해서 첫 발을 내딛게 되었다.

하지만 일반적인 작업환경 같으면 전혀 필요치 않은 장애물이 많았다. 바로 언어의 소통문제였다. 프랑스 기술자들은 약간의 영어를 구사할 줄 아는 측면이 있었지만 영국인들의 프랑스어는 대체로 바닥수준이었다.

영국의 제작현장인 브리스톨(Bristol)과 프랑스의 툴루즈(Toulouse)에서 프랑스어와 영어의 강좌가 개설되는 진풍경이 연출되기도 했다. 설계도면은 영어와 불어로 2개가 제작되었고 미터와 풋트, 그리고 킬로그램과 파운드가 병기되어 만들어진 것은 물론이다.

하지만 양측의 기술자들은 자국을 대표한다는 자긍심과 경쟁심, 그리고 애국심까지 더해져 선의의 경쟁이 이루어지는 긍정적인 측면도 있었다. 정치인들의 복잡한 심사와는 달리.

"e" 한 끗 차이, 콩코드의 이름분쟁

초음속 여객기의 이름 "콩코드"는 1963년 프랑스의 드골에 의해서 제안되었다. 프랑스어 "Concorde" 는 "화합", "단결" 등을 뜻하는 단어인데 양국간의 지난 역사를 생각해보면 미래지향적이고 발전적인 뜻을 내포한 적절한 이름으로 평가되었다. 그런데 이를 접한 영국의 총리 맥밀런(Harold Macmillan)은 격노하며 콩코드의 영어식 단어인 "Concord" 로 바꿔버렸다.

"e"로 끝나는 프랑스어가 불쾌했던 것이다. 확인을 하기는 힘들지만, 그 해 초에 드골이 예상대로 영국의 유럽경제공동체 가입에 거부권(veto)을 행사한 것에 대한 불편한 심기가 드러냈다고 할 수 있을까.

화합과 단결을 뜻하는 단어를 두고 불협화음이 일어난 것이다.

이 사건은 1967년 프랑스의 툴루즈에서 해결되었다. 이 해 12월에 드디어 콩코드의 첫 시제기가 툴루즈에서 발표되었는데, 천여 명이 넘는 기자들이 처음으로 공개되는 콩코드의 모습을 보기위해 열띤 취재경쟁을 하고 있었다. 실제 모양을 딴 모형비행기가 전시되었고 실내도 그대로 옮겨놓았다.

그 행사장에 참석한 영국의 토니 벤(Tony Benn) 기술부 장관은 콩코드의 이름은 프랑스식인 "Concorde"로 양보하겠다고 공식적으로 발표하였다. 그리고 덧붙이기를 맨 끝의 "e"는 탁월함(Excellence), 잉글랜드(England)와 유럽(Europe), 그리고 영불협상(Entent Cordial)[16]의 정신을 뜻한다고 하였다.

꿈보다 해몽이 좋은 탁월한 해석이 돋보였다.

콩코드, 첫 모습을 드러내다

앵글로-프렌치 협정이 이루진 지 7년 만에 드디어 콩코드가 그 모습을 드러냈다. 협정에 따라 영국의 브리스톨과 프랑스의 투루즈에서 각각 1기씩의 시제기를 만들기로 하였는데, 그 첫 번째인 프랑스의 001편이 완성되었고 그 비행기의 첫 시험비행이 툴루즈의 공항에서 성공적으로 이루어졌다. 1969년 3월 2일이었다.

그리고 영국의 002편은 같은 해 4월 9일에 이어서 실시되었다.

프랑스와 마찬가지로 수천명의 구경꾼들이 브리스톨의 필톤(Filton) 공항에 운집하였고 지금까지 봐왔던 것과는 완전히 다른 새로운 모양의 비행기의 모습에 감탄사를 자아냈다.

우연을 가장한 필연이었을까?

공교롭게도 미국은 인류최초로 유인우주선 아폴로11호(Apollo 11)를 그 해 7월에 인간을 달에 착륙시켰다. 대서양을 사이에 두고 1969년은 각각의 성취감에 취한 기념비적인 한 해였다.

---

16) 1904년 4월 8일 영국과 프랑스가 공동의 적이었던 독일 제국의 진출을 방지하기 위해 식민지에 관해서 맺은 협상인데 모처럼 영국과 프랑스가 한 뜻을 모은 협상을 비유한 것으로 보인다.

사람들은 날렵하게 쭉 뻗은 몸매와, 망토처럼 몸을 휘감은 듯한 긴 삼각형의 날개의 우아한 모습에 매료되었고 하늘을 찌를 듯한 뾰족한 기수의 모습에 전율했다. 이 시험비행의 기장이었던 브라이언 트럽쇼(Brian Trubshaw)는 콩코드는 마치 "마법사"같이 날아 다녔다며 그의 첫 비행에 대만족감을 표시하였다.

또 이곳을 다시 찾은 벤 기술부 장관의 소감을 빌리면 "아주 아름다운 새 한마리가 활주로에 서 있는 것을 보면서, 이 사업은 세상에서 가장 진보된 항공프로젝트"라고 치켜세웠다. 당시 영국의 집권당이었던 노동당의 각료였던 그는 사업에 대해 매우 부정적으로 보고 있던 노동당과는 결을 달리하며 공동사업에 힘을 실어주고 있던 터였다.

첫 선을 보인 후 판로개척을 위해 001편과 002편은 동분서주하였다. 프랑스의 에어쇼에 참가해서 대중에게 공개되었고 중동과 극동지역, 그리고 미국으로도 넘어가 판매활동에 열을 올렸다.

콩코드는 앵글로-프렌치협정 이후부터 1972년까지 18개 항공사로부터 77대를 수주 받았다. 그런데 이 중에서 절반 정도가 미국항공사들이 주문한 사실을 발견한 케네디 대통령은 화가 머리끝까지 치밀었다.[17] 당시 미국도 초음속 여객기를 준비하고 있었는데 기업들이 눈치도 없이 콩코드로 달려가니 배신감이 들기도 했겠다. 하지만 미적거리기만 하는 정부만 믿고 마냥 기다릴 수만 없었으니 기업만 탓할 수는 없는 일이었다.

---

17) 기밀 해제된 케네디의 당신의 전화통화 녹음을 들어보면 팬암 항공사의 CEO인 후안 트립을 거명하며 욕설을 퍼붓는 케네디의 성난 목소리를 생생하게 들을 수 있다.

흔들리는 영국과 밀려오는 먹구름

그러나 이러한 성공적인 001편과 002편의 시험비행에도 불구하고 여론의 반응은 심드렁했다.

미국 측의 이야기이긴 했지만 뉴욕타임즈는 소음, 매연, 그리고 채산성에 대한 부정적인 입장을 나타냈고, 이코노미스트지는 경제적으로 재앙이 될 이런 비행기를 만들기 위해서 그렇게 수년을 일하였느냐며 효율적이지 못한 작업에 대해서 질타했다. 영국의 진보성향 유력지인 가디언도 예외는 아니었다.

가디언은 "감정적이고 국가적 자부심을 부채질하면 할수록 사업에 대한 공정한 판단력을 잃게 된다'며 정부를 우회적으로 비판하였다.

사실 이외에도 1962년 앵글로-프렌치협정 이후 영국사회에는 많은 일들이 일어났다. 경제적으로 영국민들을 궁핍으로 몬 것은 파운드화의 평가절하였다.

1949년 이미 30%의 평가절하를 통해 미국 달러화 대비 가치가 4.03$에서 2.80$로 떨어져있었는데, 1967년에 14%의 절하를 추가로 단행함으로써 파운드화의 가치가 형편없이 떨어져버렸다.

당시 노동당을 이끈 해럴드 윌슨(Harold Wilson) 영국총리는 파운드화의 절하로 수입가격이 상승할 것이고 이는 곧 국민들의 생활수준 악화로 이어질 것으로 걱정하였지만 별다른 대안이 없었다. 영국경제의 근본적 문제는 생산성 둔화였는데 경쟁력 없는 수출과 무역적자, 높은 실업률로 지지자들의 원성이 높았다.

그리고 앞서 설명하였듯이 영국의 유럽경제연합회의 가입도 프랑스에 의해서 무산되어 이래저래 뒤숭숭한 상태였다. 이런 사회적 분위기에서 윌슨이 1964년 총리로 취임하자마자 앵글로-프렌치협정의 탈퇴를 결정해버렸다. 늘어나는 국가부채에 전망없는 사업에 돈을 대고 싶지는 않았다. 그리고 담당관을 프랑스의 드골 대통령에게 보내 사정을 설명을 했다.

드골은 단호하게 일체의 영국과의 외교적 채널을 단절하겠다고 으름장을 놓았다. 예상한 대로였다. 윌슨은 한 발 물러섰지만 사업에 대한 의구심은 여전히 변하지 않았다.

만약에 영국이 그대로 밀어 붙여 중간에 포기를 하였다면 어떻게 되었을까? 아마도 국제재판소에 피소되어 엄청난 금액을 배상해야 함은 물론 국제적으로도 신임을 잃어 더 고립되었음이 분명하다.

이러한 국내적인 문제 외에도 대외적으로도 악재가 겹쳤다. 우선은 1973년 석유수출국기구인 OPEC가 석유를 무기화하면서 겪게 되는 1차 오일쇼크였다. 1배럴당 3$였던 원유가격이 12$까지 치솟아 항공업계의 전망을 어둡게 하였다. 게다가 콩코드는 기름을 먹어도 너무 먹는 비행기였다. 마침 보잉이 광동체인 B-747를 개발하였다. 좌석을 500석까지 배열할 수 있는 초대형 여객기여서 항공요금을 획기적으로 낮출 수 있었고 연료효율이 좋은 것도 큰 장점이었다. 예를 들어 1갤런으로 수송할 수 있는 승객의 수[18)]가 B-747의 경우는 46.4명에 달하였는데 콩코드의 경우에는 15.8명에 불과해서 무려 3배나 차이가 났다. 고유가시대에 콩코드는 불리한 선택이라는 논리가 확산되었다.

그리고 끝없이 개발비용이 늘어나면서 항공사로서는 비싼 비행기 값이 부담이 되었다. 팬암이 한 언론과의 인터뷰에서 밝히기를 초기

---

18) passenger x mile/gallon 으로 표시할 수 있으며 1갤런의 기름으로 1마일을 날아가는데 실을 수 있는 승객의 숫자를 비교함으로써 항공기의 연료효율성을 비교할 수 있다.

에는 대당 2천만 달러면 가능했었는데 1972년도에는 4천6백만 달러로 올랐고 인수 받을 때는 아마도 6천만 달러를 넘을 것이라며 불만을 토로했다. 3배가 넘는 가격인상이었다.

소닉붐(Sonic boom)도 해결하지 못한 기술적 한계였다. 초음속으로 비행하면서 만들어내는 충격파가 지상에서 큰 폭발음으로 들렸는데 때로는 창문이 깨질 정도로 소리가 컸고 또 축산 농가들의 가축피해를 호소하는 민원이 제기되고 있었다. 설상가상으로 파리 에어쇼에 참가한 소련의 초음속기의 추락사고가 일어났다. 1973년 콩코드와 함께 참가한 투폴레프 Tu-144는 서방세계에 소련의 우월한 기술을 보여줄 수 있는 좋은 기회로 여겼다. 콩코드와 모양이 거의 흡사하게 닮아서 콩코드스키(Concordski)라고 비아냥거림을 받기도 했지만 실상은 콩코드보다 더 훌륭한 성능을 가졌다고 평가하는 사람도 있었다.

하지만 저속에서 너무 무리한 곡예비행이 문제였는지 비행 중 엔진에 문제가 발생했고 결국 공중에서 폭파되는 사고가 발생했다. 현장을 있었던 25여만 명의 관중은 충격에 말을 잃었고 그 가운데는 디자이너 투폴레프(Alexei Tupolev)도 있었다. 그리고 5년 뒤에는 모스크바에서 또 추락사고가 일어나

No	항공사	주문댓수	취소일자
1	Pan Am	5	1973년 1월
2	Air France	8	no
3	BOAC	8	no
4	Continental Airlines	3	1973년 3월
5	American Airlines	6	1973년 2월
6	TWA	6	1973년 1월
7	Middle East Airlines	2	1973년 2월
8	Qantas	6	1973년 6월
9	Air India	2	1973년 2월
10	Japan Airlines	3	1973년 1월
11	Sabena	2	1973년 2월
12	Eastern Airlines	6	1973년 2월
13	United Airlines	6	1972년 10월
14	Braniff	3	1973년 2월
15	Lufthansa	3	1973년 4월
16	Air Canada	4	1972년 6월
17	CAAC	2	1979년 12월
18	Iran Air	2	1980년 2월
	전체댓수	77	

콩코드 판매실적과 주문취소
출처: Heritage Concord

면서 화물기로만 사용이 되다가 곧 퇴출되는 운명을 맞이했다.

이러한 분위기에서 주문취소가 봇물 터지듯 일어났다. 콩코드로서는 적어도 150대를 팔아야 수지를 맞출 수 있는데, 한때는 100대까지 주문이 되었다가 77대 정도까지 떨어지고 급기야 대부분이 취소해 버린 것이다. 오직 콩코드의 당사자인 영국과 프랑스의 BOAC[19]와 에어프랑스만이 남는 처참한 판매실적을 받아들게 되었다.

결론부터 미리 이야기하자면 콩코드는 총 20대가 생산되었는데 그 중 14대가 실제 노선에 투입되었다. BOAC와 에어프랑스가 7대씩 나누어 가졌고 나머지 6대는 개발용 또는 시제기로 사용되있다.

콩코드 드디어 날개를 펴다

1976년 1월 21일, 우여곡절 끝에 콩코드의 첫 비행이 시작되었다.

영국항공은 런던-바레인 구간을, 그리고 에어프랑스는 파리-리오데자네이로 였다. 그날 오전11시40분 런던과 파리를 동시에 출발하도록 맞춰졌고 TV는 생방송으로 초음속여행의 개막을 알리고 있었다.

그리고 영국의 엘리자베스 여왕은 프랑스의 대통령에게 감사의 서한을 다음과 같이 보냈다.

> 오늘 영국항공과 프랑스항공의 콩코드취항을 맞아 프랑스 국민들에게 따뜻한 감사의 말씀을 드립니다. 오늘의 성공적인 출발은 지난 14년 동안 양국이 긴밀하게 협력한 결과의 산물입니다. 이것은 영국과 프랑스가 민간항공의 새시대를 여는 자부심의 원천입니다.

---

19) BOAC(British Overseas Airways Corporation)는 1939년부터 1974년까지 존재했던 영국의 항공사로 영국항공의 전신 항공사로 알려져 있다.

바레인은 한때 영국의 보호령으로 있다가 1971년에 독립한 국가인데 다수의 영국민들이 거주하고 있었고 석유시추와 관련하여 영국기업들이 진출해 있었다.

그런데 날아가는 비행노선이 까다로운 편이었다.

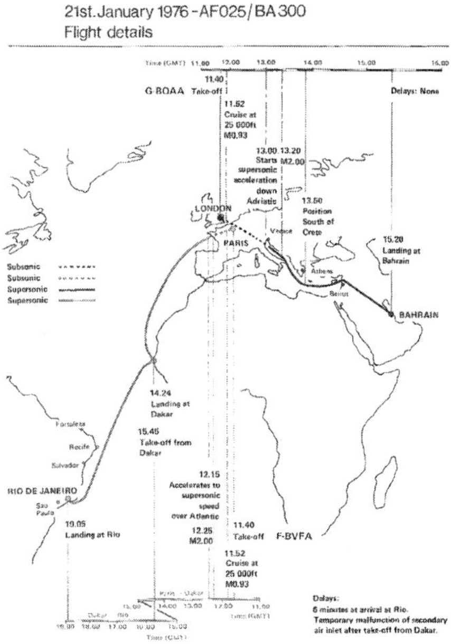

콩코드(영국항공, 에어프랑스)의 첫 취항지 노선
출처: This day in aviation

우선 런던을 출발해서 이탈리아의 베니스쪽으로 날아갈 때는 유럽의 상공을 통과해야 하므로 저속으로 날아가다가, 바다가 긴 복도처럼 시작되는 아드리아해를 따라서 지중해의 동쪽 끝인 베이루트까지 초음속으로 날아갔다. 그리고 중동지역이 시작되는데 이곳은 워낙 정치적으로 불안정한 지역이 되어서 정확한 궤도를 따라 조심스러운 비행을 요하였다. 어쨌든 부분적으로는 저속비행을 했지만 통산 6시간 30분정도 걸리는 구간을 4시간 만에 주파할 수 있었다.

에어프랑스는 아프리카의 다카르(Dakar)를 주유를 위해 경유지로 설정하고 주2회씩 리오로 비행을 이어갔다.

콩코드는 이 외에도 소비자의 주문에 따라 운행하는 전세(Charter)편을 많이 운행하였는데 지역별로 살펴보면 대략 다음과 같다.[20)]

20) Concord History(http://www.concordesst.com/history/destinations.html)참조

영국 국내지역: 에딘버러. 글래스고를 비롯한 36개 도시
아프리카 지역: 케이프타운. 나이로비를 비롯한 38개 도시
미주지역: 휴스턴. 푸에토리코를 비롯한 94개 도시
호주지역: 시드니. 오클랜드를 비롯한 13개 도시
유럽 중동지역: 베를린. 텔아비스를 비롯한 122개 도시
아시아 지역: 홍콩, 도쿄를 비롯한 25개 도시

생각보다 광범위하고 다양한 도시를 날아갔는데, 이러한 전세편은 특별한 주문으로 편성되기 때문에 오히려 수익율이 정기편보다 높았다고 알려졌고, 또 항공사로서는 전혀 새로운 지역에 얼굴을 보일 수 있는 기회이기도 했다.

하지만 콩코드는 유럽에서 대서양을 건너 가장 큰 시장인 미대륙으로 가는 것이 제1의 목표였다. 미국에서는 소음과 공해 등을 이유로 운항을 허가해주지 않고 있었지만 내심 미국은 자신들이 갖고 있지 못한 초음속 여객기에 대한 열등감도 작용하지 않았을까?

아무튼 콩코드의 입장에서는 대서양을 날아가면 소음과 공해의 문제를 비켜갈 수 있는 최선의 노선이 될 수 있는데 미국이 어깃장을 놓고 있으니 우선 다른 대체지가 필요한 것이었다. 하지만 동시에 미국에 들어가기 위한 로비활동도 적극적으로 펼쳐나갔다.

드디어 열린 JFK

바레인과 리오로 첫 취항을 한지 몇 개월이 지났다. 그리고 드디어 1976년 5월에는 미국의 워싱턴 덜레스(Dulles) 공항에, 그리고 그 다음해인 1977년에는 뉴욕 JFK공항에 순차적으로 취항할 수 있게 되었다. 드디어 미국이라는 땅에 내릴 수 있게 된 것이다.

여전히 콩코드의 입국을 반대하는 여론이 비등하는 가운데 미교통부장관인 콜맨(William Coleman)은 16개월간 한시적으로 개방을 허용한 것인데 전제조건도 달았다. 예를 들면 출 도착 시간을 오전 7시에서 오후10시 사이로 제한하며 미국영토 내에서는 음속이하로 비행할 것, 그리고 영국의 히스로공항(Heathrow Airport)과 프랑스의 드골공항(Charles De Gaulle Airport)을 변경하지 말고 출도착 공항으로 지킬 것을 요청하였다. 미국민들과 동일한 소음에 노출되어야 한다는 형평성의 논리였다.

덜레스공항은 콩코드가 도착하는 그 전날까지도 반대시위가 있었다. 그리고 동시에 도착당일에는 8천 여명의 시민들이 도착장면을 보기위해 몰려들면서 미국사회의 복잡한 심경을 보여주고 있었다.

예정대로 2-3분 사이를 두고 덜레스공항에 동시에 도착한 영국항공과 에어프랑스는 박수와 환호를 받으며 들어왔고 활주로에서 서로 코를 맞대고 마주보는 재미있는 포즈를 취하며 환영에 감사의 인사를 하였다.

위싱턴 덜레스공항에 도착한 콩코드(영국항공과 에어프랑스)
출처: Airwaysmag.com

그리고 1977년 10월 22일, 그렇게 오랫동안 기대하였던 뉴욕 JFK 공항이 열렸다.

뉴욕은 유럽과 미국을 초음속으로 연결한다는 커다란 상징성이 있었고 가장 큰 시장이기도 하였다. 영국항공과 에어프랑스는 뉴욕 도착시간을 오전시간대에 의도적으로 맞췄는데 월가(Wall Street) 또는 맨허탄의 비즈니스맨들의 일정을 고려한 것이었다.

콩코드는 최대 시속 2,179Km의 속도인 마하2.04로 비행하면서 런던과 뉴욕의 비행시간을 기존의 7시간대를 3시간으로 줄여놓았다.

British Airways			Air France		
매일 2편			주 5편		
BA001	런던 - 뉴욕	10:30 - 09:25	AF002	파리 - 뉴욕	10:30 - 08:25
BA002	뉴욕 - 런던	08:30 - 17:25	AF001	뉴욕 - 파리	08:00 - 17:45
BA003	런던 - 뉴욕	19:30 - 18:25			
BA004	뉴욕 - 런던	13:30 - 22:25			

콩코드(영국항공과 에어프랑스)의 뉴욕 스케줄

"출발 전에 먼저 도착하세요"라는 선전문구는 틀린 말이 아니었다.[21] 뉴욕에 도착해서 런던과의 시차를 제하면 출발시간 보다 빠른 시간에 도착하니 승객들은 특별한 시간의 경험이었다. 그리고 일반 여객기보다 2배나 높이 날아가면서 관망하는 지구의 곡면은 우주여행의 신비로움을 선사했고 바닷가재, 그리고 캐비어와 곁들인 와인은 성공한 사람들의 여유로움을 빛나게 했다. 청구서의 금액은 당연히 높았다.

1997년을 기준해서 런던-뉴욕의 왕복금액이 7,995$[22]였는데 당

21) "Arrive Before You Leave"라는 선전문구이다.

22) 2023년기준 인플레이션을 감안하면 약1,800만원 정도이다.

시 제일 싼 항공 요금과 비교하면 30배 이상 비싼 금액이었고 일반 항공기의 퍼스트클래스의 항공요금보다 10-20% 가량 비싼 금액이었다.

비행기는 돈 걱정없는 금융과 증권가 사람들, 셀럽, 스포츠맨, 정치인, 성공한 기업인 등으로 채워졌다. 돈으로 시간을 사려는 사람은 많았고 그리고 그들은 기꺼이 지갑을 열었다. 하지만 콩코드는 극복할 수 없는 성장의 한계를 태생적으로 안고 있었다.

성장의 한계와 불운

1962년 유럽최초의 국가간 조인트 벤처(Joint Venture)인 앵글로-프렌치 협정이 체결되었고, 그간의 노력의 결실은 1976년 콩코드라는 혁신으로 태어나 하늘을 갈랐다. 기대와 우려 속에서 항공로를 개척하였고 로비와 법정투쟁으로 시장을 열었다. 하지만 우리가 이미 알고 있듯이 콩코드는 27년간의 파란만장했던 비행을 마치고 2003년에 지상으로 내려왔다. 무엇이 콩코드의 날개를 접게 만든 것일까?

우선 소닉붐은 노선의 확장을 결정적으로 제한하였다. 가장 수요가 많고 수익성이 높은 미국의 내륙은 원천적으로 차단되었으며, 캐나다와 유럽의 독일, 네덜란드, 스웨덴, 노르웨이, 스위스 등의 국가들도 하늘길을 열어주지 않아 수익창출의 기회를 놓쳤다. 그리고 전반적으로 승객들의 기내서비스 만족도가 그리 높지 않았다. 지불하는 금액에 비해서 좌석은 좁고 공간이 협소해서 심지어 신문이나 잡지도 비치하지 못할 정도였다.

이에 반해 당시 등장하였던 대형비행기는 고급스러운 인테리어와 널찍한 좌석 공간, 다양한 식사 메뉴, 그리고 특별한 공간으로 꾸며는 VIP라운지 등을 콩코드보다 저렴하게 공급하였으니 경쟁력을 점점 잃어갔다.

앞서 언급하였지만 연료의 비효율성은 콩코드의 수익에 막대한 지장을 주었다. 가장 효율적인 항공기는 먼 거리를 최소량의 연료로 가는 것인데, 콩코드는 정확히 그 반대였다. 거기에다 오일쇼크까지 덮쳐서 돈 벌어서 기름 값으로 죄다 날리는 형국이 된 것이다. 또한 한 번 주유해서 갈 수 있는 항속거리도 3-4시간 대의 단거리에 국한되고 좌석도 100석이라는 적은 좌석으로 운영하다보니 유지를 위해서는 높은 가격을 받아야 하는 악순환이 계속되었다.

그러한 가운데 불운의 그림자가 다가오고 있었다. 사고는 2000년 7월 25일 발생하였다. 에어프랑스 4590편은 파리 드골공항에서 JFK로 가기위해 출발을 준비하고 있었다. 기내에는 대부분 뉴욕에서 출발하는 캐리비안행 유람선을 타기위해 탑승한 독일 관광객들이었다. 오후 4시43분경, 출발신호를 받은 콩코드는 활주로를 주행하기 시작했고 곧 전속력으로 가속을 하고 있었다. 그런데 그때 당시 지상근무자의 증언에 따르면 이륙하기 전에 벌써 왼쪽 날개 밑에서 불이 발생한 것을 목격했다고 하였다. 이륙 직후 왼쪽에 있는 두개의 엔진 중 하나가 꺼져버렸고 곧 이어 나머지 엔진도 작동을 멈췄다. 이륙한 후 1분 30초 만에 일어난 일이었다.

손쓸 겨를도 없이 왼쪽으로 낮게 기울며 날아가던 비행기는 인근의 호텔과 식당위로 떨어졌다. 승객 100명과 승무원 9명, 그리고 지상에 있었던 주민 4명이 사망하는 대참사가 발생한 것이다. 에어프랑스와 영국항공은 콩코드의 비행을 2001년 11월 다시 재개될 때까지 모든 비행을 중지시켰다.

사고의 원인은 어처구니 없게도 활주로에 떨어져 있던 40cm 정도의 길고 가느다란 금속조각 때문이었다. 프랑스 정부의 조사결과에 따르면 이 금속조각을 콩코드가 치고 나가면서 타이어가 파열되었는데 그 파열된 고무조각이 날개 밑의 연료탱크를 가격하면서 일어난 사건이었다. 이 충격으로 연료탱크에 균열이 생겨 기름이 누출되었고 엔진에 의해서 발화가 된 것으로 추정하였다. 그리고 금속조각은 콩코드가 출발하기 전 불과 10분전에 이륙한 미국의 컨티넨탈항공사 DC-10의 비행기에서 떨어진 것으로 확인되었다.

기준에 맞는 금속대신 티타늄재료를 쓴 것이 결정적인 원인으로 지목되어 미국인 용접공은 과실치사로 15개월의 집행유예, 그리고 컨티넨탈에게는 형사적 책임을 물어 2백70만 달러의 벌금을 선고하였다. 항소와 지루한 법정공방이 이어졌다.

이륙직후 화염에싸인 AF4590
출처: BBC News

결국 2012년 프랑스의 베르사유법원은 원래의 판결을 뒤집었는데, 미국항공사에 대하여서는 형사적 책임을 면제하고 민사적 책임만을 묻기로 하고 사건을 종결하였다. 즉 용접공의 행위는 범죄의 의도가 없는 전문가의 실수라고 판결하였고, 컨티넨탈항공사에게는 희생자들에게 민사적 손해금액을 계산하여 에어프랑스와 나누어 그 중의 70%를 지급하라고 명령하였다.

불행은 홀로 오지 않는가?

사고 직후 신뢰의 회복을 위해 많은 조치들이 이루어졌다. 전자제어장치를 더 강화하고 연료탱크는 더 견고하게 개선하였다. 그리고 타이어도 더 큰 충격을 견딜 수 있도록 보강하고 기내도 새롭게 단장하였다. 와신상담하며 준비한 콩코드의 재출발 날짜는 2001년 11월 7일로 잡혔다. 그런데 모두들 알고 있지 않는가. 바로 그 해 9월 11일에 무슨 일이 일어났는지.[23]

항공시장은 하룻밤 새 급속하게 얼어붙었다. 사람들은 비행기를 타지 않았고 또 타더라도 작년의 사고를 기억해냈다. 비행기는 승객 없이 유령처럼 날아다녔고 콩코드도 예외가 아니었다.

하지만 이러한 절박한 상황에서 회생을 위한 노력은 계속되었다. 11월 7일, 프랑스를 출발하기 전 에어프랑스의 회장은 "오늘 다시 재개하는 이 비행을 안타깝게 목숨을 잃어버린 113명에게 애도의 마음으로 바친다"며 콩코드에 올랐고 교통부장관도 힘을 실어주기 위해 뉴욕으로 동행하였다.

런던에서는 VIP 등을 초청하여 날아갔는데 유명한 록스타 스팅도 그 중 한명이었다. JFK에는 당시 뉴욕시장이었던 줄리아니(Rudolph Giuliani)가 나와서 그들을 맞이했다. 며칠 뒤에는 영국수상 블레어(Tony

23) 사실 9월 11일 세계무역회관(WTC)이 공격받기 시작한 바로 그 직전에 영국항공의 콩코드가 승객이 아닌 회사직원들을 싣고 JFK를 방문했었다. 2000년 추락사고 후 첫 비행이었다.

Blair)가 직접 방문하여 부시(George W. Bush)를 예방하는 등 분위기를 띄우려고 노력하였다. 하지만 거기까지였다. 수요는 좀처럼 돌아오지 않았고 적자는 감당하기 힘들만큼 늘어났다. 결단이 필요한 순간이 왔다.

GoodBye Concorde

뉴욕에서 런던으로 가는 콩코드의 마지막 비행은 2003년 10월 24일로 결정되었다. 그리고 파리로 가는 에어프랑스는 그보다 몇 개월 빠른 5월이었다.

영원한 것은 없고 시작이 있으면 끝이 있듯이, 콩코드는 지난 27년간의 비행으로 고단했던 날개를 접고 지상으로 내려왔다.

런던과 파리, 그리고 워싱턴과 뉴욕을 지구의 자전속도보다 빠른 초음속으로 연결했던 콩코드는 기술의 경이로움 그 자체였다.[24]

하지만 속도와 환산된 추가금액의 효용가치는 시간이 흐를수록 흐려졌고 신기함은 무뎌졌다. 승객들은 마침 더 안락하고 고급스러운 분위기, 그리고 가격까지 저렴한 초대형비행기를 접하면서 선택의 기로에 섰지만 그리 오래 고민하지 않았다. 그들은 초음속보다 초대형을 선택하였기 때문이다.

또 한 가지 지적하고 싶은 것은 자신의 사회적 지위와 우월감을 나타내고 싶어 하는 인간의 기본적인 심성에 관한 것이다. 사회학자 베블린(Thorstein Veblen)[25]의 주장을 빌리지 않더라도 인간은 자랑하고

24) 콩코드의 가장 빠른 기록은 1996년 뉴욕발 런던 영국항공의 2시간 52분 59초였다.

25) 베블린은 미국의 사회학자이자 경제학자이다. 그의 저서 유한계급론(The Theory of Leisure Class)에서 "상류층신사들은 사회적 지위를 과시하기 위해 비싼 상품을 소비한다"라고 주장하였다. 가격이 오르는데도 수요가 줄어들지 않고 오히려 늘어나는 상류층 소비자들의 소비형태를 베블린효과(Veblen effect)라고도 부른다.

뽐내고 싶어 하는 동물이다.

콩코드는 사회적으로 성공한 사람들의 전유물처럼 여겨졌지만, 막상 기내에 올라 100명 모두 차별 없이 평등하고 좁은 좌석에 앉았을 때의 열패감을 생각하는 것은 너무 지나친 상상일까. 퍼스트클래스, 비즈니스클래스, 그리고 이코노미클래스로 명확히 구분된 좌석과 차별된 음식과 서비스는 나를 보란 듯이 차별화시킬 수 있는 과시와 중독의 공간이며 항공사들은 그 기저의 심리를 잘 활용하고 있기 때문이다.

마지막 콩코드편의 모습
출처: BOOM boomsupersonic.com

JFK에서 런던으로 출발하는 마지막 비행기에는 웃돈을 내고서라고 타고 싶은 사람들과 유명인들로 꽉 채워졌다. 아쉬움의 송별식을 마친 콩코드는 뉴욕을 출발하였다. 영국정부의 특별허가를 받은 콩코드는 탬스강의 서쪽으로 낮게 내려가서 런던의 상징물인 시계탑(Big Ben)과 버킹엄궁전을 빙 둘러서 런던 히스로공항에 조용히 안겼다. 2002년 10월 24일, 16시 05분이었다.

9 맥크레디 _태양을 사랑한 사람

21세기에 들어 인류는 지구의 기후변화로 생존의 위협까지 느끼고 있는 중이다. 이상기온으로 대규모의 홍수와 가뭄으로 고통을 받고 있는가 하면 혹한과 혹서의 극단을 치닫는 기후는 해를 거듭할수록 악화되고 있는 양상이다.

'기후변화에 관한 정부 간 협의체(IPCC)'[1]의 한 보고서는 인간의 활동이 지난 18세기 산업화 이후 지구의 평균온도를 섭씨 1도 만큼 올려놓은 것으로 추산했다. 그리고 만약 그것이 1.5도라는 임계치를 넘어서면 지구인에게는 되돌릴 수 없는 재앙이 될 것이라 경고한 바 있다. 불행하게도 이 경고는 현실이 되고 있으며 모든 시나리오에서 2030년대 전반기까지 1.5도 상승은 불가피한 것으로 파악되고 있다.[2] 예상보다 훨씬 더 빠른 속도로 지구가 뜨거워지고 있다는 것이다.

그렇다면 기후변화의 주요인으로 지목되고 있는 이산화탄소의 배

1) IPCC(Intergovernmental Panel On Climate Change)는 기후변화 문제에 대처하기 위해 세계기상기구(WMO)와 유엔환경계획(UNEP)이 1988년에 공동 설립한 국제기구로 기후 변화에 관한 과학적 규명에 기여하고 있다.

2) 2023년 IPCC 제58차 총회(제6차 평가 종합보고서)에서 발표.

출량에 있어서 항공산업은 얼마만큼의 기여를 하고 있는 것일까.

그 전에 항공을 이용하는 승객의 수요에 대한 이야기를 먼저 하자면 다음과 같다.

1960년대 만 해도 항공여행은 상대적으로 비싼 요금으로 극히 제한된 사람(연간 약 1억 명)들 만이 이용했던 교통수단이었다. 하지만 항공기술의 발전과 연비의 개선으로 운임은 대폭 하락 하였고 항공승객의 숫자는 빠른 속도로 증가하기 시작하였다. 여기에다가 1978년 미국에서 시작된 항공규제완화법[3]은 항공사간의 치열한 경쟁을 유발시켰고 궁극적으로는 전반적인 가격하락을 가져왔다.

그로부터 저비용항공사의 설립은 세계적인 추세가 되었고, 급기야 2019년(코로나 팬데믹 직전까지)에는 한 해 동안 무려 45억 6천만 명이 이용[4]하는 초이동성을 가진 교통수단으로 성장하였다. 그리고 그 성장추세는 이미 포화상태에 들어간 미국 유럽을 제외하더라도 중국을 비롯한 아시아 태평양과 중동지역, 그리고 아프리카 등의 잠재 성장국가들을 주도로 꾸준히 더 늘어날 것으로 생각된다.

2018년을 기준으로 항공기는 지구 전체 이산화탄소 배출량의 2.4%를 차지하였다. 하지만 지구에 열을 가두는 역할을 하는 비행운과 질소 산화물 등을 포함시킨다면 항공기는 지구온난화에 5%의 책임이 있다고 한다.

상대적으로 적은 양이라고 생각할 수도 있을 것이다. 하지만 문제는 그 증가 속도이다. 지난 2013년부터 2018년 까지 5년 동안 항공기의 배출 가스는 32%나 늘었다. 물론 엔진의 연료효율이 개선되면

---

3) 항공규제완화법(Airline Deregulation Act)는 1978년 미국의 카터정부시절에 시작되었다. 지금까지의 정부보호 정책을 폐기하면서 항공사의 운항자격제한을 철폐하고 운임의 자유화, 그리고 노선참가의 자유화 등을 주요골자로 하고 있으며 전세계의 항공정책에 영향을 주었다.

4) 국제민간항공기구(ICAO Int'l Civil Aviation Organization)통계 참고

서 배출량은 점차 줄어들고는 있지만 급속하게 늘어나는 항공승객을 따라잡기는 턱없이 부족한 실정이다. 기술적으로는 매년 1%정도의 연료효율이 좋아지고 있지만 매년 6%이상 늘어나고 있는 승객과의 불균형은 결코 좁혀지지 않을 것이다.[5)]

결국 우리는 그렇게 하늘을 점령하고 온실가스를 뿜어대며 날아다니고 있었던 것이다. 환경과 에너지 연구집단인 EESI(Environmental and Energy Study Institute)는 항공사는 온실가스 배출 세계 6위의 국가에 해당된다는 의미있는 통계를 발표하기도 하였다. 항공기의 온실가스 배출은 지상에서 보이지 않는다고 존재하지 않는 것이 아니라 분명한 주체가 있고 실재하는 위협으로 다가오고 있는 것이다.

이러한 기후변화에 대응하기 위해 최근에는 지속가능한 항공연료(SAF, sustainable aviation fuel)에 대한 관심이 높아지고 있다. SAF는 석유와 같은 화석연료가 아닌 폐식용유, 생활폐기물, 산업부생가스 등 대체연료로 생산된 항공유를 말하는데 엔진의 변형없이 기존의 제트 연료와 혼합하여 사용할 수 있는 장점이 있다.

이와 별개로 단거리 비행을 아예 못하게 하는 극단적인 법안을 발효시키기도 했다. 프랑스는 탄소배출 감축을 목표로 기차로 2시간 반 안에 갈 수 있는 국내선에 대해 비행을 아예 금지[6)]시켰 버렸다. 해당되는 노선도 소수여서 법안의 실효성에 의문을 제기하는 사람도 있지만 역사에 남을 상징적인 사건이라 할 수 있다.

사실 항공기는 이륙할 때 많은 량의 연료를 사용하기 때문에 날아가는 비행거리 당 발생하는 탄소배출량은 장거리 보다 단거리가 더

5) BBC Report: Smart Guide to Climate Change

6) '기후를 위한 시민협약'에서 논의한 안건이며 에마뉘엘 마크롱 프랑스 대통령과 일반 시민 150명이 참여해 만들었다. 논의 당시에는 2시간 30분이 아니라 4시간이었으나 항공사 및 일부지역의 반대에 축소되었다.

많아 지는 것은 당연한 이치이다.

예를 들면 일반석을 타고 장거리 여행을 하였을때 1인이 발생하는 이산화탄소의 량은 1km당 150g이지만 짧은 국내선을 이용하였을 때는 255g으로 올라가게 된다.

가까운 거리는 철도와 같은 대체 수단을 이용하고, 항공을 이용할 때에도 내가 남기는 탄소발자국에 대한 의식을 가져야 한다는 것이 그 법안의 취지일 것이다. 물론 좌석 공간이 넓은 비즈니스 좌석을 타고 장거리 여행을 하였을 때는 3배나 되는 온실가스를 배출하고 있다는 사실도 유념해야 할 것이다.

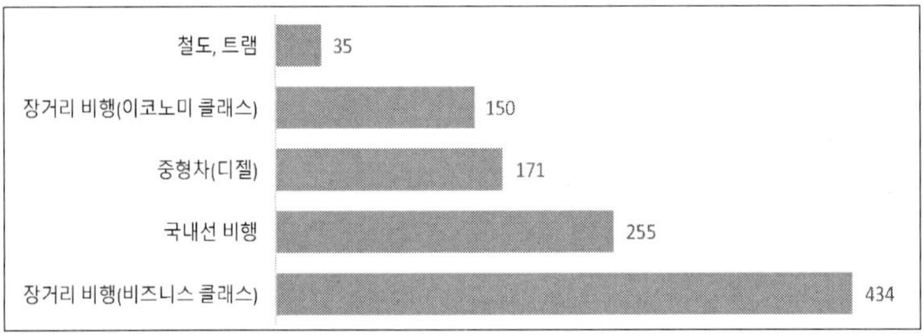

비행거리에 따른 이산화탄소 배출량_2019 (1인 gram/km)
출처: UK Dep. for Business, Energy & Industrial Strategy

그런데 이러한 전 지구적 문제를 미리 예상이라도 한 것일까.

1903년 라이트형제의 비행은 동력을 이용했다는 점에서 그 역사적 의미가 있다. 하지만 수많은 모험가와 연구가들은 오히려 자연의 힘이나 사람의 힘으로 스스로 비행하려는 고집을 멈추지 않았다. 기름 한 방울 사용하지 않는 태양광을 이용한다든지 오로지 근육의 힘으로만 날아가는 그런 시도들 말이다.

당초 이들의 도전이 미래의 기후변화에 대처하기 위한 것이었는지 는 알 수 없다. 다만 이카루스의 후예로서 새들이 그러하듯 가장 자연스럽게 날고 싶은 원초적 욕망이 작동한 것은 아닌지 묻고 싶다. 이번 장에서는 오직 근육의 힘과 태양의 힘으로 하늘을 날아오른 모험가들의 이야기를 해보고자 한다.

크레이머가 내건 상금 5만 파운드

1950년대와 1960년대는 '항공여행의 황금기(Golden Age of Aviation)'라 불리는 시기였다. 제트엔진이 실용화 되면서 이젠 먼거리를 더 빠르고 안전하게 여행할 수 있게 되었다. 고급스러운 실내 인테리어, 세련된 유니폼과 미소 가득한 승무원들의 서비스는 지상에서는 느낄 수 없었던 독특하고 특별한 분위기를 선사하였다. 여유로운 좌석에 한껏 멋을 부리고 앉은 승객들은 도자기 쟁반에 담겨 나오는 음식을 먹고 차를 마시며 비행을 즐겼다.

보잉사의 B-707과 더글라스사의 DC-8의 등장으로 대서양은 '연못 하나 건너는 것'처럼 가까워졌고 미국 동부와 서부는 비행기로 오가는 사람의 숫자가 육로를 이용하는 사람을 초월하기 시작하였다. 이른바 항공여행의 대중화가 서서히 다가오고 있었다.

하지만 그럴 즈음에 세상의 방향과 정 반대로 가는 사람들이 있었는데 그들은 오로지 인간의 힘으로만 날아가는 비행을 꿈꾸는 사람들 이었다.

레오나르도 다빈치 이후 또는 훨씬 그 전부터 새처럼 자유롭게 날고 싶은 것은 인간의 끝없는 욕망 중의 하나였다. 물론 역학적으로 비행의 비밀이 밝혀지고 수백 명의 승객을 싣고 날아갈 수 도 있는 기술도 축적되었지만 자유의지로 날아가고 싶은 원초적인 갈증은 여전히 해소되지 않았던 것이다.

그리고 그 꿈은 1959년 영국 왕립항공학회 내에 인간동력항공기 그룹[7]이 결성되면서 조금씩 구체화되기 시작되었다. "인간동력항공기(Human Powered Aircraft)", 이른바 HPA에 대한 관심을 끌어올리기 위해서 크레이머(Henry Kremer) 상도 만들었다.

크레이머는 항공에 관심이 많은 영국의 돈 많은 기업가였다. 2차 세계대전 중에는 영국을 절체절명의 위기에서 건져냈던 전투기 스핏파이어(Spitfire)의 날개 제작에도 참여하였던 사람이었다. 학회의 후원으로 추진된 이 상은 초기에 5,000파운드의 상금이 걸려있었는데 제시한 조건이 꽤 까다로워 한 동안 주인을 찾지 못하였다.

수상을 위한 경기방식은 이랬다.

우선 ①의 지점에서 출발한 항공기는 외부의 도움을 전혀 받지 않고 10피트(약 3m) 높이의 장대를 넘어야 했다. 그리고 바로 이어서 숫자 8의 모양처럼 ②에서 ③으로 반환점을 돌아 비행해야 하는 힘든 코스가 있었다. 그리고 다시 10피트의 장대를 넘어서 착륙하면 성공

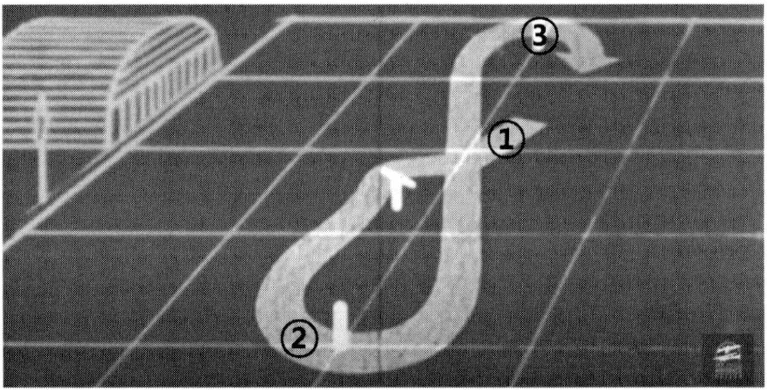

크레이머 상을 받기위한 비행코스
출처:F-0056 Flight of the Gossamer Condor

7) 1959년 결성당시 명칭은 "Man Powered Aircraft Group" 이었으나 1988년 여성조종자가 탄생하면서 "Human Powered Aircraft Group"으로 개칭되었다.

하는 것이었는데, 다만 전체 비행거리가 1마일(1.6km)을 넘어야 하는 전제 조건이 있었다. 그리고 비행시간은 9분을 넘겨야 했다.

많은 도전자들이 줄을 이었다.

그러나 무게를 최대한 가볍게 해서 떠오른 인간동력항공기는 비록 첫 번째 관문인 장대는 넘어섰다 하더라도 대부분 8자 코스에서 탈락하고 말았다. 8자 비행은 항공기의 완전한 통제를 의미하는 것이었다. 결국 십수년 동안의 시간이 지나도록 성공하는 사람은 좀처럼 나타나지 않았다.

이에 학회는 상금을 10배로 대폭 올려 5만파운드[8]를 약속하게 되었다. 거기에다가 도전자의 국적도 묻지 않기로 했다. 기존의 영국인에 한했던 대회가 전 세계의 누구든지 참가할 수 있는 국제대회로 바뀐 것이다.

이 소식은 대서양 건너 미국의 맥크레디(Paul MacCready)에게도 전달되었다.

자연주의자 맥크레디

맥크레디[9]는 뉴욕에서 멀지않은 코네티컷주 뉴헤이븐(New Haven)에서 태어났다. 집안은 부유하였지만 어린시절 그의 학교생활은 평탄하지는 않았던 것 같다. 난독증으로 학업이 쉽지 않았고 보통 십대의 청소년이 갖는 발랄함이라든지 사교성하고는 거리가 멀었다. 그

8) 학회는 1973년 상금을 5만 파운드로 올렸는데 이는 2023년 현재의 한화로 계산하면 대략 9억원 정도에 해당됨.

9) 맥크레디(Paul MacCready, 1925 - 2007)는 미국의 발명가, 항공과학자이다. 특히 인간동력항공기의 개발에 힘을써 인간동력항공기의 아버지라 불린다. 이외에도 화석연료를 사용하지 않는 태양광 에너지를 이용한 항공기의 개발에 헌신하였다.

렇다고 특별하게 좋아하는 운동도 없었다.

하지만 그 대신 수학과 물리학에는 남다른 관심을 가지고 있었다. 그는 이를 응용해서 새로운 모형비행기를 만들고 날리는 것에 푹 빠져 있었다.

15세 때에는 벌써 가솔린으로 날아가는 모형비행기인 토퍼(Topper)를 만들어 수상을 하였다(아래 사진의 오른쪽). 일찍부터 그는 글라이더나 모형비행기를 만들어서 날리는 전국의 각종 대회에 참가하면서 발명가의 기질을 보여 주고 있었던 것이다. 그래서 그는 학교보다는 오히려 이러한 교외활동에 더 큰 심리적인 안정감을 찾았던 것 같다.

13세(왼쪽)때와 15세 때의 맥크레디(Paul MacCready)
출처: caltech.edu

2차 세계대전 중에는 미해군에 지원해 조종사로 활동하였고, 예일대(Yale Univ.)와 캘리포니아 공과 대학(CalTech)[10]에서 물리학과 항공학을 공부하면서 학자로서의 면모도 갖춰갔다. 그간에는 국내의 글라이딩 대회[11]에도 수시로 참가하여 수상하였다. 그리고 1956년, 지금도 계

10) 미국 패서디나에 위치한 캘리포니아 공과대학은 MIT와 쌍벽을 이루는 미국 최우수 사립 공과대학으로 꼽힌다. U.S. National Open Class Soaring Champion.

11) 이 대회(U.S. National Open Soaring Championship)는 미국 내에서 무동력 비행기를 여러 종류의 바람과 상승기류 등을 이용해서 멀리 날아가는 경기이다. 맥크레디는 1948년, 1949년, 그리고 1953년 이 대회에서 우승하였다.

속 이어지고 있는 세계 글라이딩 챔피언십(World Gliding Championship)에서는 미국인으로는 처음으로 우승하는 기록을 남기기도 하였다.

맥크레디는 1951년 그의 첫 회사인 MRI(Meteorology Research, Inc.)를 개업하였다. 하지만 영리를 추구하는 기업이라기 보다는 정부와 미공군에게 연구결과 자료를 제공하는 연구기관에 가까웠다. 맥크레디는 그의 관심분야 중의 하나였던 날씨의 조작을 통해서 비를 내리게 하는 인공강우와 같은 실험의 결과치를 정부에 제공하는 것이었다.

세계 최초의 인공강우 실험은 1946년 미국 제너럴일렉트릭에 의해서였다. 그 회사의 연구원이었던 빈센트 셰퍼(Vincent Schaefer)가 4,000m 상공에서 드라이아이스를 뿌리는 방식으로 인공강우에 성공한 것이었다. 맥크레디는 셰퍼의 고문으로 활동하면서 입지를 쌓아갔다. 실제로 당시 날씨의 조작, 이를테면 구름 속 강수입자의 성장을 돕는 "구름 씨앗"의 연구분야 등에서는 최고의 권위자 중의 한 사람이었다.

어릴 때부터 모형비행기를 만들어 날리고 또 글라이더를 타고 날아다니던 그의 활동무대가 하늘이었으니 그의 기후에 대한 관심은 지극히 자연스러워 보인다. 그리고 그는 온갖 종류의 나비와 나방을 비롯해서 곤충을 좋아하는 소년이기도 하였다. 도감을 보며 일일이 대조하고 학명을 익히며 그 세계에 빠져들곤 하였던 것이다. 곤충을 채집하고 분류하고 보관하는 법 등에 '진심'이었던 어릴 때 그의 모습을 생각하면, 자신도 후에 인정 하였듯이, 그는 자연을 사랑하고 아끼는 사람이었던 것 같다.

1971년에는 에어로바이런먼트(AeroVironment)사를 설립하였다.

기업의 이름에서 이미 알 수 있듯이 에어로바이런먼트는 공해가 없고 환경을 생각하는 항공기의 제작을 지향한다는 것이었다. 기업들에게는 환경문제나 풍력 에너지 등에 대한 자문도 하였다. 그리고 그것에 앞서 원격으로 조종 가능한 전동항공기와 무인항공기와 같은 분야에 있어서는 벌써 선구자적인 위치에 있었다. 그가 개발한 무인항공기는 미국방부의 정찰용으로 채택하였는데 오늘날 드론의 초기모습이라 할 수 있다.

가서머 콘도르(Gossamer Condor)

최초의 인간동력항공기

맥크레디가 인간동력비행에 적극적인 관심을 가진 것은 크레이머가 내건 상금이 한 몫을 했다. 너무나 당연한 이야기 일 수도 있지만 그에게는 조금 특별한 사연이 있었다.

사실 맥크레디는 처남의 선박사업을 도와주기 위해 은행 빚을 냈는데 사업이 뜻대로 되지 않아 곤경에 빠졌다. 그 금액이 이리 저리 합쳐서 10만 달러였는데 공교롭게도 크레이머의 상금도 10만 달러 정도 였던 것이다. 빚이 더 컸거나 상금이 더 적었다면 동기부여가 덜 되었을지는 아무도 모를 일이다.

어찌되었든 어이러니하게도 처남 빚이 인간동력비행의 원동력이 된 것이다.

앞서 소개하였지만 초기의 크레이머 상은 국적을 제한 하여 오직 영국인 들 만이 참가할 수 있었다. 그들만의 리그에서 크고 작은 팀들의 도전이 줄을 이었지만 안타깝게도 코스를 완주하는 팀은 좀 처럼 나타나지 않았다.

대부분 자전거의 페달을 밟는 식으로 만든 비행기는 3m정도의 장대를 넘는 것도 버거웠지만 왼쪽으로 한 번, 그리고 오른 쪽 한 번

회전해야 하는 8자 코스에서 모두 실패하고 있었다. 페달의 회전력으로 얻는 양력이 한계가 있으니 비행기는 최대한 가볍게 만들어야 했고 그러다 보니 기체는 부실할 수밖에 없었다. 추락한 비행기는 몇 주간의 수리를 거쳐 다시 날아갔으나 또 추락하기 일쑤였다.

맥크레디는 실패의 원인과 방안에 대해서 생각하였다.

일반적인 크기의 글라이더를 타고 날아가려면 1마력(horse power)의 힘이 필요한 것으로 그는 판단하고 있었다. 그렇다면 글라이더의 무게는 그대로 유지하면서 날개의 면적을 3배로 크게 만들 수 있다면 결과적으로 1/3마력으로 날아갈 수 있을 것이라 생각하였다. 그리고 1/3마력은 인간이 자전거의 페달링으로 충분히 발생시킬 수 있는 동력이었다.

결국 남은 문제는 안정성 있는 큰 날개를 가진 초경량 비행기를 만드는 것이었다. 그의 계산으로는 날개의 길이는 약 30m가 되어야 하고 전체의 무게는 22.7kg를 넘지 않아야 했다. 과연 가능한 작업일지 맥크레디는 고민에 빠졌다.

1976년 여름, 맥크레디는 글라이더를 싣고 가족과 함께 동부쪽으로 차를 몰았다. 자연을 벗삼아 돌아다니면서 크레이머 상을 타기 위한 구체적인 계획을 세우는 가족여행인 셈이었다. 십대 소년이었던 타일러(Tyler)와 파커(Parker)는 글라이더도 곧 잘 타는 아들들 이었는데 방학 때에는 아버지의 이 프로젝트에 많은 도움을 주고 있었다.

여행도중 맥크레디는 차를 세우고 하늘 높이 날고 있는 독수리를 유심히 바라보고 있었다. 독수리들이 날아가다가 360도 회전을 하며 되돌아가는 모습을 발견한 것이다. 마치 그가 고민하고 있는 8자 코스의 모범 답안을 발견한 양 기쁨을 감출 수 없었다. 그는 타일러와 파커에게 일러 새가 360도 회전을 하는 시간을 재도록 하였다.

그리고 시시각각의 회전 각도를 어림짐작으로 기록하였다. 맥크레디는 이 두 가지를 통해서 새가 날아가는 속도와 원의 지름을 추론할 수 있었다. 행여 크레이머 코스의 8자 비행할 때 참고할 수 있는 자료가 될 수 있기를 바랄 뿐이었다.

아리조나(Arizona)주에서 부터 시작된 새들의 비행 관찰은 동부로 옮겨가면서 칠면조 독수리, 붉은 꼬리 매, 군함 새 등을 만났고 끝내 동부의 제일 끝단인 키티호크(Kitty Hawk)[12]까지 도달하였다.

라이트형제가 미국 내에서 가장 많은 바람이 부는 곳을 찾다가 발견한 곳 키티호크. 이곳은 인류최초의 동력비행이 성공한 장소가 아니던가. 그 이후 70여 년이 지난 지금 맥크레디가 이곳에서 인간동력비행을 결심하고 있다는 것이 무척 흥미롭다.

여행에서 돌아온 맥크레디는 비행기의 제작에 바로 들어갔다.

에어로바이런먼트의 공동창업자인 리사맨(Peter Lissaman)이 힘을 보탰고 주말에는 가족들도 합류했다. 디자인이 간단한 만큼 제작도 간단하였다. 가볍고 견고한 알루미늄으로 골격을 세우고 피아노 줄을 이용해서 형태를 잡았다. 그리고 마이라(Mylar)라 불리는 투명한 필름으로 덮고 테이프로 붙여 마무리를 하였다. 날개의 앞쪽으로 보조날개를 달아서 안정적인 비행이 가능하게 하였다. 아래쪽에는 조종석의 페달에 체인을 연결하여 프로펠러가 돌아가게 하였다. 조종사가 타지 않고 25kg 정도 나가는 가벼운 비행기가 완성되었다. 29.3m의 거대한 날개를 가진 다소 기이하게 생긴 모습이었지만 머릿속으로 줄곧 생각해온 디자인 이었다.

맥크레디는 비행기의 이름을 가서머 콘도르(Gossamer Condor)라고 명명하였다.

---

12) 1903년 노스캐롤라이나주의 키티호크에서 라이트형제는 첫 동력비행에 성공하였다.

가서머 콘도르의 탄생

가서머(gossamer)란 거미줄 또는 거미집을 뜻하는 단어인데, 거미줄처럼 가볍고 효율성과 성능이 뛰어난 점을 강조하기 위해서 비행기의 이름에 붙인 것 같다.

리사맨의 오랜 친구가 모하비사막의 한쪽에 비행학교를 운영하고 있었는데 그 곳의 격납고를 빌렸다. 30m에 달하는 콘도르가 그 격납고에 딱 맞게 들어갔다.

가서머 콘도르의 첫 조종사는 맥크레디의 장남인 타일러였다. 비스듬히 누운 듯이 앉아 그가 페달을 힘껏 밟자 비행기가 서서히 움직이기 시작했다. 맥크레디와 직원들은 비행기의 좌우에서 같이 뛰어가며 기체의 상승을 도왔다. 공중으로 올라간 콘도르는 속도가 얼마나 느렸던지 사람이 걷는 것과 별반 차이가 없었다. 마치 공중에 박혀 있는 듯 하였다. 그리고 그렇게 살짝 떴다 싶더니 이내 지상으로 떨어지고 말았다. 45초의 첫 비행이었다.

예상했던 결과였고 그리고 이제 부터 시작이었다.

사람의 뜀박질 정도의 저속비행에 관한 연구는 지금까지 일체 없었던 터라 맥크레디는 모든 것을 자신의 힘으로 해 나가야 했다. 다행인 것은 가서머 콘도르는 쉽게 조립하고 교체할 수 있도록 만들어졌다는 것이다. 새로운 아이디어가 떠오르면 수시로 구조를 변경할 수 있는 장점이 있었고 비행 중 추락하면 부서진 부분을 수리해서 바로 그 다음날 뜰 수 있었다.

불볕 태양아래 시행착오와 개선으로 비행기는 점점 모양을 갖춰가고 있었다. 그리고 그 해 1976년 겨울, 어느덧 가서머 콘도르는 자력으로도 뜰 수 있는 수준까지 향상되었다. 크레이머 상이 눈앞에 보이는 듯하였다.

그러던 중 태평양 건너 일본에서 경쟁자의 소식이 들려왔다. 일본의 한 대학에서는 지난 10년 동안 이 상을 목표로 야심찬 준비를 해오고 있었는데 그들의 이야기가 신문의 헤드라인을 장식하고 있었다. 이 비행기는 세상에서 가장 가벼운 나무로 알려진 발사나무(balsa wood)를 주재료로 하고 있었고 종이로 마감을 하였다고 했다. 1977년 1월, 학생들은 황새라고 이름을 붙인 이 비행기를 타고 페달을 이용해 4분30초를 날았는데 1.6km나 이동하였다고 했다. 하지만 8자 코스에 성공했다는 언급은 없었다.

맥크레디는 마음이 바빠졌다. 가장 강력한 경쟁자가 나타난 것이다. 가서머 콘도르는 지금까지 회전은 고사하고 주로 짧은 거리만 오르락 내리락 했을 뿐 일본팀처럼 멀리 날아보지 못 했기 때문이다.

맥크레디는 조종사를 사이클 선수인 밀러(Greg Miller)로 새로 교체했다. 아무래도 엔진에 해당하는 조종사의 힘이 있어야 더 멀리 날아가고 회전도 가능할 것 같았다. 밀러는 아들 타일러보다 9kg이 더 나갔지만 다리의 회전력이 이를 상쇄하고도 남았다. 도움없이 스스로 날아오를 수도 있었고 훈련을 거듭하면서 2분 30초 동안 300m까지 날아갈 수 있었다.

하지만 크레이머 코스를 만들어 놓고 실전과 같은 모의 비행을 했을 때는 아직 갈 길이 한참 멀어 보였다. 체공시간은 지금보다 3배가 길어야 되고 8자 비행은 아주 제한적이었다. 90도 정도는 돌아갈 수 있었지만 더 이상의 각도에서는 바로 추락하곤 하였다.

양 쪽의 날개 위에는 공기의 저항을 증가시켜 방향 전환을 할 수 있는 플랩(flap)이 설치되어 있었다. 하지만 그 기능을 충분히 하지 못했고 맥크레디도 그 이유를 알 수 없었다.

컴퓨터를 이용해 날개의 디자인을 다시 설계하고 직원들과의 토론 등으로 회의시간이 길어지기 시작했다. 그는 비행기의 모형을 만들어 수영장에 들어갔다. 그리고 날개 끝을 잡고 물속에서 비행기를 빙 돌려봤다. 손끝에 느껴지는 저항감으로 공기가 어떻게 날개와 작용하는지 알 수 있었다. 그리고 컴퓨터로 시험한 결과 지금과 같은 직사각형 모양의 날개로는 회전시 충분한 힘, 즉 양력을 얻지 못한다는 결론에 이르렀다. 일본팀의 추격이 걱정스러웠지만 처음부터 다시 시작하기로 했다.

처음부터 다시 시작

맥크레디는 가서머 콘도르를 해체했다. 그리고 이곳에서 멀지않은 새로운 장소인 샤프터 공항(Shafter Airport)로 이동하였다. 이곳은 모하비 사막 쪽 보다 바람이 덜 불어서 비행하기에 훨씬 유리한 장소였다.

그들은 가져온 부품으로 다시 비행기를 만들기 시작했다. 그리고 3주 뒤 새로운 모습을 한 가서머 콘도르II가 모습을 드러냈다. 큰 틀에서는 차이는 없지만 전작과 비교해서 한 층 더 슬림해 졌다. 조종사는 유선형의 방으로 들어가 공기의 저항을 덜 받도록 하였다. 날개는 스티로폼으로 더 보강해서 좀 더 두껍게 만들고 날개 끝이 뒤 쪽으로 쳐지게 한 후퇴익으로 만들었다.

그리고 보통의 항공기처럼 날개의 중심에서 끝으로 갈수록 얇게 만들어서 더 쉽게 회전할 수 있도록 하였다. 또한 날개의 가로세로의 비(aspect ratio)[13)]를 기존의 8.3에서 12.8로 올린 차이점도 있었다. 이 모든 변화를 주고도 무게는 겨우 4.5kg 늘어났을 뿐이다.

밀러는 새로운 비행기에 올라타서 비행을 시작했다. 콘도르는 한층 더 안정적인 자세로 비행하였고 5분 동안 공중에 날아다녔다. 지금까지의 비행 중에서 최장의 체공 기록을 세운 것이다. 하지만 여전히 회전비행은 손에 잡힐 듯 잡히지 않았고 성공하지 못하고 있었다. 이러한 미완성의 상태에서 밀러는 유럽에서 열리는 자전거 경주에 참가하기 위해서 떠나게 되었다.

새로운 조종사로 앨런(Bryan Allen)이라는 청년이 인근의 도시인 베이커스필드(Bakersfield)에서 왔다. 그는 밀러와는 달리 행글이더 전문가이며 사이클리스트였다. 그리고 63.5kg의 아담한 체구는 이 비행에 딱 적합한 체형이기도 하였다.

맥크레디는 8자 비행을 위해서 날개의 끝을 약간 비트는 방법을 사용해 보기로 했다. 레버에 연결한 스위치를 이용해서 한 쪽 날개의 끝을 살짝 비틀면 항력이 증가하면서 양력은 감소하였고 그 반대의 날개에는 이와는 정반대의 현상이 일어나게 된다. 이때 양 날개 끝에 발생하는 힘의 불균형이 방향을 전환하는 힘으로 작용하는 것이다. 사실 이 원리는 라이트형제가 발견하여 그들의 비행에 이미 활용했던 것인데 다만 이러한 저속비행에도 적용될 지는 미지수였다.

브라이언 앨런

1977년 8월 23일 새벽, 가서머 콘도르가 기록을 위한 공식적인 비행이 준비되고 있었다.

---

13) 날개의 폭과 길이의 비를 말하며 종횡비라고도 한다. 이 수치가 클수록 상대적으로 양력이 커지고 항력이 적어진다. 따라서 이론적으로 이 수치가 클수록 이상적인 비행기라고 할 수 있지만 동시에 구조강도가 약해지는 문제가 있다. 예를 들어 고속으로 비행하는 항공기는 강도를 더 중요하므로 3.0-3.5의 비를 채용하고 있다.

앨런은 침착하게 조종실로 들어가 앉았다. 맥크레디는 언제나 그랬듯이 마지막 까지 비행기를 점검하였다. 그리고 앨런을 위해서는 조종실에 바람이 잘 통하도록 칼집을 내주었다. 바람 한 점 불지 않아 참으로 비행하기 좋은 날이었다. 준비를 마친 앨런은 오전 7시 30분 페달을 밟기 시작하였다.

가서머 콘도르의 비행(샤프터, 1977)
출처:Minter Field Air Museum)

지난 1년 동안 400회 이상의 비행을 지휘해 왔던 맥크레디는 이번 비행이 성공적으로 끝나기를 간절하게 바라고 있었다.

앨런이 탄 콘도르는 이미 3m 높이의 장대를 가볍게 넘고 첫 번째 회전도 쉽게 통과하고 있었다. 야트막하게 날아가고 있던 앨런의 옆으로는 자전거를 탄 팀원들이 같이 달리면서 응원하고 있었다. 두 번째 회전도 어려움 없이 성공해 8자 비행을 성공시켰고 시간은 출발한지 6분이 지나가고 있었다. 이제 남은 것은 마지막 지점에 세워진 3m의 장대뿐이었다. 앨런은 마지막 지점을 바로 앞에 두고 자신도 믿을 수 없을 정도로 흥분하고 있었다. 마지막 힘을 다하여 페달을 밟아 가속을 하였고 원래 높이보다 1m 더 높이 날아 거뜬하게 장대를 넘어 갔다. 몸은 지치고 피곤이 엄습하였지만 내친김에 100m 쯤 더 날아가서 지상으로 내려갔다.

완벽한 성공이었다.

맥크레디와 리사맨 그리고 모든 팀원들이 환호하면 달려왔고 서로를 부둥켜안고 어찌할 줄 몰랐다. 인류최초의 인간동력비행이 성공하는 순간이었다. 그리고 헨리 크레이머가 제시한 상금이 18년 만에 첫 주인을 찾아서 간 날이기도 했다.

그날의 영광을 간직한 가서머 콘도르는 지금 현재 스미소니언 항공우주박물관(Smithsonian National Air & Space Museum)에 전시되어 있다. 한 쪽에는 달 탐사에 다녀온 아폴로11호의 캡슐이 또 다른 한 쪽에는 라이트형제의 플라이어 호가 호위하듯 같이 비행하고 있다.

가서머 알바트로스(Gossamer Alabastro)

영국과 프랑스를 구분하는 바닷길을 영국해협(English Channel) 또는 라망쉬 해협(La Manche)이라고 부른다.

정치적 중립을 위해 영불해협이라고도 불리는 이곳은 남북 길이가 180Km에 이르지만 동쪽으로 가면서 점점 좁아져 34Km 정도로 좁아지는 지점이 있다 영국사람들은 도버해협이라 부르고 프랑스사람들은 칼레해협이라 부르는 곳이다.

하지만 먼 옛날 빙하기에 서로 연결되어 있었던 그때의 희미한 기억이라도 되살아 난 것일까. 인간의 끝없는 연결에 대한 욕망은 결국 해저터널[14]을 파게 하였고 지금은 2시간 남짓이면 닿을 수 있을 만큼 가까워졌다.

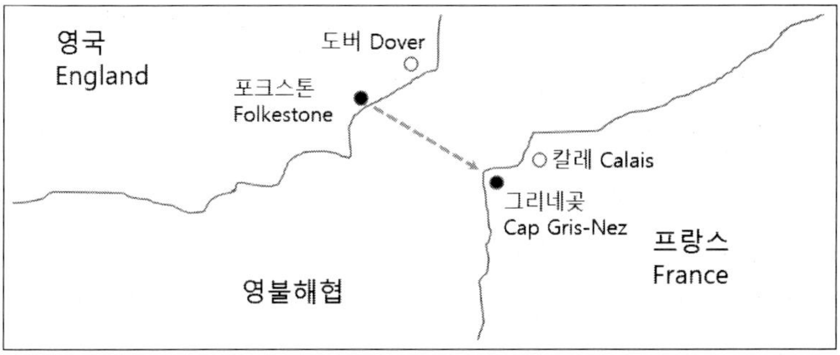

인간동력비행기 알바트로스의 비행경로

그러나 예로부터 이 바다는 수많은 모험가들의 능력과 담력을 보여 주는 장소이기도 하였다. 1785년 열기구를 타고 블랑샤르(Jean-Pierre Blanchard)가 이 바다를 건넜고 1875년 웨브(Matthew Webb)라는 영국사람은 21시간 45분 동안 맨몸으로 헤엄쳐서 프랑스에 도달하기도 하였다.[15)]

맥크레디에게도 도버해협은 운명처럼 다가왔다.

두 번째의 도전, 도버해협

오직 두 다리의 근육만을 이용해서 도버해협을 날아서 건너갈 수 있을까.

앨런은 2년 전인 1977년에 가서머 콘도르를 타고 좌우로 8자 비행을 하며 지상을 날아간 적이 있었다. 하지만 그때 그가 날아간 거

14) 채널 터널(Channel Tunnel)은 영국과 프랑스를 연결하는 해저터널이며 1994년에 완공되었다. 두 단어를 합성하여 처널(Chunnel)이라고도 한다. 해협의 가장 좁은 부분인 도버해협의 지하를 통해 영국의 포크스톤(Folkestone)과 프랑스의 칼레(Calais)를 연결하며 테제베(TGV) 특급열차를 이용하면 2시간15분만에 도달할 수 있다.

15) '아시아의 물개'라 불렸던 아시안게임 수영 금메달리스트 조오련(2009년 사망)도 1982년 도버해협의 횡단에 성공하였다.

리는 겨우 1마일에 불과하였다. 물론 그것도 비행기의 완벽한 제어가 가능해야만 성공할 수 있는 쉽지 않은 일이었다.

그런 상황에서 22마일(35km)의 거친 바닷길을 날아가겠다는 것은 지극히 무모한 결정이었다. 그리고 그는 성공보다 실패할 확률이 더 높다는 것을 누구보다 더 잘 알고 있었다.

하지만 그를 도버해협의 바다로 떠민 것은 지난 번 처럼 크레이머의 통 큰 기부금이 일조하였다. 크레이머는 인간동력비행으로 도버해협을 건너는 첫 번째 사람에게 십만 파운드의 상금을 주겠다는 것이었다. 그가 이렇게 큰 금액을 약속한 것은 큰 금액만큼이나 이것도 쉽사리 풀 수 없는 인간의 숙제라고 생각하고 있었기 때문일 것이다.

한편 맥크레디에게는 구미가 당기는 제안이었다. 2년 전 콘도르의 비행으로 오만 파운드의 상금을 받기는 했지만 빚과 지출비용을 제하니 여전히 갚아야 할 부채가 남아있었다.

맥크레디는 비행연습을 위해 앨런을 다시 불렀다.

26세의 청년인 앨런은 아마추어 사이클리스트였는데 행글라이더도 능숙하게 탈 수 있어 이 프로젝트에는 딱 맞는 적임자였다. 그리고 물론 그에 앞서 가서머 콘도르의 비행경험도 있어 모두의 기대감이 큰 친구였다.

이번 프로젝트에 사용될 비행기의 이름은 가서머 알바트로스(Gossamer Albatross)로 지었다. 희귀해서 그랬을까. 골프에서는 기준타보다 3타가 낮은 점수를 뜻하기도 하지만 알바트로스는 바람의 마법사로 불리는 새의 이름이다. 거대한 날개로 한번 날기 시작하면 땅에 내려오지 않고 수일을 날아갈 수 있으니 맥크레디의 염원을 그대로 담았다고 할 수 있지 않겠는가.

앨런의 비행연습이 다시 시작되었다.

이번의 최대 관건은 최소 2시간 이상 하늘을 날아야 하는 것이었다. 더군다나 거친 바닷바람을 맞서야하니 얼마만큼의 근력이 필요한 지 예측하기도 힘든 비행이었다. 과연 기록은 좀처럼 나아지지 않고 있었고 지금 현재의 최고기록은 겨우 18분38초에 불과하였다. 가쁜 호흡으로 뿌옇게 김이 서린 조종실에서 내리는 앨런의 기진맥진한 모습을 맥크레디는 안타깝게 바라보고 있었다. 거듭된 연습에도 도버해협은 점점 더 아득하게 멀어지는 것 같았다. 1979년 3월이었고 예정된 날짜를 3개월 정도 앞두고 있었다.

알바트로스는 전작과 비교해서 외형상 큰 차이는 없었다. 다만 장거리비행을 위한 것이라 공기의 저항을 줄이기 위해 노력하였다.

맥크레디는 정육점에서 무게를 재는 손저울을 빌려왔다. 고기대신 알바트로스를 고리에 걸고 오토바이를 타고 비행기의 보통속도(시속 12마일)로 사막을 달렸다. 저울에 얼마만큼의 무게, 즉 저항값이 생기는지 알아보기 위해서 였다. 계산상 6파운드를 넘지 않아야 하는데 10파운드(4.5kg)이 나왔다. 당장 2kg정도의 감량이 필요했다.

비행기를 완전분해 해서 새로 조립을 했다. 바꿀 수 있는 재질은 바꾸고 느슨한 접합부분은 조여서 공기의 저항을 최소화 하였다. 불필요한 선은 과감하게 끊어내고 매사추세츠 공대(MIT)의 추천으로 프로펠러도 효율이 더 좋은 것으로 교체하였다.

1979년 4월 25일, 새롭게 조립한 알바트로스에 앨런이 올라탔다. 그리고 페달을 밟기 시작하였다. 앨런의 다리 근육에 걸리는 부하는 이전 보다 많이 가벼워진 느낌이었다. 비행기는 거침없이 잘 날아다녔고 지상에서 같이 달리고 있는 사람들에게 여유 있는 손짓까지 해보였다. 흐뭇한 날이었다.

그날의 비행시간은 1시간 9분으로 지금까지 보여준 기록 중 최고였다. 자신감이 붙은 맥크레디는 영국으로 넘어가기로 하였다.

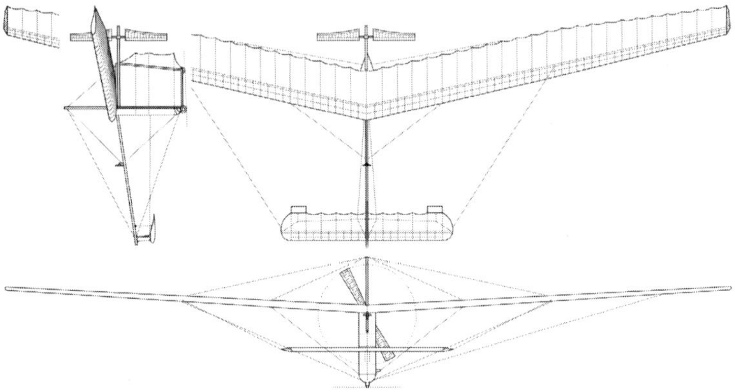

가서머 알바트로스의 구조
출처: 위키피디아

영국으로 간 맥크레디와 앨런

영국에 도착한 맥크레디와 앨런은 대중의 뜨거운 관심을 느낄 수 있었다. 당시 영국주재 미국대사였던 브루스터(Kingman Brewster)도 맥크레디의 일행을 대사관의 환영파티에 초청하였다. 연회장의 천정에는 알바트로스를 매달아서 사람들의 이목을 끌고 있었고 신문기자들도 대거 몰려와 취재에 열을 올리고 있었다. 앨런은 또 바닥에 고정된 자전거에 올라타 페달을 밟기 시작했다. 그리고 기자들에게 속도와 마력을 표시하는 계기판을 보여주며 비행기가 날아가는 원리를 설명하느라 열심이었다.

대사는 맥크레디가 다녔던 예일대학의 총장으로도 재임한 적이 있었다. 그는 맥크레디를 발명가이며 혁신가라고 사람들에게 소개하며 마이크를 그에게 넘겼다.

맥크레디는 자신의 계획을 담담하게 말해나갔다.

> 앞으로 수 주내 날씨가 좋은 날, 여기 전시되어 있는 비행기는 도버의 포크스톤(Folkestone)을 출발해서 프랑스로 날아갈 예정입니다. 이 시도는 영국의 기업가인 헨리 크레이머가 약속하신 십만파운드의 상금 덕분입니다. 정확한 출발지점은 아직 못 정했지만 아마도 포크스톤의 북동쪽 어디쯤이 될 것 입니다.

이제 주사위는 던져졌다. 맥크레디의 일행들은 마지막 비행준비로 여념이 없었다. 현지 항공 당국자들이 지켜보는 가운데 무사히 비행을 함으로써 감항인증[16)]을 받았다. 바다 위 추락에 대비해서 해양구조대와 공동훈련이 있었고 상호 원활한 무전교신을 위한 점검도 했다. 비행부근의 선박 통제도 빠뜨릴 수 없는 부분이었다.

앨런은 자전거를 실전처럼 몰며 체력을 연마해 나가고 있었다. 그러던 어느 날 맥크레디는 기상 관측소가 보내온 데이터를 받아 들었다. 그는 신중하게 결정하였다. 출발.

도버해협을 날아가다

1979년 6월 12일.

새벽 2시 부터 비행 준비에 들어갔다.

팀원들은 보관창고에서 꺼내온 알바트로스을 꼼꼼하게 점검하면

---

16) 감항인증(Airworthiness Certification)은 항공기가 안전하게 비행할 수 있음을 감항당국이 인증해주는 제도를 말한다. 당시 감항인증은 크레이머 상을 받기위한 의무사항 중의 하나였다.

서 조립해 나갔다. 날개에 맺힌 이슬 방울 하나가 무게를 더할까 노심초사하며 닦아내었다.

그들이 출발 장소로 이동하였을 때는 벌써 아침이 밝아오고 있었고 100여명의 기자들이 몰려와서 북새통이었다. 긴장을 풀기위해 앨런은 몸을 풀고 투명하게 비치는 조종석로 올라가 자리를 잡았다.

모든 준비가 완료되었다.

약간씩 불어오던 바람이 잦아들었고 준비되는 대로 출발해도 좋다는 무전 연락이 왔다.

오전 5시 51분, 앨런은 서서히 페달을 밟기 시작했다.

좌우로 30m의 커다란 날개를 가진 알바트로스는 앞으로 달려가다가 공중으로 천천히 떠올랐다. 영국과 프랑스를 가르는 해협을 인간동력비행으로 건너는 최초의 도전이 시작된 것이다.

바다에는 직원들이 수 십대의 보트에 나눠 타서 기다리고 있었다. 그리고 알바트로스의 모습이 보이자 바다 위를 같이 달리기 시작했다. 맥크레디는 선두의 보트에 타고 일정한 거리를 유지하며 앨런의 길잡이 역할을 하고 있었다. 그리고 주변을 오가는 선박을 멀리서 통제하며 앞으로 나아갔다. 비행기는 1.5m 정도로 낮게 날아가고 있었기 때문에 오가는 선박과의 충돌의 위험이 있었다. 그리고 지나가는 배의 통행으로 흐트러진 기류가 비행속도에 나쁜 영향을 줄 수 있기 때문이었다.

하지만 전반적으로 순조로운 비행이었다.

바람도 불지 않아 비행에 적합하였고 지금까지 연습해 온 대로 1분에 75회 정도로 페달을 돌리면 무난하게 도착할 것 같았다.

그런데 반 쯤 건넜다고 생각하는 지점에서 다리의 회전에 저항감이 느껴지기 시작했다. 예보에 없었던 바람이 정면에서 불기 시작한 것이다. 출발 후 1시간 15분 지점에서 앨런은 시속6km의 맞바람에 맞서 고군분투하게 된 것이다. 페달의 속도는 그대로 유지하고 있었지만 비행기가 앞으로 나가지 못하니 지상속도(Ground speed)17)는 떨어질 수밖에 없었다. 결국 2시간 내에 도착하겠다는 계획은 벌써 불가능하게 되었다.

도버해협을 건너고 있는 가서머 알바트로스(1979년)
출처: IMDb

피곤이 엄습해 왔다.

비행속도는 시속 11km까지 떨어져 어떤 때는 바다 위에 떨어질 듯이 내려오기도 했다. 1시간 45분 지점에서는 목적지 까지 아직 10km가 넘게 남아 있었다.

체력의 한계를 느낀 앨런은 고심끝에 비행을 포기하겠다는 신호를 보냈다.

---

17) 지상속도(Ground speed)는 지표면상(여기에서는 해상)에서 보이는 항공기 속도이다. 맞바람이 시속 100km 로 부는 환경에서 비행기가 시속 200km로 날아간다 하더라도 지상에서 보이는 항공기의 속도(지상속도)는 시속 100km에 불과하다.

이럴 경우에는 보트가 견인해서 가는 수 밖에 없었다.

앨런은 자신을 견인할 수 있도록 알바트로스를 살짝 공중으로 띄워 보트가 그 밑으로 들어올 수 있게 하였다. 그러면 낚싯대를 이용해 보트와 비행기를 밧줄로 연결해 육지까지 견인할 계획이었다. 가장 생각하기 싫은 최악의 시나리오가 펼쳐질 참이었다.

하지만 생각하지 못한 반전이 일어났다.

앨런이 견인을 도와주기 위해 비행기의 높이를 약간 높였을 때 그곳에는 바람이 훨씬 덜 불고 있었던 것이다.

불과 3m정도 올라갔을 뿐인데 완전히 다른 상황이었다. 무진기도 제대로 되지 않는 상황이라 앨런은 다시 손을 흔들며 포기하지 않겠다는 뜻을 전달하였다. 인양을 위해 들어갔던 팀은 황급히 빠져나왔고 비행은 계속 이어졌다.

하지만 상황이 조금 나아졌다고는 하지만 체력은 완전히 고갈된 상태였다. 왼쪽 다리 근육에 경련이 일어나면 오른쪽 다리로 페달을 밟고, 오른쪽 다리에 무리가 오면 왼쪽 발로 페달을 돌려나갔다. 몸은 비 맞은 듯 땀으로 흠뻑 젖었지만 마실 물도 남아있지 않았다. 2시간 비행을 예상하고 실은 물이 패착이었지만 그렇다고 무게 걱정 없이 넉넉하게 실을 수 도 없었다.

앨런은 탈수증상으로 정신까지 혼미해지는 것 같았다.

사실 운동생리학적 측면에서 그가 알바트로스를 몰고 공중에 떠있을 수 있는 시간은 2시간 남짓이었다. 뒤에서 바람이 불어주면 도움이 되겠지만 지금과 같은 반대의 경우에는 비행가능한 시간은 더 줄어들 수밖에 없었다. 결국 남은 비행을 계속한다는 것은 오직 정신력으로 날아가겠다는 말이었다.

그는 쉼 없이 페달을 돌렸다.

5분 만 더, 5분 만 더….이런 식으로 자신을 달래며 날아 갔고, 바로 눈 아래 보트를 타고 있는 맥크레디는 손에 땀을 쥐며 앨런을 프랑스의 해안으로 리드해 나갔다. 이렇게 하기를 수 십분 뒤 드디어 육지가 보이기 시작했다.

앨런은 지금 당장 바다 위에 내려앉아야 할 만큼 힘들었지만 마지막 힘을 내어 페달을 돌렸다. 멀리 해안가에서는 도착지점을 알리는 연막탄의 연기가 날리고 있었고 많은 사람들이 손을 흔들며 환호하는 소리가 들렸다. 앨런은 그리네곶(Cap Gris-Nez)의 해안가 모래위에 가볍게 내려앉았다. 꿈과 같은 비행이었다.

날아온 비행거리 22.2마일(35.7Km), 비행한 시간은 2시간 49분이었다.

오직 인간의 힘으로 하늘을 날고자 했던 인류의 꿈이 콘도르에 이어서 알바트로스에 의해서 완성된 것이었다.

뒤에 알려진 사실은 도버해협 횡단 당시에 맥크레디는 앨런이 타고 갔던 것 보다 성능이 더 좋은 비행기가 준비되어 있었다는 것이다. 이른바 알바트로스 II 였다. 그는 이번 비행의 성공 가능성이 매우 희박한 것으로 생각하고 있었다. 그래서 신형인 II 대신에 기존의 비행기를 시험용으로 보내 추가적인 개선점을 찾으려 했던 것이다. 이후에 앨런은 알바트로스 II를 타고 여러 에어쇼에 참가하였고 현재는 시애틀의 항공박물관(The Museum of Flight, Seattle)에 전시되었다. 그리고 도버해협을 건넜던 알바트로스는 콘도르가 있는 스미소니언 항공우주박물관에 같이 보금자리를 틀어 고단한 날개를 접었다.

이렇게 하여 맥크레디는 두 번씩이나 연달아 크레이머 상을 거머쥐는 영예를 안게 되었다. 하지만 그의 비행은 여기서 멈추지 않았다.

햇빛으로 날아가는 펭귄

도버해협의 횡단에 성공한 후 맥크레디는 알바트로스의 새로운 버전인 알바트로스 II를 국내의 에어쇼에 출품시켰고 앨런은 또 다시 많은 사람들의 이목을 집중시키고 있었다.

하지만 맥크레디는 여기에 만족하지 않았다.

지금까지는 인간동력비행에 몰두해 왔지만 이제 태양의 빛을 이용해서 날아가는 비행에 도전하기로 한 것이다.

지금은 태양광이 시대적 과제로 여겨질 정도로 보편화가 되고 있지만 40년 전으로 시계를 돌려보면 상황은 사뭇 다르다. 특히나 미국은 1981년에 공화당의 레이건(Ronald Reagan)[18]대통령이 집권하면서 석유나 가스에 의존하는 화석연료 중심주의 정책을 표방하고 있었기 때문이다.

이러한 사회적 분위기에도 아랑곳없이 맥크레디는 태양광을 주목하였다.

그는 그의 첫 태양광 비행기의 이름을 가서머 펭귄(Gossamer Penguin)으로 이름 지었다. 앞서 소개하였듯이 맥크레디는 자연을 무척이나 사랑하는 학자였다. 거미집을 뜻하는 가서머 부터 콘도르가 그렇고 알바트로스가 그렇듯이 그는 자연으로 부터 영감을 얻고 그들의 이름을 빌려왔다. 펭귄도 다르지 않았을 것이다. 하늘대신 물속에서 날렵하게 날아다니는 펭귄의 수중 비행능력을 부러워 했을런지도

---

18) 미국의 제40대 대통령이다(1981-1989). 대통령 후보 수락연설에서 에너지 정책과 관련하여 다음과 같이 말했다. "미국은 더 많은 에너지를 생산해야 합니다. 엄청난 양의 석유와 천연가스가 미국 해안가에 그대로 놓여있습니다. 반면 지금의 행정부(지미 카터, 민주당)는 에너지를 생산하는 대신 규제와 세금 그리고 국가의 통제를 원하고 있습니다"

모를 일이다.

가서머 펭귄은 알바트로스 II 의 축소판이었다. 3/4정도의 크기에 다만 알바트로스 II와 다른 점이 있다면 태양전지[19] 패널이 달려 있다는 것이다.

하지만 당시의 태양전지는 이제 막 개발이 시작되고 있는 단계였다. 펭귄에 탑재된 전지의 효율[20]은 12%정도에 불과했고 비행을 위해서는 조종사의 몸무게가 관건이었다.

1980년 5월 18일, 샤프터 공항에 맥크레디와 회사(에어로바이런먼트) 직원들이 모였다. 샤프터 공항은 맥크레디의 비행기가 여럿 태어난 산실과도 같은 곳이었다.

오늘 펭귄을 몰 조종사는 맥크레디의 셋째 아들 마샬(Marshall MacCready)이었다. 13세의 소년 마샬은 아버지의 비행기를 몰아 본 경험도 있고 무엇보다도 그의 가벼운 몸무게가 한몫했다. 조종실에 자리한 마샬은 콘도르나 알바트로스처럼 힘들게 페달을 밟을 필요도 없었다. 스위치 조작만으로 펭귄은 활주하기 시작했고 가볍게 하늘로 날아올랐다.

맥크레디는 어느 인터뷰에서 그날 사람이 타고 첫 태양광비행에 성공한 5월 18일은 영원히 잊을 수 없는 날이라고 너스레를 떨었다. 미처 생각하지 못했던 그들의 결혼기념일이 그날 이었다고 아내가

---

19) 태양전지(solar cell) 또는 광전지란 태양의 빛 에너지를 전기로 만들어 내는 장치를 말한다. 사실상 무한한 에너지원이라는 점과 친환경에너지라는 점에서 각광을 받고 있으나 낮은 효율과 높은 생산단가 등의 해결해야 할 문제가 많다. 태양전지 발전의 시작은 빛이 전류를 발생시킨다는 사실을 1839년 프랑스의 당시 19세였던 물리학자 에드몽 베크렐(Alexander Edmond Becquerel)에 의해 처음 발견되면서 시작되었다.

20) 효율은 태양의 빛에너지를 얼마나 전기에너지로 바꿀 수있는가 이다. 태양광에 대한 연구가 이루어 진지 50년이 되었지만 2023년 현재 실리콘 태양전지의 효율은 30% 안팎에 불과한 것으로 알려졌다.

알려주었으니 어떻게 잊을 수 있냐고 라고 하며.

사실 가서머 펭귄은 궁극적으로 "솔라 챌린저(Solar Challenger)"라는 태양광 비행기를 만들기 위한 일종의 연구용 비행기로 활용되었다.

이 계획은 미국 항공우주국(NASA)의 한 프로젝트에 편입되었는데 듀폰(DuPont)[21]이 사업을 후원하고 있었다.

화학관련 기업인 듀폰은 지금까지 맥크레디를 항상 후원해 왔는데 콘도르와 알바트로스에 사용된 투명필림인 마이라(Mylar)가 바로 이 회사의 제품 중 하나였다. 그래서 맥크레디가 만든 비행기의 운전석 옆에는 항상 듀폰의 로고가 선명하게 박히있있는데 이 광고로 듀폰은 홍보효과를 톡톡히 누리고 있었다. 비록 실용적인 비행기는 아니었지만 기술을 선도하는 기업의 이미지 덕을 보고 있었던 것이다.

펭귄의 공식적인 비행을 앞두고 새 조종사 브라운(Janice Brown)이 참여하였다.

그녀는 인근 학교의 교사였는데 비행경력도 있고 45kg의 호리호리한 체형을 가진 여성이었다.

1980년 8월 7일, 브라운은 수 십번의 비행연습 후 공식적인 비행을 위해 펭귄에 올라탔다. 그리고 머리 위에 기이하게 달려있는 패널을 태양을 향하게 조정했다. 3,920개의 손톱만한 전지는 태양열을 흡수하면서 541와트(watt)의 전기를 만들어 냈고 모터가 천천히 돌아가기 시작했다. 동력을 전달 받은 프로펠러는 펭귄을 앞으로 밀어냈고 비행기는 활주로를 달리다가 곧 공중으로 올라갔다.

첫 유인 태양광 비행이 있었던 날 이었다. 그날 브라운은 3.5Km를

21) 듀폰은 프랑스의 화학자 라부아지에의 제자 듀폰이 프랑스 대혁명을 피해 미국으로 이주해서 세운 회사이다. 남북전쟁시 북군에게 화약을 공급하면서 거대회사로 성장했고 현재 화학회사의 대명사로 불리는 글로벌 기업이다.

14분 21초 동안 기름 한 방울 없이 날아다니다가 땅으로 내려왔다.

비행 연습 중인 가서머 펭귄(1980,샤프터 공항)
출처: 위키피디아

현장으로 달려온 신문사와 기자들은 태양광을 이용한 비행의 신기원을 이루었다고 앞다투어 보도하였다. 틀림없는 사실이었고 역사적인 비행이기도 하였다. 하지만 풀어야 과제도 많았다. 조종사의 몸무게가 비행을 좌지우지할 만큼의 저출력은 제일 큰 문제였다. 그리고 흐린 날이나 야간비행을 위해 태양광 에너지를 저장해서 쓸 수 있도록 하는 배터리의 개발도 시급했다.

펭귄의 임무는 여기까지 였다.

과제를 넘겨받은 맥크레디는 솔라 챌린저의 개발에 바로 들어갔다.

다시 넘는 도버해협 솔라 챌린저

펭귄과 같이 태양의 힘으로 날아가는 솔라 챌린저는 맥크레디가 만든 비행기 중에서 가장 비행기다운 모습을 한 비행기였다. 비정상적으로 보이는 껑충한 날개에 바람이 불면 찢어질 것 같이 위태위태한 모습은 사라지고 외관부터 완전히 새롭게 바꿨다. 비행기는 계산상으로 산소 걱정을 하지 않는다면 9,000m 상공에서 최고의 성능을 보여주었지만 실제로는 4,000m 이하의 고도에서 주로 비행하였다. 듀폰이 제공한 특수자재로 가볍고 튼튼해서 만들어서 난기류 등도 견딜 수 있도록 하였다.

태양전지는 양쪽 날개와 꼬리날개에 16,000개를 촘촘하게 붙여 3,800와트의 전기를 생산했는데 펭귄과 비교하자면 7배나 많은 양이었다. 모터도 3마력 짜리 2개를 달아서 출력도 충분한 편이었다.

솔라 챌린지 비행모습
출처: All Portable Solar

1981년 6월 초, 충분한 비행 연습 후 자신감이 붙은 맥크레디는 프랑스로 비행기를 화물편으로 보냈다. 이유는 파리에서 영국으로 넘어 가는 비행에 도전하기 위해서 였다. 언젠가 맥크레디는 태양열은 유럽보다 미국의 서부쪽이 훨씬 더 강열한데 왜 유럽을 고집하냐고 질문을 받은 적이 있었다. 그의 답변은 간단하고 명료했다. "도버해협" 때문이었다. 알바트로스가 그랬던 것처럼 그 바다를 넘고 싶은 욕망이 이글거리고 있었던 것이다.

맥크레디(왼쪽)과 브라운
출처: Academy of Achievement

파리에 도착한 맥크레디와 일행은 비행하기 좋은 날을 기다리며 베르사유 궁전을 찾았다. 그리고 200년 전(1783년) 광장 앞에 모인 수많은 인파를 상상했다. 루이왕과 왕비 앙투아네트가 지켜보는 가운데 몽골피에 형제가 커다란 기구를 띄워 올리는 장면이었다. 기구에는 사람대신 양과 오리 그리고 닭이 바구니에 매달려 있었고 화려하게 치장한 풍선이 하늘로 올라가자 사람들은 놀라움과 두려움으로 소리를 내지르고 있었다.

맥크레디는 지금 가슴 졸이며 기다리고 있는 태양열 비행기의 도전이 50년 뒤 또는 100년 뒤에 어떠한 모습으로 남게 될까 생각하니 가슴이 무거워 졌다.

1981년 6월 14일, 프랑스와 영국 양쪽의 날씨가 2주만에 화창해져 솔라 챌린저를 출발시키기로 했다. 하지만 이륙 후 1시간 만에 돌풍을 만나 12km 지점에서 비상착륙하는 일이 발생했다. 확실히 변덕스러운 유럽 날씨였다.

맥크레디는 기상 상태로 볼때 프랑스보다는 영국 쪽에서 출발하는 것이 좋으리라 생각하고 영국 동부의 맨스턴(Manston)으로 넘어갔다.[22] 하지만 영국쪽 맨스턴의 날씨도 만만치 않았다. 6월에 들어서면서 구름이 낀 날이 많았고 맞바람이 불어 비행에도 불리한 조건이었다. 돌이켜보니 앨런이 알바트로스를 타고 도버해협을 건넌 것도 6월이었다.

맥크레디는 다시 어려운 결정을 하였다. 다시 프랑스에서 출발하기로 하고 짐을 꾸린 것이다. 이래저래 도버해협은 쉽사리 비행을 허락하지 않았다.

1981년 7월 7일, 우여곡절 끝에 파리 근교 퐁투아즈(Pontoise)에 있는 공항[23]에서 솔라 챌린저가 출발을 준비하고 있었다.

이번 비행의 조종사는 28세의 프테첵(Stephen Ptacek)이었다. 그는 브라운보다 비행경력이 많고 기량이 뛰어나서 이번 비행을 책임지게 되었다. 펭귄의 조종사였고 처음부터 챌린저를 몰아왔던 브라운 그

---

22) 공항이 이름은 Royal Manston Air Force Base이다. 맥크레디의 원래 계획은 런던을 목적지 또는 출발지로 생각하고 있었으나 영국 공항 당국 으로부터 허락을 받지 못한 상태였다.

23) 파리의 북서쪽 40Km 떨어져 있는 Cormeilles-en-Vexin 공항

녀 역시 훌륭한 조종사였지만 예비 조종사로 만족해야 했다.

이번 비행은 크레이머 상과 같은 지원이 없어 아쉽긴 했지만 대신 후원사인 듀폰이 경비를 대기로 해서 재정적인 어려움은 덜 수 있었다.

태양은 날개위에 있는 16,000개의 태양광 전지를 데웠고 발생한 전기는 모터를 돌리기 시작했다.

이번 비행이 특별한 이유는 지금까지 태양광 비행이라 함은 태양 전지와 배터리를 같이 사용하는 것이었다. 태양광으로만 비행하기에는 아직까지 기술적 한계가 있어 배터리의 도움이 필요했기 때문이었다. 그런데 이번에는 배터리 없이 순수하게 태양광으로만 비행한다고 하니 그만큼 기대가 컸던 것이다.

활주로에서 대기하고 있던 솔라 챌린저는 출발신호를 받고 달리기 시작했다. 목적지는 도버해협을 건너 영국의 맨스턴이었다. 맥크레디도 이미 경비행기인 세스나를 타고 같이 날아가고 있었다. 맥크레디는 챌린저와 일정한 거리를 두고 날아가면서 그의 비행을 관찰하고 감독하는 것이 그의 주 임무였다.

이번의 비행전략은 이랬다. 가능하면 초반에 높은 고도로 올라가서 맨스턴 쪽으로 글라이딩해서 내려가는 것이었다. 높은 고도를 향해서 올라 갈 때는 에너지가 많이 소비되지만 일정 고도에 도달하면 공기의 저항이 적기 때문이 비행이 한층 수월해진다. 그리고 어떠한 문제가 생기더라고 바람을 타고 목적지로 내려갈 수 있는 것이다. 다시 말해서 초반에 확보한 위치에너지를 최대한 이용한다는 것이었다.

맥크레디와 프테첵은 서로 무선으로 교신하면서 비행을 이어가고 있었다.

그런데 챌린저가 프랑스의 해안가로 진입하고 있을 때 갑자기 상공에서 스토커들이 출현했다. 계약상 방송사와 미디어들은 맥크레디와 같은 세스나 비행기에 탑승해서 공동으로 취재하기로 했지만 이 계약을 위반한 사람들이었다.

맥크레디가 무전으로 주의를 주었지만 소용없었고 이제는 헬기까지 등장했다.

챌린저의 무게는 90kg으로 조종사 프테첵을 포함해도 159kg에 불과한 가벼운 비행기였다. 외부의 다른 비행기들이 주변을 날아다니며 발생시키는 기류는 엄청난 영향을 주었고 잘못하면 공중 폭파까지 일어날 수 위험한 상황이었다.

마침 그곳에는 적운[24]이 발달해 있었는데 프테첵는 그 구름 더미 속으로 날아 들어갔다. 그들을 따돌리기 위해 숨바꼭질이 시작된 것이다.

구름 속 비행은 매우 위험하지만 유럽에서는 불법은 아니었다. 그리고 프테첵는 조종석의 계기만으로도 비행할 수 있는 나름의 기술이 있었다. 그는 아무것도 보이지 않는 구름 속을 오로지 계기판에 의지해서 계속 날아갔다. 급기야 영국과 프랑스의 관제사들이 개입하면서 가까스로 스토커들을 퇴치할 수 있었다.

어느덧 비행기는 도버해협을 건너고 있었다.

그런데 더 위험한 순간이 기다리고 있었다.

4개의 터보엔진을 단 큰 항공기가 무슨 이유에서인지 원래 지정받은 고도보다 훨씬 낮게 날아오고 있다는 것이었다. 이 높이라면 챌린저에게 엄청난 기류의 영향을 줄 수 고도였지만 관제탑에서도 손쓸 시간적 여유도 없었다.

---

24) 적운(cumulus cloud)은 수직으로 발달하는 구름으로 쌘구름 또는 뭉개구름 이라고도 한다. 햇빛에 비친 부분은 하얗게 빛나며 구름 밑면은 어둡고 편평하다.

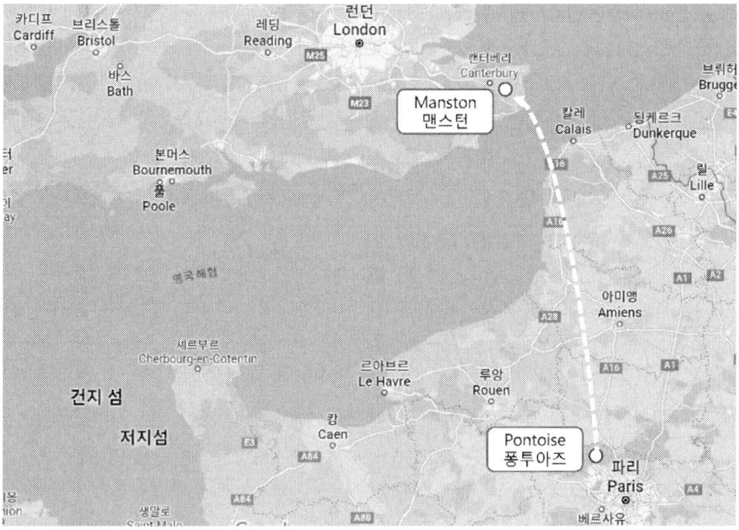

솔라 챌린저의 비행노선

순간적으로 그 항공기가 지나갔고 솔라 챌린저는 그 여파로 공중에서 중심을 잃고 흔들거리고 있었다. 당장 비행기를 포기하고 낙하산으로 탈출해야 할 긴박한 상황이었다.

하지만 곧 균형을 잡은 챌린저는 앞으로 계속 날아가고 있었다. 세스나 경비행기의 창밖으로 이 장면을 보고 있던 맥크레디는 놀란 가슴을 쓸어내리고 있었다.

어느덧 비행기는 영국 쪽으로 넘어왔고 위기를 모면한 프테첵은 눈아래 펼쳐진 해안가의 논밭을 보며 안도의 한숨을 내쉬었다. 맨스턴의 왕립 공군공항의 활주로가 멀리서 보이기 시작했고 그는 착륙을 위해 고도를 낮추었다.

챌린저보다 먼저 공항에 도착해 있던 맥크레디는 첼린저의 바퀴가 지상에 닿기가 무섭게 비행기를 향해 달려갔다. 완벽한 성공이었다.

프랑스에서 영국까지 260Km를 5시간 23분 동안 오직 태양광을 이용해서 날아오는데 성공한 것이다. 누군가 샴페인을 터트렸고 프테첵에게 축하의 잔을 권했다. 수십 명의 기자들과 환영인파들 앞에서 맥크레디와 프테첵은 손을 꼭 잡고 놓을 줄을 몰랐다.

The Sky is not the limit

맥크레디는 실로 짧은 시간에 많은 것을 우리에게 보여주었다.

가서머 콘도르(1977년)와 가서머 알바트로스(1979년)는 비록 자전거의 힘을 빌리기는 했지만 인간 스스로의 힘으로 날아갈 수 있음을 보여주었다.

그리고 가서머 펭귄(1980년)과 솔라 챌린저(1981년)는 태양광의 가능성과 그 미래를 펼쳐 보여주었다.

그 이후로도 맥크레디는 태양광을 이용한 비행체의 개발에 더욱 더 매진하였고 더 나아가 태양광을 이용한 자동차의 개발에도 적극 참여하였다. NASA와 같이 협업하여 만든 헬리오스(Helios)와 패스파인더(Pathfinder), 그리고 GM과 공동으로 만든 자동차 선레이서(Sunraycer)가 바로 그것이다.

자연을 사랑했던 그는 2007년 81세에 자연의 품으로 영원히 돌아갔다. 하지만 그가 설립한 회사 에어로바이런먼트는 현재 미국방부에 드론을 비롯한 무인항공시스템 등을 공급하는 최대의 기업으로 성장하고 있는 중이다.

열렬한 환경운동가이기도 했던 그는 대체에너지원의 개발과 고갈되어 가고 있는 부존자원에 대한 인류의 역할을 고민했다. 만년에 쓴 그의 글에서 다음의 글귀는 그의 철학을 그대로 웅변하고 있다.

> "지구의 자원은 유한하며 하늘만큼 무진장 있는 것이 아니다."
> (The Sky is not the limit; But the Earth is)

10 우주로 가다 _뉴스페이스

인간의 최초 동력 비행이 성공한 지 50년이 지나고 있었다.

인류의 항공기술은 1,2차 세계대전을 지나가면서 비약적으로 발전하고 있었는데 그중에서도 1950년대 후반에 도입된 제트엔진은 '거리'에 대한 개념을 송두리째 흔들어 놓고 있었다. 15시간 남짓 걸리던 뉴욕과 런던의 비행시간은 불과 10년 사이에 그 절반으로 줄여버렸으니 과장도 아닌 셈이었다. 기내에는 여압장치가 갖추어지면서 객실은 전과는 비교할 수 없을 만큼 안락한 공간으로 탈바꿈하였다.

여기에다 항공사들은 기본적인 '이송수단'에 '서비스'로 화려하게 치장하고 승객들을 유혹했다. 돈 많은 승객은 널려있었고 항공사들은 정부의 보호아래 느슨하게 경쟁하며 돈을 벌고 있었다.

이른바 상업항공의 황금기(Golden Age)를 지나고 있었다.

한편 이와는 별개로 지구 밖에서는 눈에 보이지 않는 전쟁이 벌어지고 있었다.

2차 세계대전 후 미국 중심의 자유민주주의 진영과 구소련 중심의 공산주의 진영의 대결, 즉 냉전(Cold War)의 전장은 우주까지 확장되고 있었던 것이다. 우주에 먼저 도달하는 것과 체제의 우월성은 같은 뜻으로 통했다. 그리고 체제의 우월성은 직접적이고 당장 코앞의 위협이기도 했다. 상대국의 상공으로 쏘아올린 인공위성은 언제든지 핵탄두로 바꿔서 다시 날아올 수 있으니 왜 아니겠는가.

하지만 우주에서의 경쟁은 필연적으로 기술의 축적을 낳았다.

그리고 지금까지 정부주도의 우주개발은 유수의 민간업체들이 참가하면서 뉴 스페이스(New Space)[1)]의 시대로 들어가기 시작했다. 자본을 앞세운 기업들은 새롭게 펼쳐질 거대한 시장에 주목하였고 급기야는 민간인의 우주여행시대를 앞당기는 주역이 되고 있다. 이번 장에서는 이와 관련하여 1960년대 부터 2020년대 까지 60여 년간 우주에서 펼쳐진 주요 사건들을 살펴보고자 한다.

스푸트니크 쇼크

구소련은 대륙간 탄도미사일(ICBM) 발사 성공 후 2개월 뒤 인류 최초의 무인 인공위성인 스푸트니크(Sputnik) 1호 발사에 성공하였다. 1957년 10월 4일 이었다.

농구공보다 조금 큰 이 위성은 지름 58cm, 무게 83Kg으로 초속 8Km의 속도로 지표면을 날아다녔다. 96분 20초마다 지구 한 바퀴를 돌았다. 광채가 나는 금속구는 4개의 안테나를 통해 삐비빅거리는 신호를 수 주 동안 발신하였다. 아무 의미 없는 기계음에 불과하였지만 그 자체만 하여도 미국을 비롯한 서방국가들의 간담을 서늘하게 하기는 충분하였다.

1) 뉴 스페이스(New Space)는 기존의 국가주도로 이루어지던 우주개발(올드 스페이스, Old Space)과는 달리 다양성과 혁신으로 무장된 민간기업이 중추적인 역할을 맡는 우주사업을 일컫는다.

스푸트니크 1호의 모형
출처: 위키피디아

미 정부가 사전에 스푸트니크에 관한 정보를 입수하여 내용을 알고 있었다고는 하지만 사회전반에 걸친 충격은 간단하지 않았다. 뉴욕타임스(The New York Times)는 그 해 10월 한 달 동안 구소련의 인공위성과 관련한 기사 279개를 쏟아냈다. 하루에 11개 꼴의 글이 한 언론사에서 생산되었으니 당시의 혼란스러운 상황을 미루어 짐작할 수 있다.

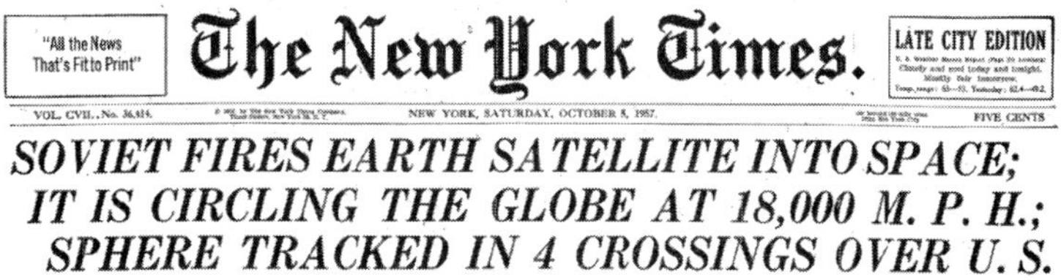

"All the News That's Fit to Print"

The New York Times.

LATE CITY EDITION

NEW YORK, SATURDAY, OCTOBER 5, 1957. FIVE CENTS

SOVIET FIRES EARTH SATELLITE INTO SPACE;
IT IS CIRCLING THE GLOBE AT 18,000 M. P. H.;
SPHERE TRACKED IN 4 CROSSINGS OVER U. S.

헤드라인을 장식한 스푸트니크 관련소식
출처: 뉴욕타임스

이런 와중에 정확히 한 달 뒤인 11월에는 스푸트니크 2호가 발사되었다. 이번에는 무게가 508Kg으로 이전 것보다 크기도 컸고 생체 실험을 위해 라이카(Laika)라는 이름의 강아지도 한 마리 실어 보냈다. 러시아어로 "짖는 개"라는 뜻을 가진 라이카는 우주여행이 신체에 미치는 영향을 분석하기 위해 같이 보냈는데 우주에서 일주일 정도 생존했다고 구소련 당국은 발표하였다.

하지만 실상은 달랐다. 한 참 뒤인 2002년 이 실험에 참가했던 한 과학자가 "라이카는 로켓 단열재가 떨어져나가면서 41도까지 치솟은 내부 온도와 공포로 괴로워하다가 발사 5~7시간 만에 숨졌다[2)]" 고 양심선언을 하면서 세상에 다시 알려지게 되었다. 어찌되었건 라이카의 유해는 위성이 1958년 4월 지구에 재진입하면서 폭발하면서 우주에 흩어졌다.

다급해진 미국은 1957년 12월 6일, 미국 최초의 인공위성이 될 뱅가드(Vanguard) TV3의 발사를 서두르고 있었다. 발사장면은 전 세계에 TV로 생중계되고 있었다. 세계 최초의 지위는 벌써 잃어버렸지만 그나마 체면을 회복할 수 있는 기회이기도 했다. 하지만 발사장면을 지켜보던 미국인들은 충격과 공포로 입을 다물지 못했다.

뱅가드 위성체를 실은 로켓은 불을 뿜으며 이륙하는가 싶더니 고작 1.2m가량 떠오르다가 그 자리에 털썩 주저앉고 말았다. 출발일이 미국이 진주만 공습을 당한 날(1941년 12월 7일)과 비슷해서 불안에 떨던 사람도 많았다고 했는데 결국 돌이킬 수 없는 재앙이 발생한 것이다.

이런 일련의 충격으로 지금까지 모든 면에서 구소련을 앞서 왔다는 자부심은 깨끗하게 사라졌다. 그리고 그 충격은 사회 각 분야에 영향을 미치게 되었다.

---

2) 경향신문 2009년 11월 3일 ~2009년 12월 1일자 『어제와 오늘』 최희진

이제 체제의 우월성은 고사하고 미사일이나 핵폭탄이 미국 본토까지 닿을 수 도 있다는 공포감이 확산되었다. 이 틈을 비집고 반공단체들이 득세하며 여러 음모론이 나돌며 분위기는 더 흉흉해졌다.

이른바 스푸트니크 충격(Sputnik Shock)으로 미국은 흔들리고 있었다.

첫 우주 비행사 유리 가가린

스푸트니크의 충격과 뱅가드의 충격 여파는 계속 이어졌다. 그러던 차에 또 다른 충격이 미국을 강타했다.

구소련이 스푸트니크의 경험을 바탕으로 첫 유인 우주비행에 성공한 것이다.

1961년 4월 12일이었고 비행사의 이름은 유리 가가린(Yuri Gagarin)이라고 하였다. 그는 지상 300km를 올라가 지구를 한 바퀴 돌고 귀환하였는데, 지구 밖에서 지구를 내려다 본 첫 지구인이었다. 108분간의 우주비행을 한 가가린은 우주선 보스토크 1호기에서 지구를 바라보며 이런 말을 남겼다. "우주는 캄캄하고 지구는 푸르렀다. 모든 것이 명확하게 보였다"라고. 공군 중위로 출발한 그는 돌아오는 우주선에서 소령으로 진급해 있었다.

그가 모스크바에 도착해 크렘린궁으로 가는 길은 사상 유례 없는 인파들이 몰려나와 그의 인기를 실감케 했다. 구소련의 최상위 칭호인 "소비에트연방 영웅"을 수훈한 그는 하룻밤 사이에 국내뿐만 아니라 세계적인 유명인사가 되어 있었다. 전 세계의 언론들은 그의 비행에 대한 이야기로 가득 채워졌다. 어떤 이들은 그를 "우주시대의 콜롬버스"라고 치켜세우기고 했다.

가가린은 비행 3개월 뒤 영국의 공식초청으로 런던으로 갔다. 런던의 히드로공항에 도착한 그는 정부에서 내준 롤스로이스 자동차에 올라탔다. 길가에는 그를 보기위해 수많은 사람들이 나와 있었고 환호하는 그들에게 손을 흔들어 화답하였다. 확인할 길은 없지만 그 즈음 결성된 록 밴드 비틀즈(The Beatles)의 인기가 이처럼 뜨거웠을까.

체류기간을 늘려가며 엘리자베스 2세 여왕과의 만남도 주선되었다. 그리고 런던의 하이게이트 묘지에 안치된 마르크스(Karl Marx)의 묘지를 방문하여 헌화하였다. 1917년 공산주의를 채택한 구소련의 역사에서 이렇게 대외적으로 체제의 우월성을 대놓고 알릴 수 있었던 사건이 과연 몇이나 있었을까.

가가린은 어느 한 대중연설에서 다음과 같이 자신감 넘치게 말했다.

> 만약 구소련이 서방과 공동으로 같이 노력한다면 훨씬 더 빠른 우주탐사의 진척이 이루어 질 것이고 더 큰 성과를 만들어 낼 수 있을 것입니다.

첫 우주비행사 유리 가가린
출처: idcommunism

하지만 냉전 속에서 해빙을 염원하는 희망사항일 뿐이었고 그러기에는 조금 더 많은 시간이 필요했다. 가가린은 그 후에도 30여 국가를 홍보대사의 역할을 하며 여행하였고 사회주의 체제의 우수함을 홍보하느라 여념이 없었다.

그 뒤 가가린은 1968년 3월 27일, 모스크바의 근교 블라디미르주의 항공기지에서 훈련 중 비행기가 추락하였고 이 사고로 사망하였다. 우주에 다녀온지 겨우 7년 만의 일이었고 34세의 아까운 죽음이었다.

세계 첫 여성 우주인과 첫 우주유영

우주경쟁에서 미국을 앞선 구소련의 "세계 첫 기록"은 계속해서 나왔다. 미국인들의 자존심은 구겨질 대로 구겨지고 있었다.

이번에는 첫 여성우주인이 탄생하였다.

테레시코바(Valentina Tereshkova) 그녀는 1963년 6월 16일 보스토크 6호를 타고 우주비행에 성공하였다. 이 비행으로 우주가 남자의 전유물 이라는 인식은 깨졌다. 또한 여성이 우주에 장기간 체류하면서 생길 수 있는 신체적 변화를 연구할 수 있는 최초의 사례가 되었다.

그녀는 비록 세계 10번째의 우주비행사가 되었지만 구소련은 많은 정치적 의미를 부여 하였다. 아마도 당국은 의도적으로 프롤레타리아 노동자 계급 출신에다가 여성인 테레시코바를 선발하였는지도 모를 일이다.

이는 국내 뿐만 아니라 서방세계에도 신선한 충격을 주었다. 왜냐하면 지금까지 항공우주 과학계는 대부분 엘리트 군인이 주류를 이루고 있었기 때문이었다.

당시 서기장이었던 후루쇼프(Nikita Khrushchev)는 "여성은 약하지 않다' 라고 하며 가능성은 모든 사람들에게 평등하게 열려 있다고 자랑스럽게 소리쳤다. 이는 당시 중국의 마오쩌둥(毛澤東)이 "하늘의 반쪽은 여성이 떠받친다.[3)]"라고 한 말을 떠올리게 하는데 두 나라가 처해있는 상황은 달랐지만 체제의 지향점은 별반 차이가 없었다.

모든 시민의 평등을 선언하고 여성과 동성애자에 대한 차별을 없애나가는 사회주의 체제가 당시에는 그렇지 못했던 서구사회는 그들이 부럽기도 하였을 것이다. 그녀는 후에 정치에 입문하였고 2023년 현재 러시아 연방의 국회의원으로 활동하고 있다.

구소련의 우주진출은 거침이 없었다.

레오노프(Alexei Leonov)는 우주에서 비행선을 나와서 인류처음으로 유영을 하는데 성공하였다. 1965년 3월, 바이코누르(Baikonur) 우주기지에서 보스토크 2호가 발사되었다. 이 우주선의 발사목적은 인류최초의 우주유영에 있었다. 우주경쟁에 이미 앞서 있었던 구소련에게는 다시 한번 미국의 코를 납작하게 해줄 기회였다. 이번 비행에는 레오노프와 벨라예프 2명이 탑승하고 있었다. 보스토크 2호가 안정적으로 궤도에 오르자 에어락[4)]에 공기를 채웠다. 그리고 레오노프는 우주로 유영하기 위해 캡슐에서 에어락으로 이동하였다.

그는 우주복의 배꼽에 연결된 5.25m의 생명줄에 의지하고 우주공간에 몸을 띄웠다. 인류 최초로 미지의 공간인 우주에서의 유영이 시작되었다. 그의 임무는 "에어락에 카메라를 설치하고 가슴에 위치

---

3) 1949년 10월 1일 신중국을 선포한 마오쩌둥은 "하늘의 반쪽은 여성이 떠받친다"(婦女頂半邊天)고 강조하며 여성의 사회 참여를 유도하였다. 이는 당시 중국경제의 어려운 상황과 맞물리면서 중국 여성의 사회활동이 활성화되는 명분이 되었다.

4) 에어락(airlock)은 우주선과 우주공간에 위치한 중간 격리실이다. 우주인이 우주로 진입하기 전에 체내의 질소를 빼내는 감압시설이다. 마치 잠수부들이 잠수병에 걸리지 않기 위해서 수중에서 감압을 하고 올라오는 원리와 같다.

한 스틸카메라로 우주유영을 촬영하십시요. 그리고 생존하십시요" 였다.

레오노프는 생명줄이 닿는 범위내에서 우주에서 유유히 유영을 했다. 후에 어느 방송사와 인터뷰에서 당시의 느낌을 이렇게 표현했다.

> "심장박동이 들릴 정도로 조용했고 별들에 둘러싸여 통제 없이 떠다니는 그 순간을 결코 잊을 수 없었다."

그리고 이렇게도 이야기 하였다.

> "또한 우주 공간에 떠있던 순간만큼은 우주캡슐로 다시 돌아가기 위해 인생최대의 위기에 봉착할 것이라는 사실을 알지 못했다"

그 사이에 무슨 일이 있었던 것일까.

그의 우주유영은 성공적으로 진행되는 듯하였다. 그런데 누구도 예상하지 못한 사고가 발생하였다. 우주복 안과 우주공간의 압력차이로 우주복이 부풀기 시작한 것이었다. 그리고 급기야는 에어락으로 들어갈 수 없을 정도로 커져버린 것이다. 우주선으로 되돌아 갈 수 없는 아찔한 상황이었다. 극도의 공포 속에서 안간힘을 썼으나 시간만 흐를 뿐이었다. 유일하게 조치할 수 있는 방법은 우주복의 기압을 낮추는 방법 밖에 없었다. 목숨을 건 도박이었다.

레오노프는 밸브를 열어 산소를 일부 빼냈고 우주복의 기압을 진공수준으로 만들었다. 효과가 있었다. 우주복은 점점 수축하면서 에어락으로 겨우 들어갈 수 있을 정도로 줄어들었다. 호흡과 부피를 교환한 것이었다. 그는 통로에 머리부터 먼저 넣고 비집고 들어가서 겨우 해치를 닫을 수 있었다. 삶과 죽음을 가르는 긴장된 순간이었다.

레오노프의 첫 우주유영을 기념하는 우표
출처: 위키피디아

지구로의 귀환도 극적이었다.

제어상치의 고장으로 원래 귀환하기로 한 착륙예정지에서 무려 2,000Km나 떨어져 있는 우랄산맥의 침엽수림에 낙하한 것이다. 비행사들을 구조하기 위해 구조팀은 헬기를 우랄산맥으로 급파되었다. 하지만 울창한 전나무 탓에 수색작업에 난항을 겪었는데 4시간 만에 대원들의 위치를 발견하였다.

하지만 빽빽한 전나무숲 때문에 마땅히 착륙할 장소를 찾을 수 가 없었었다. 구조팀은 할 수 없이 내일 아침에 본격적인 구조를 하기로 하고 옷가지와 꼬냑을 던져주었다. 설상가상으로 레오노프와 벨라예프는 착륙의 충격으로 캡슐의 난방장치가 고장이나 모닥불을 피울 수밖에 없었다. 그런데 이때 어디서 냄새를 맡고 왔는지 늑대떼들이 몰려왔다. 이들은 캡슐안으로 다시 들어가 영하 30도의 시베리아의 겨울밤을 견뎌야 했다.

다음날 아침 스키부대와 의료진들이 도착했고 헬기가 착륙할 수 있도록 착륙장을 만든 후에야 구조될 수 있었다. 험난한 귀환 이었다.

이로서 레오노프는 처음으로 우주에서 12분 9초 동안 유영을 한 우주인으로 기록되었다. 2017년 러시아는 그들의 우주유영을 소재로 한 영화[5]를 제작하기도 했다. 물론 레오노프는 본인의 영화의 자문을 맡았다.

그는 그림에 소질이 있어 한때 화가를 꿈꾸기도 했었는데 당시의 우주의 모습을 회상하며 다수의 그림을 남겼다.

우리는 달에 가기로 했다

스푸트니크 충격에다가 우주경쟁에서 구소련에게 이미 졌다는 사실에 미국의 과학 기술자들은 물론 일반국민들도 실의에 빠졌다.

따지자면 1961년 5월에 셰퍼드(Alan Shepard)가 미국 최초의 우주비행사가 되었는데 구소련의 유리 가가린보다 겨우 1개월 늦은 것이었다. 그리고 미국의 우주유영도 구소련의 레오노프와 비교하면 불과 석 달 밖에 차이가 나지 않았다. 미국의 화이트(Edward White)가 1965년 6월 제미니 4호(Gemini 4)의 해치를 열고 나가면서 두 번째로 우주유영을 한 우주인이 된 것이다. 다만 미국의 우월한 차이가 있다면 화이트는 단순히 유영만 한 것이 아니라 이동 보조 기구인 우주총을 가지고 선외에서 활동[6]을 했다는 것이다.

어찌되었든 미국민들은 구겨진 자존심의 회복이 필요하였다.

그리고 사실은 자존심만의 문제는 아니었다. 머리위에 언제 쏟아질지 모르는 적의 미사일과 핵폭탄에 대한 엄청난 심리적 공포감이 온 사회를 뒤덮고 있었던 것이다.

---

5) 영화 스페이스 워커(Spacewalker)는 미국과 구소련 두 강대국의 우주 탐사경쟁을 그렸다. 2017년 드리트리 키셀레브 감독으로 러시아 연방에서 제작되었다.

6) 선외활동(extra-vehicular activity; EVA)는 우주인이 우주공간에서 우주선 밖으로 나와 활동하는 것을 말한다. 선외활동은 우주유영(spacewalk) 뿐 아니라 행성이나 위성에 착륙하여 하는 활동들도 모두 포함한다.

1961년 케네디(John F. Kennedy)가 미국의 35대 대통령으로 취임하였다.

그는 우주개발을 자신의 정치전략에 적극 활용하였다.

당시 국민들이 목말라 했던 자존심 회복이라는 명제를 자신의 정치적 에너지원으로 이용한 것도 그 중에 하나이다. 게다가 전 아이젠하워(Dwight Eisenhower)정권의 뜨뜨미지근한 우주정책은 기회이기도 하였다.

케네디의 뉴 프런티어(New Frontier)정신[7]은 국민들을 단합시켰다. 과거 그들의 선조들이 서부를 개척했듯이 지금의 시련을 이기고 우주로 지경을 넓혀가자고 주장하였다. 우주는 정복이라는 적대적인 깃발을 꽂는 곳이 아니라 자유와 평화의 기치아래 운영되어야 한다고 외쳤을 때 사람들은 패기 넘치는 젊은 대통령에게 무한한 신뢰의 박수를 보내고 있었다.

그는 우선적으로 우주공간에 머무는 것을 넘어서 다른 천체에 도달하는 것을 최종목표로 삼았다. 게임의 법칙을 완전히 바꾼 것이다.

1962년 6월, 케네디는 텍사스주 휴스턴에 있는 라이스대학(Rice Univ)에서 연설을 하면서 이렇게 이야기하였다.

> 우리는 달에 가기로 결정했습니다. 우리는 달에 가기로 결정했습니다. 우리는 달에 10년 안에 갈 것이며 다른 것들도 할 것입니다. 그것이 쉬워서가 아니라 어렵기 때문에 하는 것입니다. 이 목적은 우리의 기술과 열정을 체계화시키고 가늠할 수 있게 할 것입니다. 왜냐하면 이 도전은 우리가 받아들이길 원하는 과제이며 더 이상 끌지 않고 싶기 때문입니다. 이 모든 것을 시행하고 제대로 하고 10년 안에 인류 최초의 도전을 할 것입니다. 담대하게 나아가야 합니다.

---

7) 뉴 프런티어는 미국의 케내디 대통령이 내세운 새로운 개혁정신를 말한다. 개척자 정신의 상징인 프런티어에 새로운 의미를 부여하자는 것으로 사회복지의 충실, 인종차별의 폐지, 고도 경제성장의 실현 등을 목표로 하였다.

케네디의 라이스대학 연설 장면(1962년)
출처: National Air & Space Museum

사실 그의 유인 달 탐사계획은 1년 전에 국회에서 이미 선언을 한 상태였다. 담대한 발표였다. 하지만 10년 안에 인간을 달에 보내고 귀환시키겠다는 계획은 담대함을 넘어 무모함에 더 가까웠다. 성공한다면 실추한 위상을 단숨에 되찾을 수 있겠지만 그렇지 못할 경우 구소련과의 냉전구도에서 패배자로 남을 공산도 컸다.

하지만 그의 강력한 리더십과 비전에 국민들은 열광했고 정치인들은 호응했다. 스푸트니크 1호의 발사 직후 새롭게 출범한 미국 항공 우주국(NASA)에는 돈이 쏟아졌다. 케네디는 중앙정부예산의 최고 4.4%[8]에 해당하는 큰 자원을 등에 업고 달에 가는 프로젝트의 첫 삽을 떴다.

불행히도 케네디는 라이스대학에서의 연설 후 불과 1년 5개월 뒤

8) 통계회사 statista의 자료에 따르면 NASA의 예산은 1958년 당시에는 0.1%에 불과하였으나 미소가 우주경쟁에 돌입하면서 점차 증가하였다. 케네디가 집권한 1961년에 0.9%에서 매년 증가하여 1966년에는 4.4%까지 치솟았다. 냉전이 종식되면서 줄기 시작하였고 2020년에는 0.3%였다

인 1963년 11월에 암살되었다. 하지만 그가 남긴 달탐사 계획은 차질없이 진행되고 있었다.

One step for a man...

달 탐사의 이름은 아폴로 계획(Project Apollo)로 불렸다.

태양과 빛의 신으로 묘사되는 "아폴로"라는 이름은 무변광대한 미지의 공간을 환하게 밝히기를 희망하는 인간의 염원이 담겼으리라.

이 계획은 1961년부터 1972년까지 12년 동안 이루어졌다. 그리고 익히 우리가 알고 있듯이 1969년에 첫 유인 달 탐사에 성공하였다. 이 후 1972년까지 6차례에 걸쳐 12명의 인간이 달에 발을 디뎠다.

1969년 7월 16일, 아폴로 11호가 케네디 우주센터에서 출발을 준비하고 있었다.

그간의 머큐리 계획(Mercury Project)[9]이나 제미니 계획(Jemini Project)[10], 그리고 아폴로 10호 까지도 모두 오늘 이 날을 위해 준비되었다 해도 과언이 아닐 것이다.

언론들은 발사대 주변에 100만 명의 관람인파가 모였다고 보도하며 그 날의 절정의 분위기를 전했다. 그리고 비록 나라마다 시간은 다르지만 전 세계의 이목은 TV에서 실시간으로 중계되는 역사적인 장면을 숨죽이며 지켜보고 있었다.

---

9) 머큐리 계획(1958-1963)은 우주비행을 할 때 인간능력에 관한 연구, 유인위성의 지구궤도 비행, 지구로의 안전귀환 등을 중점적으로 실험하였다.

10) 제미니계획(1964-1966)은 머큐리계획의 다음 단계이며 아폴로 계획의 전 단계의 성격을 띠었다. 인간이 우주공간을 자유롭게 비행하는 법을 습득하고 혹독한 우주환경에 적응하여 우주선을 수리하는 우주작업 기술습득, 달에 착륙 후 행동을 하기 위한 기술 습득, 다른 우주선과의 결합(도킹) 등의 임무가 수행되었다.

아폴로 11호의 발사모습(1969.7.16)
출처: NASA

이번 임무의 주인공들은 이미 제미니 계획 시절 우주비행 경험이 있는 비행사들 이었다. 사령관인 암스트롱(Neil Armstrong)을 비롯해서 콜린스(Michael Collins), 그리고 올드린(Edwin Buzz Aldrin) 3명이 그들이다.

"달착륙선이 달을 떠날 수 없게 된다면 당신들은 며칠동안 생존할 수 있냐"는 짓궂은 기자들의 질문에 "이틀이다. 하지만 그런 일은 절대 없을 것이다"라고 답하며 담담하게 탑승동으로 이동하였다.

카운트다운과 함께 로켓 '새턴 V(Saturn V)'가 불을 뿜었다.

무려 110m에 달하는 로켓 '새턴 V'는 이번 아폴로 계획의 가장 핵심적인 부분이었다. 제작자 폰 브라운(Wernher von Braun)이 없었다면 아마도 아폴로의 발사가 이렇게 빠른 시일 내 이루어지지 않았을 것이다. 그는 독일의 과학자로 히틀러를 위해 제작한 로켓 V2는 영국에게 엄청난 피해를 입힌 병기였고 연합군들에게는 공포 그 자체였다.

종전과 함께 나치가 패망하자 미국은 제일 먼저 폰 브라운박사를 챙겼고 NASA의 아폴로 계획에 그를 투입시켰다.

거대한 로켓이 굉음과 연기를 내뿜으며 수직으로 상승했고 하늘 멀리 불꽃이 가물가물할 때까지 사람들은 시선을 거두지 못했다. 성공적으로 이륙한 아폴로 11호는 지구의 궤도를 벗어나 항해를 계속했다.

출발 후 5일째 달 궤도로 들어온 우주선은 사령선(컬럼비아 호)과 달 착륙선(이글 호)은 분리되기 시작했다. 사령선에는 콜린스가 남아 달을 공전하며 대기상태로 들어갔고 암스트롱과 올드린은 달착륙선인 이글 호를 타고 달 표면으로 향해 하강하기 시작하였다. 수백 번의 모의실험을 거쳤지만 약간의 실수도 용납되지 않는 긴장되는 순간이었다. 달 표면의 도착 목적지는 '고요의 바다11)'였다. 표면이 평탄하여 착륙이 용이하고 선외활동을 하기도 수월한 곳으로 조사된 지역이었다.

그런데 하강 중 그들이 목표지점을 4분 정도 빨리 통과하는 것을 발견하였다. 즉 이대로 내려가면 목적 지점을 지나쳐 엉뚱한 곳에 착륙할 수 있었다. 멀리 창밖을 보니 그곳에는 큰 분화구가 있어 착륙하면서 넘어질 수도 있는 위험한 지점이었다. 계기판의 항법 컴퓨터는 경고음을 냈지만 지상의 관제소에서는 그대로 진행해도 되겠다는 결론을 내렸다.

하지만 암스트롱은 문제의 심각성을 알아차렸다.

암스트롱은 운전방식을 자동에서 반수동으로 전환했다. 옆에 있는 올드린이 현재의 고도와 속도를 읽어주면 암스트롱은 창밖을 보

---

11) 고요의 바다(Sea of Tranquility)는 처음 이 지형을 관측할 당시 검은 부분이 마치 지구처럼 물이 차 있을 것으로 생각했기 때문에 이름 붙였다. 실제로 달 표면에는 액체 상태의 물이 존재하지 않으며 극소량의 수증기만이 존재한다.

면서 이글 호의 하강속도를 제어해 나갔다. 잘못하면 착륙의 충격으로 대 재앙이 발생할 수도 있었다. 관제소에서도 실시간으로 그들의 신체상태를 읽고 있었는데 당시 암스트롱의 심장박동수는 분당 150까지 치솟았다.

하지만 역시 그들의 피땀으로 이룬 훈련이 빛을 보는 순간이었다.

이글 호는 안전하게 고요의 바다에 착륙하였다.

그리고 사령관인 암스트롱이 달에 역사적인 첫 발을 내 디뎠다. 7월 21일 02시 56분(국제표준시간)이었다.

마이크에 숨소리까지 선명하게 다음과 같이 지구인들에게 메시지를 보냈다.

> 이것은 한 명의 인간에게는 작은 발걸음이지만 인류에게는 커다란 도약이다.(That's one small step for a man, one giant leap for mankind)

뒤이어 올드린도 하선하였다. 그는 달의 풍경을 "장엄하고 황량한 곳(Magnificent Desolation)"이라고 자못 시적으로 표현하였다.

올드린이 성조기 옆에서 포즈를 취하고 있다(1969.7.21)
출처: NASA

2시간 30분 정도의 월면활동이 시작되었다. 암석과 흙 등의 샘플을 채취하고 지진계와 지구와 달사이의 좀 더 정확한 거리를 측정하기 위해 레이저 반사판을 설치하였다. 성조기를 꼽고 거수경례를 할 즈음에는 지금까지 우주경쟁에 뒤 쳐졌다는 모든 열등감을 말끔히 해소하는 감격적인 순간이었을 것이다. 백악관의 닉슨(Richard Nixon) 대통령과의 전화도 연결되었다. 닉슨은 그들이 이룩한 위대한 업적을 미국인들과 전 세계인들이 함께 자랑스러워한다고 했다. 그리고 안전하게 귀환하기를 기원하였다. 그 전에 닉슨은 이 날을 경축하기 위해 7월 21일을 임시공휴일로 지정한 바 있었다. 한국도 그날을 임시공휴일로 정해 직장인들이나 모든 사람들이 TV를 시청할 수 있도록 배려를 할 정도였다. 이 모든 장면은 이글 호에 설치된 카메라를 통해서 생중계되고 있었고 6억 명의 지구인들이 시청했다는 보도도 있었다.

그들이 달에 두고 갈 착륙선의 사다리에는 미리 준비해 온 기념패를 부착했다. 거기에는 우주인 3명과 닉슨의 이름과 서명이 담겨있었다. 그리고 이렇게 쓰여 있었다.

> "서기 1969년 7월 행성 지구로 부터 온 인간이 첫 발을 디딘 것을 기념한다. 우리는 모든 인류의 평화를 위해서 왔다."

임무를 완료한 암스트롱과 올드린은 이글 호로 돌아왔다. 선내에 가압을 하고 필요 없어진 우주복을 벗어 던지고 달콤한 수면에 들어갔다. 달 표면 고요의 바다에서 7시간의 첫 숙박이었다. 그 후 이글 호는 상승단의 엔진을 점화시켜 사령선과의 도킹(docking)을 위해 수직으로 이륙하였다. 달의 궤도를 계속 돌고 있었던 사령선과의 도킹은 지구로 귀환하기 위한 단계인데 잘못하면 우주의 미아가 될 수도 있는 매우 중요한 작업이었다.

사령선 컬럼비아호에 있던 콜린스는 달 위에서 상승하고 있는 이글호를 내려다보고 있었다. 이글 호는 서서히 다가와서 완벽하게 도킹에 성공하였고 3명의 우주인들은 반가운 재회를 하였다.

콜린스는 달 착륙을 비록 하지 못했지만 달을 공전하며 그 누구도 보지 못한 달의 뒷면을 목격한 사람이 되었다.[12)] 암스트롱과 올드린은 사령선으로 옮겨 탄 후 비워진 이글 호는 달의 궤도상에 폐기되었다. 최근 들어 우려하고 있는 우주의 쓰레기가 된 셈이지만 50년 전의 일이니 넘어가도록 하자.

암스트롱, 올드린, 그리고 콜린스가 탄 사령선은 하와이 호노룰루에서 서남쪽으로 1,500km 떨어진 지점에 안전하게 낙하하였다. 7월 24일 이었고 지구를 떠난 지 8일째 3시간만 이었다. 케네디가 10년

아폴로 11호의 성공을 축하하는 뉴욕 시가행진(1969.7)
출처: NASA

12) 지구에서 달의 뒷면을 볼 수 없는 이유는 달의 자전주기와 공전 주기가 같이 때문이다. 달의 뒷면으로 들어가면 그 지역에서는 지구에서의 전파가 전달되지 않기 때문에 통신이 불가하다.

내 사람을 달에 보내겠다고 하였는데 약 8년 만에 완벽하게 해낸 것이다. 혹시나 달에서 옮겨올 수 있는 바이러스 등을 고려하여 그들은 3주간의 격리에 들어갔다. 그 이후 그들을 기다리고 있는 것은 성대한 환영식이었다. 뉴욕과 시카고, 로스앤젤레스를 비롯한 여러 도시에서 환영인파가 거리를 메웠고 열광의 도가니가 따로 없었다. 훈장을 주지 못해 안달이었고 영국의 여왕과 각국의 원수들의 면회가 잇달았다.

그해 11월, 세 우주인과 부부들은 한국정부의 초청으로 서울을 방문하기도 하였다. 특히나 암스트롱과 올드린은 6.25 한국전생 때 전투기 조종사로도 참전한 경력이 있어서 아주 각별한 방문이었다. 시민들의 뜨거운 관심과 환영을 받았고 당시 대통령이었던 박정희는 국민훈장과 무궁화 훈장을 수여하였다.

아폴로 11호의 성공적인 우주비행 이후에도 3년 동안 6차례 더 달에 유인 탐사선을 보냈고 15명의 우주인들이 달에서 임무를 수행하였다.[13)] 달에서 체류하는 시간도 길어지고 흥미로운 과학적 사실도 많이 밝혀냈다. 어떤 이[14)]는 달표면에서 골프채 6번 아이언으로 샷을 하며 골프 애호가들에게는 깊은 인상을 남기기도 하였다.

하지만 강렬했던 첫 신비감이 너무 커서 그랬을까. 국민들의 관심은 예전 같지 않았다. 무슨 일이 있었던 것일까.

이유인즉슨 더 이상 겨룰 경쟁자가 없어지면서 사람들의 흥미가

---

13) 아폴로12호부터 17호까지 모두 6차례 더 임무를 수행하였다. 각 호별로 3명이 우주인이 탑승하였다. 다만 아폴로13호는 기술적 결함으로 달에 착륙하지 못하고 달 궤도를 선회만 하고 지구로 귀환하였다. 성공적인 실패(successful failure)라고 하였다.

14) 아폴로 14호 선장 엘런 셰퍼드는 당시 6번 아이언을 접이식으로 특수제작해 갖고 갔으며 한 손으로 스윙을 하였다. 중력이 지구의 1/6 인 달에서 나름 과학레슨을 한 셈이다. 셰퍼드는 미국 최초의 우주비행사였다.

싹 사라져 버린 것 같았다. 아폴로 계획의 원초적 목표는 10년 전 구 소련과의 우주경쟁에서 그들을 따라잡는 것이었는데 그 목표가 달성되었으니 무엇을 더 기대하겠는가.

그리고 12호 부터 횟수를 거듭해서 많은 과학적 성과를 이루었다고는 하지만 사람들의 눈에는 그게 그거였다. 특별하게 달라진 게 없어 보였고 이제 경제적 비용을 따지기 시작했다.

정부의 입장도 다르지 않았다. 산재해있는 국내문제에 써야할 돈이 더 필요했다. 한때 4%대에 달하던 NASA의 예산은 1%대로 떨어져 계획된 프로그램은 축소되거나 취소되었다.

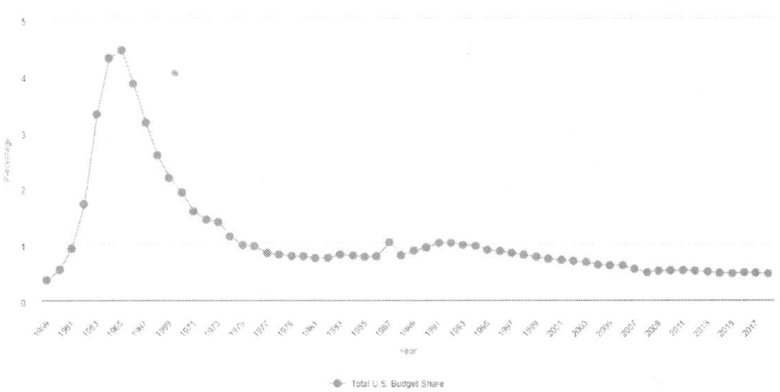

연방예산 대비 NASA 연구비 비율(%) (1959–2018)
출처: SPACE FOUNDATION

그리고 1960년 대 후반과 70년대 초반에는 베트남 전쟁과 흑인 민권운동 등 다양한 이슈들이 사회를 뒤덮고 있었다. 시나브로 사람들의 관심은 달에서 내려왔고 현실적인 문제로 되돌아가기 시작했다.

하지만 NASA는 아폴로 이후를 이미 준비하고 있었다. 달을 넘어서 화성을 포함한 후속 우주 탐사를 위한 장대한 계획이었다.

우주왕복선(Space Shuttle)의 탄생

아폴로 호 이후 NASA의 판단은 더 먼 우주로 날아가기 위해서는 우주정거장의 건설이 필수적이라고 생각하였다. 이를 위해 50명에서 100명의 연구자들이 상주할 수 있는 우주공간에 베이스 캠프가 필요했고 또 지구와 캠프를 쉽게 오갈 수 있는 우주왕복선이 필수적이었다.

NASA는 우주정거장 건설 계획과 비용절감을 위한다며 재사용이 가능한 우주 비행체(Reusable Vehicle)의 제작을 정부에 제안하였다. 하지만 앞서 소개한 바와 같이 국내사정이 녹록치 않았던 정부는 NASA의 개발 계획을 전면 보류하게 된다.

NASA는 우주정거장의 계획을 뒤로 미루고 우주왕복선의 계획을 다시 수정해서 제안하였고 결국 정부의 승인을 얻게 되었다.

1972년 닉슨 대통령은 "NASA는 앞으로 재사용이 가능하며 저렴한 우주왕복선을 개발할 것"임을 선언하였고 이로서 우주왕복선의 시대가 열리게 되었다. 아무래도 "재사용 가능"이라는 단어가 그를 움직였을 것이다.

우주왕복선은 글자 그대로 여러 회 우주를 다녀올 수 있도록 제작한 우주선을 말한다. 실제로는 그렇게 하지는 못했지만 설계상 10년 동안 100번의 여행이 가능하도록 제작되었다. "재사용 가능"이라는 개념은 거대한 우주선이 일회용으로 발사된 뒤 승무원이 탑승한 캡슐만 돌아왔던 아폴로 계획에 비교하면 확실히 매력적이었다.

우주왕복선은 1981년부터 2011년까지 30년 동안 비행하였다. 그간 5대의 우주선은 134회의 궤도여행을 하면서 800명이 넘는 승객이 이용하였다. 비단 승객뿐만 아니라 허블 우주망원경을 비롯해서 우주정거장 시설물, 인공위성, 우주실험실 등을 수없이 실어 올렸다.

우주왕복선은 독특한 방식으로 비행을 하게 된다.

출발은 로켓처럼 수직으로 했다가 지구로 귀환할 때는 일반 비행기처럼 활주로로 내려오는 형태다. 커다란 외장연료탱크(ET)[15]에 업힌 모양새를 한 궤도선(orbiter)이 있고 그 양쪽으로 고체로켓부스터(SRB)[16]가 호위하듯 붙어있다. 이렇게 4개의 덩어리가 한 몸으로 같이 이륙을 하게 된다.

첫 단계에서 연료의 역할을 다한 양쪽의 고체로켓부스터는 바다로 떨어져 나가 회수되게 된다. 그리고 두 번째 단계에서는 외장연

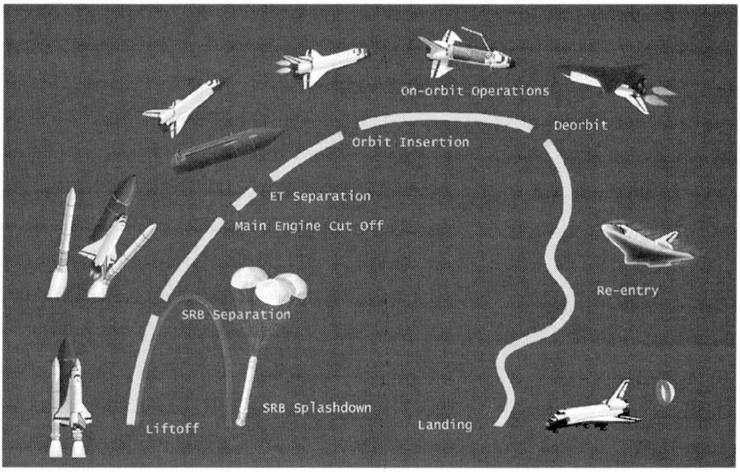

우주왕복선의 비행단계
출처: wikimedia

---

15) 외장탱크(external tank, ET)는 우주왕복선에 연료을 공급해 주는 탱크이다. 초기에는 흰 색으로 도색이 되어 있었으나 나중에는 도색을 하지 않아 450kg의 무게를 줄였다.

16) 고체로켓부스터(solid rocket booster, SRB)는 고체연료를 사용해 로켓을 발사하는 부스터이다. 이륙시 71%의 추진력을 공급해주는 장치인데 이륙 후 126초 후 67Km 고도에 이르면 본체와 분리되고 낙하산으로 바다에 떨어진 후 회수된다.

료탱크에 들어있는 액체 수소와 액체 산소를 본체에 공급하게 된다. 수소와 산소는 고체연료보다 부피가 크고 초저온 상태라서 다루기가 까다롭지만 연소 효율이 아주 높은 장점이 있다. 다 쓰여진 외장 연료탱크는 다시 본체에서 이탈하게 된다. 그리고 이제 비로소 홀몸이 된 궤도선은 지구궤도를 돌면서 임무를 수행하게 된다.

지구로 귀환할 때에는 120km정도의 고도에서 마하 25[17)]의 속도로 대기에 진입을 시작한다. 무동력으로 글라이더처럼 매우 빠르게 활강을 해서 내려오게 되는데 이때 공기 저항을 최대로 하기 위해 상향 40도의 자세를 취하게 된다. 또한 속도를 줄이기 위해서 좌우 회전각도 80도 내에서 S커브의 형태로 하강하게 된다. 이러한 재돌입 과정에서 우주왕복선의 외부온도는 공기의 저항으로 1,650도 까지 가열되게 된다. 우주인을 보호하기 위해 선외의 바닥에 30,000여 개의 내열 타일로 발라져 있는 것은 이러한 이유 때문이다.

착륙까지는 이제 20분 정도 남았다.

우주왕복선은 이제 하강단계에서 가장 위험한 순간을 지나게 된다. 선체는 고열로 오렌지색 불빛이 이글거리며 플라즈마 현상이 일어난다. 아폴로와 같이 캡슐로 귀환할 경우에는 지상과의 통신두절(blackout)이 일어나는 구간이다. 하지만 우주왕복선은 꼬리부분에 작은 구멍을 통해서 우주로 보낸 신호가 지상으로 전달되는 방식으로 일부 개선되었다.

착륙 5분전, 비행은 조종사가 핸들을 잡으며 자동에서 수동을 전환된다. 기수를 하향 19도 이하의 깊은 각도(일반여객기는 3도임)로 내리고

17) 마하(Mark)는 속도가 음속의 몇 배인가를 나타내는 단위이다. 다만 온도나 매질에 따라 변화한다. 보통 340m/s로 알려진 음속은 기온이 섭씨 15도, 1기압상태일 때의 경우이다. 마하25는 대략적으로 초속 8,500m에 해당된다.

일반여객기보다 20배 빠른 속도로 하강한다.[18] 이때의 하강속도는 스카이 다이버가 자유 낙하하는 속도에 비유할 수 있을 정도라고 한다.

그리고 활주로에 착륙하기 30초 전에야 겨우 일반적인 항공기의 착륙 모습을 볼 수 있다. 깊이 숙였던 기수를 들어 올리고 바퀴가 활주에 닿으면서 도착하게 되는데 이때의 속도가 350km/h 이다. 통상 여객기가 260km/h 임을 감안하면 높은 편이다. 끝으로 기체의 꼬리 부분에 있는 낙하산을 펴서 감속시킨 후 비로소 정지하게 된다.

다소 복잡한 절차이기는 하나 재사용을 통해서 얻을 수 있는 편익이 커서 2010년 대 까지 NASA의 유인 우주선 사업의 대부분을 차지하게 되었다.

NASA는 1981년 4월, 최초의 우주왕복선인 컬럼비아 호를 발사하였다. 첫 출발이니 만큼 사람들의 관심도 많았다. 특히나 미디어들은 대기 진입시 고온을 이기기 위한 내열 타일에 조명을 맞췄다. 앞서 NASA가 시험비행을 하면서 애를 꽤나 먹었기 때문이었다.[19]

선장은 존 영(John Young)이었고 다른 한 명은 크리펜(Bob Crippen)이었다. 존 영은 제미니와 아폴로를 타고 다녀온 경력이 있는 베테랑이었다. 사람들은 발사 장면에 장엄하다, 웅장하다 라는 찬사를 아끼지 않았고 활주로에 되돌아오는 우주선을 보고 미국의 우주과학기술의 결정체가 담겼다 라고도 했다.

가히 틀린 말은 아니었다. 이렇게 우주왕복선의 역사는 시작되었다. 컬럼비아 호는 2003년 사고가 날 때 까지 모두 28회 출발하였고 4,800회 지구궤도를 돌면서 여러 임무를 수행하였다. 그 사이 사이

---

18) 이러한 급속한 동작을 하는 이유는 음속을 넘는 우주왕복선의 속도를 최대한 제어해서 지정된 활주로에 정확하게 착륙하기 위함이다.

19) 결국 컬럼비아 호는 2003년 임무수행 후 귀환하면서 상공에서 폭파되는 운명을 맞았다.

우주왕복선 컬럼비아 호의 발사모습
출처: NASA

에 챌린저 호가, 디스커버리 호가, 그리고 아틀란티스 호가 부지런히 오가며 사람과 화물을 실어 날랐다. 참고로 인데버 호는 챌린저 호의 사고(1986년) 이후에 지어졌다. 매일 같이 신문과 TV에는 우주를 다녀온 사람들의 이야기가 나왔고 우주선은 대수롭지 않은 일상처럼 익숙해져 갔다.

우주왕복선 이름	지구회전 횟수	비행 횟수	승무원 수	비행일
컬럼비아(Columbia)	4,808	28	160	300
챌린저(Challenger)	995	10	60	62
디스커버리(Discovery)	5,830	39	252	365
아틀란티스(Atlantis)	4,648	32	203	293
인데버(Endeavour)	4,671	25	173	299
합 계	20,952	134	848	1,319

우주왕복선의 주요 비행실적
출처: NASAfacts

비운의 챌린저 호

하지만 성공이 일상이 되면서 사람들의 흥미도 떨어졌다.

신문에 우주선 뉴스는 1면을 떠난지 오래됐고 2면, 3면의 한 모퉁이로 밀려나기 시작했다. 우주 프로그램에 대한 대중의 관심도를 짐작할 수 있는 부분이었다. 지구를 맴돌기만 하고 특별할 것 없는 우주선에 감흥이 있을 리가 없었다.

변덕스러운 사람들의 마음을 탓할 순 없지만 대중의 지지가 NASA의 원동력임을 부인할 수 없었다.

그래서 NASA는 일반인도 우주비행을 경험하도록 해야겠다고 생각하게 된다.

천체물리학자, 우주비행사, 의사가 아니더라도 일반 시민도 우주로 갈 수 있도록 해서 대중의 관심을 끌어 보자는 취지였다.

나름 사회적 반향이 있었고 유명한 TV 앵커들의 이름이 거론되고 작가와 기자, 시인, 예술가들이 그 기회를 원했다. TV 프로그램은 일반인들도 우주로 가는 꿈같은 이야기들로 꾸며졌다.

급기야 당시의 레이건 대통령은 초등학교와 중학교의 교사들 중에서 우주 프로그램에 참여할 대상자를 뽑을 것이라고 발표하였다. 그리고 이렇게 덧붙였다. "우주 왕복선이 발사되면 미국 전체가 교사와 교육의 중요성을 다시 한번 깨우치게 될 겁니다." 라고.

전국 각지에서 11,000여 명의 교사들이 지원하였다. 우주 비행사가 꿈이었다거나 가르치는 어린 아이들에게 꿈과 희망을 주고 싶다거나 다양한 이유로 서류를 냈다. NASA는 우주여행에 적합한 사람을 뽑기 위해 다양한 적성검사와 엄격한 심사를 거쳐 최종 후보 10명으로 좁혔다. 그리고 백악관에서 최종 발표를 하였는데 크리스타

매컬리프(Christa McAuliffe)라는 여교사가 선정이 되었다. 그리고 만약을 대비해서 바버라 모건(Barbara Morgan)은 2순위로 결정하였다. 아들과 딸을 하나씩 둔 30대 중반 여성인 메컬리프는 민간인 최초의 우주비행사로 예정되었고 단박에 유명인사가 되어 TV 토크쇼에 불려다녀야 했다.

하지만 사실 NASA의 내부 우주 비행사들은 민간인을 태우는 것에 대해 별로 탐탁치 않아 하는 분위기였다. 일반국민들은 완벽한 왕복우주선으로 이해하고 있었겠지만 비행사들은 여전히 기술적으로 신뢰하지 못한 부분들이 있었다. 1981년 첫 출발이후 약속했던 만큼 출발이 되지 않고 있었고 기계적인 결함으로 취소되기 일쑤였기 때문이었다. 그리고 그들은 지금도 시스템 운용을 배우고 개발해 나가는 단계라고 생각하고 있었기 때문이었다.

어찌되었든 주사위는 이미 던져졌다. 매컬리프와 모건은 내년 1월에 같이 비행을 할 비행사들과 같이 훈련을 하며 우주비행의 꿈에 부풀었다.

효과는 대단하였다. 누군가의 선생님이 그리고 엄마가 우주에 간다는 이야기에 아이들도 열광하였다. 그리고 우주여행은 이제 먼 곳의 뜬구름 잡는 이야기가 아니라 갑자기 친숙하게 다가왔다.

1986년 1월 25일로 예정되었던 챌린저 호는 많은 비가 예보되는 바람에 취소되었다. 그리고 26일과 27일도 마찬가지로 악천후로 취소되었다.

내일인 28일은 때 아닌 강추위가 플로리다 주를 덮쳐 당연히 발사가 취소될 것으로 예상하고 있었다. 실제로 기온이 영하 10도 이하로 뚝 떨어지면서 이 지역의 최대 작물인 오렌지농가는 비상이었다. 그런 가운데 NASA는 의외로 출발을 최종 결정하였다.

매컬리프를 포함한 우주인 7명은 탑승동으로 이동하였다. 밤새 강추위로 출발대는 고드름으로 뒤덮여 있었고 작업자들은 얼음 제거에 여념이 없었다. 하지만 오늘 출발에 대한 관심의 열기는 대단하였다. 민간인 신분으로 교사가 우주에서 직접 원격으로 수업을 진행한다는 소식에 사람들의 관심은 하늘을 찌르고 있었다.

그들의 출발준비 장면 장면은 TV로 생중계되고 있었고 학교에서는 수업대신 선생님의 우주행을 한마음으로 응원하고 있었다. 멀리 전망대에도 환송을 나온 관람객으로 북적거리고 있었다. 그 사이로 "크리스타 선생님 화이팅" 이라고 쓰인 배너도 보였다. 매컬리프의 학생들 이었다.

출발은 2시간이 지연되어 오전 11시 38분에 하기로 하였다. 외장 연료탱크에 가압을 하기 시작했고 액체 수소탱크도 비행에 적정한 압력으로 조정되었다. 곧 카운트다운과 함께 챌린저 호는 10번 째 맡은 임무를 띠고 이륙하기 시작하였다. 거대한 물보라를 일으키며 올라가는 우주선은 언제 봐도 감동적이고 경이로운 모습이었다. 엔진 3개는 정상적으로 작동하고 있었고 고체로켓부스터의 출력도 안정적이었다. 지상에서는 절차에 따라 "최대출력으로(Go at throttle up)"를 명령하였고 선장 스코비(Francis Scobee)는 복창을 하고 이행을 하였다. 그리고 그 다음에 무슨 일이 일어났는지는 우리가 아는 바와 같다.

하늘 저편에서 섬광과 함께 흰 연기가 피어올랐고 폭발한 챌린저 호의 잔해가 어지러이 떨어지고 있었다. 전망대에서는 딸의 비행을 보기위해 와 있던 매컬리프의 부모와 가족들은 믿기 어려운 광경에 말을 잇지 못하였다. 출발대를 떠난 지 73초 만에 일어난 일이었다. 7명의 승무원 전원이 눈앞에서 사망한 대 재앙 앞에 미국은 충격에 빠졌다.

챌린저 호의 대원들(뒷줄 왼쪽에서 2번째가 크리스타 매컬리프)
출처: NASA

과연 무슨 일이 있었던 것일까.

대통령직속으로 특별조사위원회가 꾸려졌고 파인만[20]과 암스트롱도 조사위원에 포함되었다. 몇 개월의 조사 끝에 사고의 원인이 밝혀졌는데 고체로켓부스터(SRB)를 둘러싸서 이음매를 메우는 원형 고무(O ring)의 밀폐력이 문제였다. 고무의 특성상 추운날씨에 제 기능을 하지 못했고 그 틈새로 새어나온 고온과 고압의 연료에 불이 옮겨 붙은 것이었다. 파인만은 청문회에서 얼음물에 같은 재질의 고무링을 넣어 보이며 영하의 온도에서 탄력을 잃어버리는 모습을 설명하였다. 노벨상을 수상한 물리학자의 이 간단한 시연은 원인을 밝히는 결정적인 역할을 하였다.

---

20) 파인만(Richard Feynman)은 세계2차대전 중 원자폭탄 '맨해튼 프로젝트"에 참가하기도 했으며 양자전기역학 등의 연구로 1965년 노벨물리학상을 수상했다. 챌린저 호의 사고를 밝히는 청문회에서 '과학 전도사'답게 쉽고 간단하고 얼음물과 고무링으로 명쾌한 실험을 해 보였다.

사실 출발 전 부터 강행을 막아야 한다는 기술자들이 있었지만 그들의 주장은 처음부터 왜곡되거나 무시되었다.[21)]

일정에 쫓기던 NASA는 무리한 비행을 감행하였고 "워낙 안전해서 교사도 태울 수 있다"는 자신감은 거짓말이 되었다.

이 사고로 우주왕복선은 3년 가까이 멈춰 섰다가 1988년 9월 디스커버리 호를 시작으로 다시 임무 수행에 들어갔다. 그러나 2003년 2월 임무 수행 후 돌아오던 컬럼비아 호가 텍사스 주 상공에서 공중분해 되면서 승무원 7명 전원이 사망하는 사고가 다시 발생하였다. 대기권에서 발생하는 마찰열을 막아주는 내열 타일이 떨어져 나갔던 것이 문제였다.

이처럼 파란 했던 우주왕복선 계획은 2011년 아틀란티스 호를 마지막으로 30년 동안의 비행을 접었다. 모두 134회를 오르내리며 확보한 과학적 지식은 이루 헤아릴 수 없을 만큼 많을 것이다. 하지만 두 번의 사고로 전 지구인들에게 큰 충격을 주었고 우주사업이 결코 만만치 않은 것임을 깨닫게 되었다.

끝으로 1986년 매컬리프와 함께 2순위로 결정되었던 우주교사 모건이 기억나는가. 그녀는 챌린저 호 사고 20년 뒤인 2007년 엔더버호에 우주교사로 탑승을 하였다. 그리고 매컬리프가 이루지 못한 우주에서의 원격수업을 진행했는데 보는 모든 이의 가슴을 뭉클하게 하였다.

---

21) 우주왕복선의 고체연료부스터(SRB)의 제작 계약사는 모턴 티오콜(Morton Thiokol)이었다. 이 회사의 이블링(Bob Ebeling)을 비롯한 몇 기술자들은 기온에 따른 고무링의 문제점을 NASA에 계속 지적하고 챌린저의 출발 하루 전 까지도 출발을 반대하는 입장이었다. 인생의 1/3을 후회와 죄책감으로 지난 30년 동안을 살아왔다며 한 언론과의 대담에서 이야기 하기도 했다. 그 후 2016년 3월 이제 그가 평안하게 잠들 수 있게 되었다는 유족의 말을 전하며 일간지 워싱턴포스트가 부고를 전했다.

뉴스페이스(NewSpace)

우주왕복선 컬럼비아 호의 사고 이후 부시(George W. Bush)대통령은 2004년 컨스텔레이션 계획(Project Constellation)을 발표하였다.

우주왕복선 계획은 조만간 2011년이면 종료되니 우주정책의 대전환 차원에서 뭔가가 필요 하였던 것이다. 이 계획은 2020년을 목표로 유인 달탐사를 다시 시작하고 화성까지 탐사의 범위를 넓히는 것이었다. 하지만 때마침 서브프라임 모기지 사태와 세계금융위기로 예산집행이 제대로 이루어 지지 않고 있었고 진척도 없는 상태였다.

그러던 차 당시 대통령 후보였던 오바마(Barack Obama)는 달 탐사 예산을 교육 분야로 돌리자는 주장을 강하게 펴면서 컨스텔레이션 계획은 기로에 서게 되었다. 과연 그는 당선 후, 2011년 예산안 초안에서 컨스텔레이션 계획 예산을 제외시켜 버렸다. 그리고 어느 회견장에서 이렇게 발표했다.

> "기업과 손을 잡고 최첨단 연구와 기술에 투자할 것입니다. 2025년 까지 장기간 비행이 가능한 새로운 우주선을 설계해 최초의 유인미션을 시작하겠습니다. 달을 넘어 깊은 우주로, 그런 다음 화성으로 갈 것입니다. 제가 살아있는 동안 볼 수 있게 되길 기대합니다."

여기에서 "기업과 손은 잡고" 라는 대목은 지금까지의 패러다임에 변화가 생기기 시작했음을 뜻했다. 이른바 뉴스페이스(NewSpace)의 시작이었다.

정부주도의 프로젝트에서 민간기업들도 우주사업에 참가할 수 있도록 문을 개방하겠다는 것이었다. 졸지에 올드스페이스에 속하게 된 기존 관료들과 기득권자들의 반발은 예상한 대로였다.

수백억 달러의 정부 프로그램에 길들여진 질긴 관성은 하루아침에 사라지지 않았다. "우주에서 미국의 리더십의 종말"이며 "정부의 제안은 잘못된 결정이며 엄청난 손실을 안길 것"이라고 강하게 반발하였다. 그리고 "신생기업들이 너무 많이 포함되어 있다"며 걱정하기도 했다. 아폴로 11호의 선장이었던 암스트롱은 "간과한 요건이 있을 것이고 달갑지 않은 결과가 생길 것" 이라며 반대 입장을 밝혔다.

하지만 어쩌겠는가. 정책은 결정되었고 NASA는 조직을 줄일 수 밖에 없었다.

당장 쏘아올릴 우주선도 없으니 국제우주정거장[22]에 미국인을 보낼 수도 데려올 수도 없게 되었다. NASA는 우주정거장에 자국의 우주인을 보낼때 러시아의 소유즈(Soyuz) 호를 이용하기로 하고 1인당 8,200만 달러를 지급하는 계약을 하기도 했다. 미래에 우주과학자가 되려는 어린이에게 어떤 조언을 해야 하는가 라는 질문에 "러시아어를 배워라" 라는 자조 섞인 농담도 나돌았다.

하지만 그러는 사이 크고 작은 벤처기업들은 저돌적으로 우주산업에 뛰어들었다. 이제 자본과 기술, 그리고 의지만 있다면 누구든지 할 수 있는 사업이 된 것이다.

스페이스엑스(SpaceX)

스페이스엑스는 일론 머스크(Elon Musk)가 2002년 창업한 우주항공기업이다.

22) 국제우주정거장(Intl Space Station, ISS)은 러시아와 미국을 비롯한 세계 각국이 참여하여 1998년에 건설이 시작된 모듈식 연구시설이다. 지구의 저궤도 400km 상공에 있는 구조물로 길이 108.5m, 폭 72.8m의 크기이다. 수명이 다하여 2024년 폐기 예정이었으나 6년 더 연장된 상태이다.

우주로 가는 수송비용을 획기적으로 절감하고 화성을 식민지화 하겠다는 목표를 가지고 있던 머스크의 가장 중요한 숙제는 "완전 재사용"이 가능한 우주선 개발이었다. 1960년대 아폴로 우주선에 사용된 로켓인 새턴V를 만드는데 4억 달러[23]에 달하는 엄청난 돈이 들어갔으나 1회용에 불과하였다. 그리고 1980년대 부터 30여 년간 우주를 주름잡았던 우주왕복선은 어떤가. 재사용 가능한 셔틀이라고 는 했지만 본체인 궤도선과 고체로켓부스터(SRB)만 회수하였고 외장연료탱크(ET)는 버려졌다. 이점에 착안한 머스크는 버려지는 추진체의 회수에 사활을 걸었다. 그리고 실패를 거듭하면서 결국 정확하게 수직착륙에 성공시키는 위업을 달성하였다.

보기에 경이롭기까지 한 수직착륙의 성공으로 이제 버릴 것 없이 모든 것을 회수할 수 있는 기술을 갖추게 되었다. 발사비용을 기존의 1/10[24] 비용으로 발사할 수 있게 되었으니 머스크와 스페이스엑스가 업계의 판도를 완전히 바꿔논 것이다.

스페이스엑스의 발사체 팰컨(Falcon)1은 극적인 요소가 다분히 있다.

지구궤도로 우주선을 올리기 위한 시도는 1차실패(2006년), 2차실패(2007년), 3차실패(2008년)를 거듭하고 있었고 회사는 곧 문을 닫아야 할 지경이었다. 수거한 로켓의 잔해 더미를 바라보며 머스크는 인생 최악의 한해를 보내고 있었다. NASA와 협업을 하기 위한 최대의 관문인데 물거품이 될 위기였던 것이다. 모두 그의 입만 바라보고 있을 때 머스크는 "최대한 빠른 시간 내 문제점을 잡고 하나 더 발사 합시

23) 1960년대의 4억 달러는 인플레이션 등을 감안하여 2023년 기준 약 41억 달러에 해당된다.

24) 1994 미국 노스럽 그러먼이 제작한 미노타우르-C(Minotaur Commercial)는 4단 고체연료로켓의 kg당 발사가격은 35,000달러 였는데 기술의 개발과 함께 점점 떨어지다가 팰컨9에 이르러 4,000달러로 획기적으로 떨어지게 되었다.

다"라고 말했다. 어려운 결정이었지만 "실패로 부터 배운다"는 그의 평소 철학이 묻어난 판단이었다.

그리고 천신만고 끝에 그해 2008년 9월, 4번째의 발사에 성공하였다. 민간기업에서 개발한 우주선이 최초로 지구궤도에 올라 간 것이다. NASA로 부터 능력을 인정받은 스페이스엑스는 15억 달러의 계약을 수주하였고 이로 부터 승승장구하게 된다.

NASA의 든든한 개발 지원으로 한층 업그레이드된 팰컨9은 스페이스엑스의 최고 주력 발사체가 되었고 지금은 NASA의 우주화물을 맡아서 국제우주정거장으로 실어 나르고 있다.

그리고 자사의 스타링크(Starlink)[25]를 비롯해서 일반 기업들의 상업위성, 우주화물 등의 수송이 그들의 영업 대상이다. 2023년 8월 13일에 올라온 팰컨9의 발사횟수를 보면 무려 245회에 달하였는데 그들의 사업규모를 가늠해 볼 수 있다.

2020년 5월 30일은 스페이스엑스와 NASA에게는 특별한 날이었다.

스페이스셔틀 종료이후 국제우주정거장에 가기 위해서는 러시아를 통해서 가야 했었는데 오늘은 민간기업 스페이스엑스의 편으로 갈 수 있는 길이 임시적으로 나마 열린 것이다. 그리고 이날은 스페이스엑스가 NASA의 평가를 받는 날 이었고 오늘의 성공여부에 따라 앞으로 공동사업의 운명이 걸려있었다.

비행사는 경험이 풍부한 NASA의 밥(Bob Behnken)과 더그(Doug Hurley)였다.

---

25) 스타링크(Starlink)는 일론 머스크가 운영하는 스페이스엑스의 위성인터넷 서비스회사이다. 지구의 저궤도에 다량의 인공위성을 깔아서 전 세계 어디에서라도 안정적이고 빠른 인터넷 연결을 해서 기존 통신의 한계를 보완하는 것이 목적이다. 2023년 8월 현재 4,500여 기의 위성이 설치되어 있으며 2026년까지 12,000기를 설치하는 것이 목표라고 한다.

밥과 더그의 비행은 많은 화제를 불러 모았다.

지난 9년간 미국 땅에서 유인우주선을 보지 못했으니 왜 안 그랬을까.

며칠 전 출발 바로 직전 궂은 날씨로 발사가 취소되었고 오늘 다시 재개하는 날 이었다. 케이프 케네디의 발사대에는 오랜만에 들뜬 분위기로 달아올랐다. 민간기업이 아니었다면 언제 가능할지도 모를 발사였다. 다만 기업에 대한 신뢰의 문제는 아직 두고 볼 일이었다.

밥과 더그는 스페이스엑스의 크루 드래곤(Crew Dragon)에 올라탔고 이어 팰컨9의 로켓은 불을 내뿜었다. 재사용이 가능한 로켓으로 성능이 이미 입증된 팰컨9 이지만 발사현장의 머스크는 초조함을 감추지 못했다. 다행스럽게 비행은 순조로웠다. 성공적으로 발사된 로켓은 1단계, 2단계의 선체가 정상적으로 분리되었고 마하25의 속도로 날아간 드래곤은 밥과 더그를 안전하게 궤도에 올려놨다. 지상에서 불과 9분 거리에 있는 이 궤도가 이렇게 먼 곳인지 머스크도 감회가 깊었을 것이다.

이제 다음 단계는 국제우주정거장과의 랑데부였다. 정거장 가까이 도달한 드래곤은 지상과 정거장의 통제를 받으며 가까이 다가갔다. 자칫 잘못되면 대형사고가 날 수 있어 팽팽한 긴장감이 감돌았다. 드래곤은 정거장의 도킹 어댑터와 일직선으로 만든 뒤 서서히 그 방향으로 움직였다. 그리고 마침내 도킹에 성공하였다. 지상에서는 일제히 뜨거운 박수와 환호의 함성이 들려왔다. 밥과 더그는 우주정거장 우주인들의 환영을 받으며 반가운 재회를 하였다.

밥과 더그는 그 후 여러가지 우주실험이며 선외활동을 하며 62일간의 체류를 하였다. 그리고 다시 크루 드래곤에 승선하여 지구로 향하였고 마침내 멕시코 만의 바다 위에 무사히 귀환하였다.

SpaceX의 크루 드래곤과 국제우주정거장의 도킹장면(2020.5.31)
출처: SpaceX

데모2(Demo-2)[26]로 불려진 이 미션의 성공으로 스페이스엑스는 NASA의 주요 파트너로서 입지를 단단히 굳히게 되었다.

조금 과장하면 우주판 테슬라(Tesla) 전기자동차[27]의 자율주행에 비유할 수 있을까. 운전기사 없이 손님만 우주에 다녀왔으니 이렇게 불러도 무리도 아닐 듯하다.

억만 장자 아이잭먼(Jared Isaacman)는 스페이스엑스의 크루 드래건 전 좌석 4개를 사들였다. 우주선을 통으로 전세를 낸 셈이다. 그리고 자신과 함께 우주여행을 할 3명을 이벤트를 통해서 모집하고 있었다.

일찍부터 사업에 뛰어들어 대부호가 된 38세의 이 남성은 모험을

26) 데모1(Demo-1)은 데모2을 위한 시험비행으로 2019년 3월에 무인으로 발사되었다.
27) 위 내용과 직접 관련은 없지만 우주로 간 테슬라 전기 스포츠카 로드스터(Roadster)에 대해서. 일론 머스크는 2018년 당시 개발 중이던 초대형 우주화물 로켓인 팰컨 헤비(Falcon Heavy)에 그의 애장차인 로드스터를 시험 삼아 화물로 실어 날려 보냈다. 운전석에는 우주복을 입힌 스타맨을 마네킹으로 앉히고 데이비드 보위의 "스페이스 오디티(Space oddity)" 등의 음악을 들으며 우주비행 중에 있다. 2023년 한 보도에 따르면 5년째 비행중인 로드스터는 지금까지 약 40억 km를 태양을 중심으로 3바퀴 반 가까이 돌았을 것으로 추산했다. whereisroadster.com에서는 한 개인이 재미삼아 로드스터를 추적 중에 있다.

즐기며 제트기로 최단시간에 지구를 도는 기록 등을 보유한 항공마니아였다.

아이잭먼은 프로젝트이름은 인스피레이션(영감) 4(Inspiration 4)로 지었다.

숫자 4는 좌석의 갯수를 말하며 리더십(Leadership), 희망(Hope), 관용(Generosity), 그리고 번영(Prosperity)이 각각의 이름이었다.

평소에도 자선모금에 적극적이었던 그는 멤피스의 세인트 쥬드(St. Jude) 아동연구 병원의 암 연구를 후원하는 모금운동을 시작하고 1억 달러를 쾌척하였다.[28] 그리고 "리더십"의 자리를 스스로 얻었다. 두 번째 "희망"의 좌석은 그 병원에 간호사로 근무하고 있는 29세의 여성 아르세노(Hayley Arceneaux)였다. 그녀는 실제로 열 살 때 골종양을 앓아 이 병원에서 투병생활을 하였는데 씩씩하게 극복한 여성이었다. 당시 간호사들의 정성어린 보살핌에 감동을 받아 완쾌하면 꼭 간호사가 되기로 결심한 그녀였다. 최연소에 무릎에 보철물을 삽입한 여성의 우주등판이었다.

좌석 "관용"은 셈브로스키(Chris Sembroski)에게 돌아갔다. 선정방식은 10달러 이상 기부한 사람 가운데 추첨을 통해서 뽑기로 했는데 세계 최대의 광고판이라 불리는 슈퍼볼 경기장에서 광고를 쏘았다. 사실 최초 행운의 당첨자는 그의 친구였는데 항공학을 전공하고 동종업계에서 근무하고 있던 셈브로스키에게 티켓을 양보하는 관용을 베푼 것 이었다.

끝으로 "번영"의 주인공은 프록터(Sian Proctor)였다. 가상의 온라인숍에 우주에 가야 하는 이유와 영감을 불러일으킬 만한 창업스토리를 공개하라는 미션이 부여되었다. 지구과학 교수인 그녀는 직접 그린 우주그림과 엽서를 올려서 팔았고 자신을 포함해서 여성이자 유색인

---

28) 이 모금운동으로 세인트 쥬드병원은 2억4천만 달러를 기증받았다.

종들이 우주에 진출하기를 격려한다는 등의 영상을 찍어 올렸다.

그녀는 괌에서 태어났는데 작고한 아버지는 괌의 우주선 추적센터에 근무하는 과학자였다. 때는 아폴로 11호가 달에서 귀환하는 중 이었는데 지상의 휴스턴에서 추적에 실패하여 바다의 어느 지점에 착수하는지 알 수 없는 긴급 상황이었다.

다행히 이때 그녀의 아버지와 팀원들이 경로를 계산해서 정확한 위치를 파악해냈다. 후에 아폴로 11호의 팀들이 괌을 방문하였고 암스트롱은 자필로 감사의 인사를 하고 서명과 함께 아버지에게 기념으로 전달하였다. 액자에 넣어 소중히 보관해 오던 아버지의 유산은 이번에 우주로 같이 떠날 예정이었다.

이렇게 리더십, 희망, 관용, 그리고 번영의 네 좌석이 채워졌다.

2021년 9월 출발까지 6개월 남은 시점이었다.

지구를 배경으로 아이잭먼, 셈브로스키, 프록터, 아르세노(왼쪽에서 시계반대방향)
출처: inspiration4

하지만 특별한 임무가 없는 비행이니 여유는 있었다. 교육을 마친 그들은 예정대로 팰컨9으로 출발하였고 그들을 실은 크루 드래곤은 580km의 고도에서 지구궤도를 돌다가 사흘 만에 무사히 귀환하였다.

스페이스엑스의 첫 상용비행이었고 민간인으로만 구성된 첫 비행이었다. 우주선은 대부분 자율비행으로 운행이 가능하지만 전문 우주인이 없는 우주선에 선뜻 따라 나서기는 쉽지 않을 것이다. 달리 이야기 하면 기업의 자신감을 보여준 것이고 민간인을 위한 우주여행의 시작을 알린 것이었다.

그 외에도 스페이스엑스는 달에 사람을 다시 보내고 새로운 우주 정거장을 건설하는 NASA의 아르테미스 계획(Artemis Program)[29]에도 참여하고 있다. 그리고 화성의 식민지화를 시작으로 인류의 다행성 종족(multi-planetary species)화[30]를 목표로 하는 큰 그림을 그리고 있다.

한편 또 다른 억만장자 기업인들이 이끄는 버진 갤럭틱(Virgin Galactic)과 블루 오리진(Blue Origin)은 지구의 궤도보다 낮은 준궤도(sub-orbit)를 도는 우주여행의 상품개발에 주력하고 있는 편이다.

버진과 오리진

우주 승객을 서로 모시기 위한 경쟁은 가열되기 시작했고 그러다가 엉뚱하게 "어디서부터 우주라고 부를 것인가" 라는 논쟁이 불거졌

29) 아르테미스 계획(Artemis Program)은 2024년까지 우주인을 다시 달에 보내고 순차적으로 달에 지속가능한 유인기지를 건설하고 화성 또는 그 너머의 우주개발도 장기적으로 계획하고 있다. 특히 민간에게 일부 탐사선의 개발을 위탁하고 여러 국가 간의 협력을 통해서 이루어진다는 것이 기존의 우주사업과 차이나는 점이다.

30) 다행성종족(multi-planetary species)화는 인간이 지구뿐만 아니라 여러 행성에 거주할 수 있도록 하겠다는 것인데 일론 머스크는 2026년 화성을 그 목표로 하고 있다. 그가 개발 중에 있는 우주선 '스타십'은 지구인의 화성 이주를 돕기 위해 만들고 있다고 하였다.

다. 특히나 버진과 오리진은 이 문제에 대해서 심각하게 대립하였다.

우주선 비행방식의 특성상 버진의 스페이스십은 지상 88km 정도까지 올라가는데 비해 오리진의 뉴셰퍼드는 100km 이상 올라갔다가 돌아오는 상품이었다. 오리진은 100km이상을 우주라고 정의하는 카르만 라인(Karman line)[31]이 국제적인 기준이므로 버진의 스페이스십은 진정한 우주여행이 아니라고 주장하였고 스페이스엑스도 이를 거들었다.

하지만 다른 의견도 만만치 않았다. 미국의 맥도웰(Jonathan Mcdowell) 교수는 일부 인공위성들이 카르만 라인 이하의 고도에서도 궤도를 유지하는 것을 발견하였다. 그리고 수학적 모델링을 통해서 이 새로운 경계인 80km를 우주의 시작점이라고 제안하게 된 것이다. 이와 별개로 미 공군과 NASA는 오래 전부터 80km 이상을 우주로 인식해 오고 있었기 때문에 이 논란은 어정쩡하게 놓여져 있는 상태다.

구분	SpaceX	Virgin Galactic	Blue Origin
창업자	일론 머스크 (Tesla CEO)	리처드 브랜슨 (Virgin Group 창업자)	제프 베이조스 (전 Amazon CEO)
설립년도	2002	2004	2000
주요사업	스타링크, 국제우주정거장 수송	우주여행	우주여행
주요 구성	팰컨1, 팰컨9, 팰컨헤비, 크루드래곤	스페이스십2, 화이트나이트	뉴세퍼드 뉴글린, BE-4

주요 우주항공기업

31) 카르만 라인Karman line)은 지구와 우주의 경계를 정의하려는 시도로 헝가리계 미국인 물리학자의 이름에서 따왔다. 그의 주장은 양력의 도움없이 물체의 관성만으로 비행이 가능하다면 완벽한 진공의 상태에 있는 우주라고 보았다. 사실 1956년 그가 계산한 우주의 경계는 83.8Km 정도 였다고 하는데 국제항공연맹(FAI)에서는 큰 고민 없이 100km 상공을 우주라고 정의하면서 그대로 굳어졌다.

버진 그룹(Virgin Group)의 버진 갤럭틱은 영국인 사업가 리처드 브랜슨(Richard Branson)이 이끄는 우주항공기업이다. 괴짜에 좌충우돌, 하지만 고정관념을 뛰어넘는 파격경영으로 다양한 업종에 진출했던 브랜슨은 1984년 버진 애틀랜틱 항공을 시작으로 항공업에 진입했다. 이어 버진 익스프레스, 버진 오스트레일리아, 버진 아메리카, 버진 나이지리아(에어 나이지리아) 등 세계 여러 지역에 항공사를 개설하면서 항공업계의 풍운아로 주목을 받았다. 20년 전인 2004년 우주항공 사업을 하겠다고 하자 업계는 뜬금없다 하며 비아냥거렸는데 지금은 가장 주목받은 우주항공사 중의 하나로 성장하였다.

물론 시험비행 중 크고 작은 사고가 잇달아 일어나면서 좌절의 시간도 보냈다.

가장 최근의 사고는 2014년 모하비사막 상공에서 시험비행 중 모선에서 분리된 스페이스십2가 추락하면서 조종사 1명이 사망하고 다른 1명은 중상을 입었다. 브랜슨은 현장으로 달려갔다. 정확한 사고의 원인을 밝혀내고 재발 방지를 위해 노력할 것이며 "버진의 우주사업은 계속될 것" 이라 말하며 깊은 인상을 남겼다.

당시 1인에 25만 달러하는 버진의 우주여행에 800명 가까이 예약을 하고 대기하고 있었다. 브랜슨은 희망자는 환불조치 하겠다는 발표에도 신청자는 거의 없었고 오히려 사고 후 두 명이 더 신청을 하였다며 자신감을 보이기도 했다.

버진 갤럭틱의 비행방식은 스페이스엑스나 오리진 처럼 로켓으로 발사되는 것이 아니라 비행기를 타고 활주로를 통해서 올라가게 된다. 모선(mothership)에 승객이 탄 스페이스십(VSS Unity 또는 VSS Imagine)을 매달고 올라가서 상공 15km정도에 이르면 스페이스십은 모선에서 떨어져 나와 로켓엔진으로 다시 발사해서 올라가는 방식이다. 물론 공중발사를 택한 이유는 경비절감 때문이다. 엄청난 추진력을 탑재한 로켓은 쏘아 올려도 실제 사람이 탑승한 캡슐은 극히 일부분에 불과하니 어찌 보면 심한 낭비라고 할 수 있다. 그리고 공중에서 발사했을 때는 지구의 중력도 작아 그만큼 연료의 소모도 줄일 수 있다.

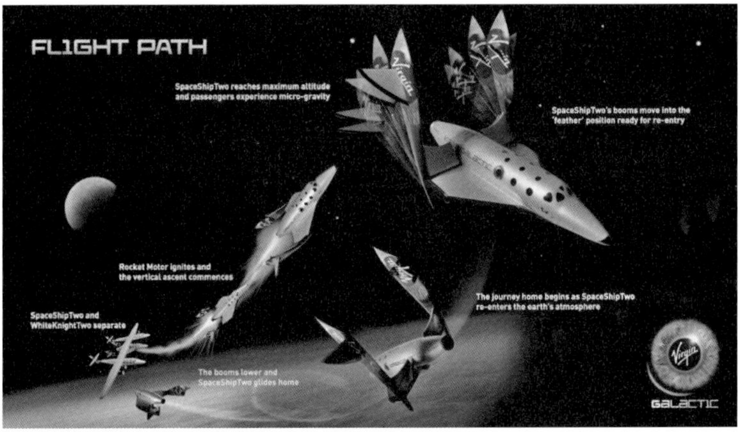

버진 갤럭틱의 비행 개요
출처: GALACTIC

버진의 독보적인 장점 중의 하나는 페더링(feathering)이다.

80km 정도의 상공에서 지구를 관망하고 무중력상태를 경험한 뒤 대기로 재진입 할 때는 스페이스십의 날개(페더)를 움직여 몸체와 수직이 되게 한다. 이렇게 해서 저항을 최대화 시키는 기술인데 마치 배드민턴 셔틀콕의 깃털역할을 하는 것이다. 그리고 일정 고도에 이르면 다시 날개를 원위치 시켜서 비행기처럼 활공해서 지상으로 내려오게 된다. 로켓발사 방식은 사람이 탄 캡슐을 낙하산을 이용해서 하강시키기 때문에 정확한 낙하지점이 불분명한데 이에 비하면 분명 뛰어난 점이라 할 수 있다.

하루라도 먼저 우주에 도달하고자 하는 자존심의 대결은 예외가 없었다. 그리고 확신이 없어 머뭇거리는 우주선을 기업의 CEO가 직접 타고 돌아오는 것만큼 훌륭한 광고가 더 있을까. 버진의 브랜슨이 서둘러 올라가 처음으로 3분간의 무중력 체험을 찍어 올렸고 오리진의 베조스가 열흘 뒤에 그 뒤를 좇았다. 체급이 완전히 다른 게임이긴 하지만 스페이스엑스의 유인비행도 그 즈음부터 불이 붙기 시작했다.

2021년 7월 11일, 버진 갤럭틱의 브랜슨을 포함한 6명 첫 유인 우주여행
2021년 7월 20일, 블루 오리진의 베조스를 포함한 4명 첫 유인 우주여행
2021년 9월 15일, 스페이스엑스의 인스피레이션4, 4명 첫 유인 우주여행

그리고 2023년 6월 29일, 버진 갤럭틱은 사상 첫 유료승객 3명을 싣고 85km 상공으로 올라갔다. 비행편의 이름은 "갤럭틱 01"으로 불렸는데 수년 전 부터 예약을 하고 대기하고 있던 "웨이팅 리스트"의 숫자가 줄어들수록 편명의 숫자는 점차 더 커질 것이다. 얼마나 빠른 속도로 그 숫자가 늘어날 지 관심이 모아지고 있다.

블루 오리진은 아마존의 창업자 베조스(Jeff Bezos)가 지휘하고 있다. 1994년, 창고에서 시작한 인터넷 책방에서 미국 최대의 전자상거래 기업으로 성장한 이 전설적인 기업에 추가적인 설명이 더 필요하지 않을 것이다.

2000년, 아마존의 물줄기처럼[32)] 이미 풍부한 자금력으로 그는 어릴 때부터 꿈꾸어 왔던 우주항공회사 블루 오리진을 설립하였다. "지구의 자원은 유한합니다. 따라서 계속 팽창하기만 하는 세계의

---

32) 남아메리카의 아마존 강은 분지의 면적이나 유량으로 보면 세계 최대의 강이다. 베조스는 업계의 아마존 강이 되고 싶은 희망을 회사의 이름에 담았다. 또한 당시 알파벳 순으로 보여주는 인터넷 검색결과의 상위에 랭크되기 위해 A로 시작하는 이 이름을 선택하였다. 추측컨대 중국의 마윈이 설립한 온라인 쇼핑몰 Alibaba 역시 이러한 이유가 있을 것이다.

경제와 인구에 대한 유일한 대안은 우주입니다" 라고 고등학교 때부터 생각해온 그의 생각을 실천으로 옮긴 것이다.

스페이스엑스가 팰컨9 로켓으로 NASA의 우주인과 화물을 국제우주정거장행 운송을 맡은 것과는 달리 블루 오리진은 뉴 셰퍼드 로켓으로 지구의 준궤도여행에 집중하고 있다. 다만 최근에는 NASA의 아르테미스 계획에 추가업체로 협업하게 되었고 화성의 무인 탐사선의 수송에도 뉴 글렌(New Gleen)로켓[33]으로 수송하기로 하였다. NASA가 스페이스엑스에 너무 과도하게 의존하지 않고 여러 민간업체의 경쟁을 유도하는 가운데 블루 오리진에게는 기회가 열리고 있는 상황이다.

베조스의 더 큰 비전은 우주 거주지(Space Colony)를 만드는 데 있다.

머스크가 지구의 황폐화와 인류의 멸망을 대비해 지구와 닮은 화성으로 탈출하는 계획을 짜고 있다면 베조스는 지구를 구하기 위해 우주에 오염산업을 옮기는 방안 등을 제시하고 있다. 태양계에서 지구처럼 살기 좋은 행성은 없으며 여전히 인간의 거주 지역으로 남아 있어야 한다는 것이다. 다만 지구의 가까운 우주공간에 인위적인 거대한 구조물을 여럿 만들어 공해산업 등을 보내고 또는 인위적으로 사람이 살기 적합한 도시를 건설한다는 것이다.

그의 생각은 1976년 미국의 물리학자 오닐(Gerard O' Neill)의 저서[34]에 기초하고 있다. 오닐에 따르면 오닐 실린더(O'Neill cylinder)이라 불리는 거대한 원기둥을 우주에 세워놓고 중심축으로 회전시키면 내부에는 인공중력이 발생하게 된다고 하였다. 원기둥의 안은 수백만 명

---

33) 뉴 글렌은 블루 오리진이 개발 중인 대형 발사체이다. 블루 오리진의 로켓이름은 우주인의 이름에서 주로 따오는데 예를 들어 셰퍼드는 미국의 최초 우주인이며 글렌은 미국 최초로 궤도비행을 한 우주인의 이름이다.

34) 그의 책 "The High Frontier: Human Colonies in Space"는 아폴로 프로그램 이후 미국이 취해야 할 우주정책에 대한 로드맵을 제시하고 있다.

의 사람이 거주할 수 있는 공간인데 그 원기둥의 외부 껍질에 해당되는 부분에서는 태양열로 에너지를 생성하여 안으로 태양처럼 빛을 쏘아 주어 생존이 가능하게 한다는 것이다. 그곳에 산이 있고 강물이 있고 농작물도 키울 수 있는 도시를 만들어 놓고 살면서 지구도 수시로 오갈 수 있게 한다는 것이다.

물론 지금은 공상과학 소설에서나 가능한 일처럼 보인다. 하지만 베조스는 미래세대를 위해서 지금 우주 인프라를 구축해야 한다고 주장하고 있는 것이다.

블루 오리진은 재사용이 가능한 뉴 셰퍼드(준궤도용)와 뉴 글렌(장거리용)의 개발로 발사비용을 획기적으로 낮추었는데 바로 이러한 것들이 미래세대를 위한 인프라 구축이라는 것이다.

2021년 7월 20일, 뉴 셰퍼드가 지상에서 발사되었다.

조종사가 따로 없고 완전한 자율조종으로 제어되는 뉴 셰퍼드는 마하 3의 속도로 날아갔다. 그리고 상공 75km 지점에서 탑승객들이 탑승하고 있는 상단의 캡슐을 가볍게 위로 튕겨냈다. 사람들이 안전벨트를 풀고 무중력 체험을 하며 우주경관을 즐기는 사이 캡슐은 고도 100km를 넘어 카르만 라인 위까지 올라갔다. 길지 않은 하지만 일생에 한 번 있을까 말까 할 경험을 한 탑승객들은 아쉬운 하강을 하기 시작했다. 자유낙하 하며 내려오던 캡슐은 낙하산을 펼쳐 서부 텍사스 사막에 안착하였다. 물론 로켓 뉴셰퍼드는 자세를 바꾸지 않고 그대로 수직으로 내려와 먼저 착륙했고 다음 출발을 준비하고 있을 것이다.

캡슐의 문이 열리고 탑승객들이 하나 둘 나오기 시작했는데 베조스와 그의 동생, 그리고 다른 승객을 포함해서 모두 4명이었다. 모두 만족스러운 표정으로 카메라 앞에 포즈를 취했다. 블루 오리진이 2000년에 문을 열었으니 20년 만에 처음으로 민간인을 태우고 유료

비행에 성공한 것이다. 베조스에게는 최고로 기쁜 날이었다.

블루 오리진의 또 다른 기대주는 다름 아닌 블루문(Blue Moon)이다.

앞서 설명한 바와 같이 장기적으로 우주 거주지를 건설을 하려면 여러 자재 및 광물질들이 필요한데 베조스는 이를 달에서 채취해서 수송하려는 계획을 세웠다. 달의 인력은 지구의 ⅙ 정도여서 이륙시 훨씬 적은 에너지로도 수송이 가능하고 또 희귀한 광물질의 활용가치도 높기 때문이다. 하지만 블루문은 이 먼 미래의 계획보다는 NASA의 달착륙선으로 먼저 쓰여 질 것 같다.

NASA와 협업하게 될 달 착륙선 블루문의 예상도
출처: 블루 오리진

사람이나 화물 등 30톤을 수송할 수 있는 블루문은 NASA가 계획하고 있는 아르테미스 5호에 추가로 참여하게 된 것이다.[35] 달표면에 NASA의 우주인과 화물 등을 보내는 이 계획은 2029년에 이루어지게 되는데 기존의 스페이스엑스에 더하여 블루 오리진이 추가로

35) 블루 오리진은 Lockheed Martin, Draper, Boeing, Astrobotic, Honeybee Robotics와 같이 컨소시엄을 꾸려 입찰을 했고 NASA의 계약금액은 4조5,200억원에 달한다.

참여하게 된 것이다.

NASA는 아르테미스 6호부터는 다수의 착륙선 사업자를 추가해서 경쟁을 더 촉발시키고 비용을 절감시키겠다고 발표하였다. 항상 그래 왔듯이 경쟁은 혁신을 이끌었고 비용의 절감은 민간의 투자를 불러왔다.

민간기업과 국제협력을 통해서 유인 우주비행의 황금기가 다가오고 있었는데 이른바 뉴스페이스의 시작이었다.

참고자료

1 레오나르도 다빈치_체체리 산의 전설

https://airandspace.si.edu/exhibitions/codex/codex.cfm#page-24-25
Lenardo to Mars http://www.leonardo-to-mars.com/
On Verticality https://www.onverticality.com/blog/leonardo-da-vinci-and-human-flight
레오나르도 레오나르도, 월터 아이작슨(Walter Isaacson)
하늘을 상상한 레오나르도 레오나르도, Domenico Laurenza
레오나르도 레오나르도 비행기구의 디자인 요소 연구 주대원
Decoding da Vinci | Full Documentary | NOVA | PBS
History Documentary BBC ❖ Leonardo DaVinci, behind a Genius
Smithsonian' s National Air and Space Museum
Leonardo Da Vinci' s Codex on the Flight of Bird, Smithsonian' s National Air and Museum

2 몽골피에 형제_팽창의 힘으로

https://wellcomecollection.org/works/ymtj5n4m/items
https://en.wikipedia.org/wiki/Jacques_Charles
https://en.wikipedia.org/wiki/Montgolfier_brothers
https://en.wikipedia.org/wiki/Jean-Fran%C3%A7ois_Pil%C3%A2tre_de_Rozier
https://www.onverticality.com/blog/the-montgolfier-brothers
https://www.cabinetmagazine.org/issues/11/archibald.php
https://en.wikipedia.org/wiki/Vincenzo_Lunardi
https://konyukhov.ru/en/project/expedition/two-times-round-the-world-nonstop-flight/
The surprising 'balloon mania' of Romantic literature https://www.ox.ac.uk/news/2014-12-17-surprising-%E2%80%98balloon-mania-romantic-literature
http://www.ltaflightmagazine.com/the-first-aerial-crossing-of-the-english-channel/
https://www.bbc.com/future/article/20160419-the-victorians-who-flew-as-high-as-jets
https://www.bas.ac.uk/about/antarctica/geography/weather/atmosphere/
https://www.smithsonianmag.com/history/their-balloons-first-aeronauts-transformed-our-view-world-180973715/

3 오토 릴리엔탈_플라잉 맨
http://www.lilienthal-museum.de/olma/sites.htm
https://www.lindahall.org/about/news/scientist-of-the-day/otto-lilienthal
https://disciplesofflight.com/otto-lilienthal-the-glider-king/
https://www.dpma.de/english/our_office/publications/milestones/airandspacepioneers/ottolilienthal/index.html
https://www.onverticality.com/blog/otto-lilienthal-the-flying-man
https://www.centennialofflight.net/essay/Prehistory/lilienthal/PH6.htm
https://www.aerosociety.com/media/11450/paper-2019-03-ackroyd-cayleys-1804-glider.pdf
https://www.amusingplanet.com/2016/06/fliegeberg-otto-lilienthals-fly-mountain.html amusing planet
The Flying Man by Markus Raffel, Bernd Lukasch

4 라이트 형제_바람이 부는 그곳, 키티호크
https://www.britannica.com/biography/Wright-brothers
https://airandspace.si.edu/explore/stories/wright-brothers
https://kids.nationalgeographic.com/history/article/wright-brothers
How the Wright Brothers Took Flight? Smithsonian Magazine
https://en.wikipedia.org/wiki/Wright_brothers_patent_war
The Wright Brothers, David McCullough
The Wright Brothers, A History From Beginning to End, Hourly History

5 체펠린_불멸의 아이콘
https://en.wikipedia.org/wiki/Ferdinand_von_Zeppelin
https://www.airships.net
https://en.wikipedia.org/wiki/Hugo_Eckener
https://military-history.fandom.com/wiki/USS_Los_Angeles_(ZR-3)kewner, graf-zeppelin/history/
https://edition.cnn.com/2015/07/09/us/gallery/ticker-tape-parades/index.html
https://en.wikipedia.org/wiki/LZ_127_Graf_Zeppelin_operational_history
https://en.wikipedia.org/wiki/Herbert_Morrison_(journalist)
https://en.wikipedia.org/wiki/Hindenburg_disaster
https://www.history.com/topics/great-depression/hindenburg
What Really Felled the Hindenburg? Smithsonian Magazine
비행선, 매혹과 공포의 역사, 기욤 드 시옹

6 팬암_하늘위의 제국
https://www.panam.org/pan-am-stories/775-chronicling-wake-island
https://www.panam.org/about-pahf/paa-a-brief-history
https://airandspace.si.edu/explore/stories/pan-american-airways-international-commercial-aviation
https://simpleflying.com/the-story-of-pan-american-world-airways/
https://aviatorinsider.com/air-history/pan-am-history-guide/
http://www.everythingpanam.com/
https://panam-hotel.de/en/history/
https://study.com/academy/lesson/pan-american-airlines-history-facts.html
https://www.latimes.com/archives/la-xpm-1991-01-09-fi-7363-story.html
https://airlines.iata.org/2011/09/30/history-first-among-equals-juan-trippe-founder-pan-am
https://airandspace.si.edu/multimedia-gallery/7124hjpg
The Start of Pan American Airways, Smithsonian National Postal Museum

8 콩코드_소리를 제압하라
Johanna Salome Weber https://mathshistory.st-andrews.ac.uk/
Heritage Concord https://www.heritageconcorde.com/concorde-orders-and-options
rare historic photos https://rarehistoricalphotos.com/creating-concorde-supersonic-passenger-jet-1964-1969/
Wings for all speeds https://aerodyn.org/delta/
Concord chronology https://www.thehistorypress.co.uk/articles/concorde-chronology/
This day in aviation https://www.thisdayinaviation.com/21-january-1976/
Concorde History http://www.concordesst.com/history/destinations.html
Boom https://boomsupersonic.com/flyby/post/whats-it-like-to-travel-supersonically-chief-concorde-pilot-mike-bannister-answers

9 맥크레디_태양을 사랑한 사람
https://www.eesi.org/papers/view/fact-sheet-the-growth-in-greenhouse-gas-emissions-from-commercial-aviation
https://ourworldindata.org/travel-carbon-footprint
https://www.sciencetimes.co.kr/news/%EA%B6%81%EA%B7%B9%EC%9D%98-%EC%B9%9C%ED%99%98%EA%B2%BD-%ED%95%AD%EA%B3%B5%EA%B8%B0-%EC%9D%B8%EA%B0%84-%EB%8F%99%EB%A0%A5-%ED%95%AD%EA%B3%B5%EA%B8%B0/
https://achievement.org/achiever/paul-b-maccready-ph-d/

https://www.caltech.edu/
https://www.thisdayinaviation.com/tag/gossamer-condor/
https://www.heinzawards.org/pages/paul-maccready
https://www.nasa.gov/centers/armstrong/news/FactSheets/FS-054-DFRC.html
https://en.wikipedia.org/wiki/Paul_MacCready#cite_ref-shermer_68-1

10 우주로 가다_뉴스페이스

https://www.youtube.com/watch?v=CkrTe3BOuuA
https://www.thevoiceofus.co.kr/news/article.html?no=809 우주개발과 대통령의 리더십
https://www.nasa.gov/mission_pages/shuttle/launch/landing101.html

다큐멘터리 〈챌린저: 마지막 비행〉
다큐멘터리 〈리턴 투 스페이스〉
다큐멘터리 〈COUNTDOWN〉
NASA 〈Space Shuttle Era Fact〉
https://www.etnews.com/20210720000208
https://lynceans.org/tag/virgin-galactic/
https://www.designdb.com
https://m.dongascience.com/news.php?idx=59872
https://www.hani.co.kr/arti/science/future/1092548.html
https://en.wikipedia.org/wiki/Blue_Moon_(spacecraft)

찾아보기

ㅈ

ㅊ

ㅋ

ㅌ

ㅍ

ㅎ